建筑结构设计计算条文与算例系列图书

U0376692

混凝土结构设计计算条文与算例

本书编委会　编

中国建筑工业出版社

图书在版编目（CIP）数据

混凝土结构设计计算条文与算例/本书编委会编. —北京：中国
建筑工业出版社，2015.4

（建筑结构设计计算条文与算例系列图书）

ISBN 978-7-112-17758-5

Ⅰ. ①混…　Ⅱ. ①本…　Ⅲ. ①混凝土结构-结构设计-工程计
算　Ⅳ. ①TU375.04

中国版本图书馆 CIP 数据核字（2015）第 029598 号

本书依据 2010 年新颁布实施的《混凝土结构设计规范》GB 50010—2010、《建筑抗震设计规范》GB 50011—2010 编写而成，共分为九章，内容包括：钢筋混凝土结构基本规定、混凝土结构受弯构件承载力计算、混凝土结构受压构件承载力计算、混凝土结构受拉和受扭构件承载力计算、混凝土结构受冲切和局部受压承载力计算、混凝土结构其他构件计算、混凝土结构构件疲劳验算、钢筋混凝土框架结构构件抗震计算、预应力混凝土构件设计计算。

本书可供混凝土结构设计人员、施工人员使用，也可作为建筑工程院校各专业教学参考用书。

责任编辑：武晓涛　张　磊
责任设计：董建平
责任校对：刘　钰　赵　颖

建筑结构设计计算条文与算例系列图书
混凝土结构设计计算条文与算例
本书编委会　编

*

中国建筑工业出版社出版、发行（北京西郊百万庄）
各地新华书店、建筑书店经销
北京红光制版公司制版
北京市书林印刷有限公司印刷

*

开本：787×1092毫米　1/16　印张：13¾　字数：340 千字
2015 年 4 月第一版　2015 年 4 月第一次印刷
定价：**33.00 元**
ISBN 978-7-112-17758-5
（27021）

编　委　会

主　编　吕克顺

参　编　王　慧　　王　静　　姜　媛　　张　健

李香香　　赵龙飞　　李晓丹　　秦高伟

聂芸芸　　褚丽丽　　王　帅　　远程飞

雷　杰　　任　艳　　王　斌　　于　涛

张　超　　何　影　　张　彤

前　言

随着我国国民经济的迅速发展,混凝土结构在建筑结构中应用的比率越来越高,尤其是在国家建筑技术政策的支持下,混凝土结构建筑出现了规模更大、技术更新的新局面。为了使广大土木工程技术人员在从业过程中能够快速掌握混凝土结构的设计理论与具体设计计算方法,熟悉计算内容、步骤及构造要求,同时在处理解决工程中的实际技术问题时能够得心应手地加以应用,我们组织相关技术人员,以《混凝土结构设计规范》GB 50010—2010、《建筑抗震设计规范》GB 50011—2010 等现行标准规范为依据,并结合多年工程实际经验,编写了本书。

在内容编写上,本书依据最新的标准规范进行编写,简明扼要,通俗易懂,深入浅出,计算实例类型全面,解题思路清晰易懂,紧密联系实际,全面而系统地介绍了混凝土结构构件的设计理论和计算方法。

在结构体系上,本书重点突出,详略得当,注意了相关知识的融贯性,并突出了整合性的编写原则。

由于时间和作者水平有限,尽管编者尽心尽力,反复推敲核实,但疏漏或不妥之处在所难免,恳请有关专家和读者提出宝贵意见,予以批评指正,以便作进一步修改和完善。

目　　录

1 钢筋混凝土结构基本规定

1.1 钢筋混凝土结构设计基本规定

1.1.1 一般规定

（1）混凝土结构设计应包括下列内容：

1）结构方案设计，包括结构选型、传力途径和构件布置；

2）作用及作用效应分析；

3）结构构件截面配筋计算或验算；

4）结构及构件的构造、连接措施；

5）对耐久性及施工的要求；

6）满足特殊要求结构的专门性能设计。

（2）混凝土结构的极限状态设计应包括：

1）承载能力极限状态：结构或结构构件达到最大承载力、出现疲劳破坏或不适于继续承载的变形，或结构的连续倒塌；

2）正常使用极限状态：结构或结构构件达到正常使用或耐久性能的某项规定限值。

（3）混凝土结构上的直接作用（荷载）应根据现行国家标准《建筑结构荷载规范》GB 50009—2012 及相关标准确定；地震作用应根据现行国家标准《建筑抗震设计规范》GB 50011—2010 确定。间接作用和偶然作用应根据有关的标准或具体条件确定。直接承受吊车荷载的结构构件应考虑吊车荷载的动力系数。预制构件制作、运输及安装时应考虑相应的动力系数。对于现浇混凝土结构，必要时应考虑施工阶段的荷载。

（4）混凝土结构的安全等级和设计使用年限应符合现行国家标准《工程结构可靠性设计统一标准》GB 50153—2008 的规定。混凝土结构中各类结构构件的安全等级，宜与整个结构的安全等级相同。对其中部分结构构件的安全等级，可根据其重要程度适当调整。对于结构中重要构件和关键传力部位，宜适当提高其安全等级。

（5）混凝土结构设计应考虑施工技术水平以及实际工程条件的可行性。有特殊要求的混凝土结构，应提出相应的施工要求。

（6）设计应明确结构的用途，在设计使用年限内未经技术鉴定或设计许可，不得改变结构的用途和使用环境。

1.1.2 结构设计方案

（1）混凝土结构的设计方案应符合下列要求：

1）选用合理的结构体系、构件形式和布置；

2）结构的平、立面布置宜规则，各部分的质量和刚度宜均匀、连续；

3) 结构传力途径应简捷、明确，竖向构件宜连续贯通、对齐；

4) 宜采用超静定结构，重要构件和关键传力部位应增加冗余约束或有多条传力途径。

5) 宜减小偶然作用的影响范围，避免发生因局部破坏引起的结构连续倒塌。

(2) 混凝土结构中结构缝的设计应符合下列要求：

1) 应根据结构受力特点及建筑尺度、形状、使用功能，合理确定结构缝的位置和构造形式；

2) 宜控制结构缝的数量，并应采取有效措施减少设缝的不利影响；

3) 可根据需要设置施工阶段的临时性结构缝。

(3) 结构构件的连接应符合下列要求：

1) 连接部位的承载力应保证被连接构件之间的传力性能；

2) 当混凝土构件与其他材料构件连接时，应采取可靠的连接措施；

3) 应考虑构件变形对连接节点及相邻结构或构件造成的影响。

(4) 混凝土结构设计应符合下列要求：

1) 满足不同环境条件下的结构耐久性要求；

2) 节省材料、方便施工、降低能耗与保护环境。

1.1.3 承载能力极限状态计算

(1) 混凝土结构的承载能力极限状态计算应包括下列内容：

1) 结构构件应进行承载力（包括失稳）计算；

2) 直接承受重复荷载的构件应进行疲劳验算；

3) 有抗震设防要求时，应进行抗震承载力计算；

4) 必要时尚应进行结构的倾覆、滑移、漂浮验算；

5) 对于可能遭受偶然作用，且倒塌可引起严重后果的重要结构，宜进行防连续倒塌设计。

(2) 对持久设计状况、短暂设计状况和地震设计状况，当用内力的形式表达时，结构构件应采用下列承载能力极限状态设计表达式：

$$\gamma_0 S \leqslant R \tag{1-1}$$

$$R = R(f_c, f_s, a_k, \cdots)/\gamma_{Rd} \tag{1-2}$$

式中 γ_0——结构重要性系数：在持久设计状况和短暂设计状况下，对安全等级为一级的结构构件不应小于 1.1，对安全等级为二级的结构构件不应小于 1.0，对安全等级为三级的结构构件不应小于 0.9；对地震设计状况下不应小于 1.0；

     S——承载能力极限状态下作用组合的效应设计值：对持久设计状况和短暂设计状况按作用的基本组合计算；对地震设计状况按作用的地震组合计算；

     R——结构构件的抗力设计值；

   $R(\cdot)$——结构构件的抗力函数；

     γ_{Rd}——结构构件的抗力模型不定性系数：对静力设计，一般结构构件取 1.0，重要结构构件或不确定性较大的结构构件根据具体情况取大于 1.0 的数值；对抗震设计，采用承载力抗震调整系数 γ_{RE} 代替 γ_{Rd} 的表达形式；

   f_c、f_s——混凝土、钢筋的强度设计值；

a_k——几何参数的标准值；当几何参数的变异性对结构性能有明显的不利影响时，可另增减一个附加值。

公式（1-1）中的 $\gamma_0 s$ 在《混凝土结构设计规范》GB 50010—2010 的各章中用内力值（N、M、V、T 等）表达；对预应力混凝土结构，尚应按《混凝土结构设计规范》GB 50010—2010 第 10.1.2 条的规定考虑预应力效应。

（3）对持久或短暂设计状况下的二维、三维混凝土结构，当采用应力设计的形式表达时，应按下列规定进行承载能力极限状态的计算：

1）按弹性分析方法设计时，可将混凝土应力按区域等代成内力，根据公式（1-2）进行计算，应符合《混凝土结构设计规范》GB 50010—2010 第 6.1.2 条的规定；

2）按弹塑性分析或采用多轴强度准则设计时，应根据材料强度的平均值进行承载力函数的计算，并应符合《混凝土结构设计规范》GB 50010—2010 第 6.1.3 条的规定。

（4）对偶然作用下的结构进行承载能力极限状态设计时，公式（1-1）中的作用效应设计值 S 按偶然组合计算，结构重要性系数 γ_0 取不小于 1.0 的数值；当计算结构构件的承载力函数时，公式（1-2）中混凝土、钢筋的强度设计值 f_c、f_s 改用强度标准值 f_{ck}、f_{yk}（或 f_{pyk}）；当进行结构防连续倒塌验算时，结构构件的承载力函数按《混凝土结构设计规范》GB 50010—2010 第 3.6 节的原则确定。

（5）对既有结构的承载能力极限状态设计，应按下列规定进行：

1）对既有结构进行安全复核、改变用途或延长使用年限而验算承载能力极限状态时，宜符合"1.1.2"节中（2）的规定；

2）对既有结构进行改建、扩建或加固改造而重新设计时，承载能力极限状态的计算应符合《混凝土结构设计规范》GB 50010—2010 第 3.7 节的规定。

1.1.4 耐久性设计

（1）混凝土结构应根据设计使用年限和环境类别进行耐久性设计，耐久性设计包括下列内容：

1）确定结构所处的环境类别；

2）提出材料的耐久性质量要求；

3）确定构件中钢筋的混凝土保护层厚度；

4）不同环境条件下的耐久性技术措施；

5）提出结构使用阶段检测与维护的要求。

注：对临时性的混凝土结构，可不考虑混凝土的耐久性要求。

（2）混凝土结构的环境类别划分应符合表 1-1 的要求。

混凝土结构的环境类别   表 1-1

环境类别	条 件
一	室内干燥环境 无侵蚀性静水浸没环境
二 a	室内潮湿环境 非严寒和非寒冷地区的露天环境 非严寒和非寒冷地区与无侵蚀性的水或土壤直接接触的环境 严寒和寒冷地区的冰冻线以下与无侵蚀性的水或土壤直接接触的环境

续表

环境类别	条 件
二 b	干湿交替环境 水位频繁变动环境 严寒和寒冷地区的露天环境 严寒和寒冷地区冰冻线以上与无侵蚀性的水或土壤直接接触的环境
三 a	严寒和寒冷地区冬季水位变动区环境 受除冰盐影响环境 海风环境
三 b	盐渍土环境 受除冰盐作用环境 海岸环境
四	海水环境
五	受人为或自然的侵蚀性物质影响的环境

注：1. 室内潮湿环境是指构件表面经常处于结露或湿润状态的环境；

2. 严寒和寒冷地区的划分应符合国家现行标准《民用建筑热工设计规范》GB 50176 的有关规定；

3. 海岸环境和海风环境宜根据当地情况，考虑主导风向及结构所处迎风、背风部位等因素的影响，由调查研究和工程经验确定；

4. 受除冰盐影响环境是指受到除冰盐盐雾影响的环境；受除冰盐作用环境是指被除冰盐溶液溅射的环境以及使用除冰盐地区的洗车房、停车楼等建筑；

5. 暴露的环境是指混凝土结构表面所处的环境。

（3）设计使用年限为 50 年的混凝土结构，其混凝土材料宜符合表 1-2 的规定。

结构混凝土材料的耐久性基本要求　　　　　　　　表 1-2

环境等级	最大水胶比	最低强度等级	最大氯离子含量（%）	最大碱含量（kg/m³）
一	0.60	C20	0.30	不限制
二 a	0.55	C25	0.20	3.0
二 b	0.50（0.55）	C30（C25）	0.15	
三 a	0.45（0.50）	C35（C30）	0.15	
三 b	0.40	C40	0.10	

注：1. 氯离子含量系指其占胶凝材料总量的百分比；

2. 预应力构件混凝土中的最大氯离子含量为 0.06%，其最低混凝土强度等级应按表中的规定提高两个等级；

3. 素混凝土构件的水胶比及最低强度等级的要求可适当放松；

4. 有可靠工程经验时，二类环境中的最低混凝土强度等级可降低一个等级；

5. 处于严寒和寒冷地区二 b、三 a 类环境中的混凝土应使用引气剂，并可采用括号中的有关参数；

6. 当使用非碱活性骨料时，对混凝土中的碱含量可不作限制。

（4）混凝土结构及构件还应采取下列耐久性技术措施：

1）预应力混凝土结构中的预应力筋应根据具体情况采取表面防护、孔道灌浆、加大混凝土保护层厚度等措施，外露的锚固端应采取封锚和混凝土表面处理等有效措施；

2）有抗渗要求的混凝土结构，混凝土的抗渗等级应符合有关标准的要求；

3）严寒及寒冷地区的潮湿环境中，结构混凝土应满足抗冻要求，混凝土抗冻等级应符合有关标准的要求；

4）处于二、三类环境中的悬臂构件宜采用悬臂梁-板的结构形式，或在其上表面增设防护层；

5）处于二、三环境中的结构构件，其表面的预埋件、吊钩、连接件等金属部件应采取可靠的防锈措施；

6）处在三类环境中的混凝土结构构件，可采用阻锈剂、环氧树脂涂层钢筋或其他具有耐腐蚀性能的钢筋、采取阴极保护措施或采用可更换的构件等措施。

（5）一类环境中，设计使用年限为100年的混凝土结构应符合下列规定：

1）钢筋混凝土结构的最低强度等级为C30；预应力混凝土结构的最低强度等级为C40；

2）混凝土中的最大氯离子含量为0.06％；

3）宜使用非碱活性骨料，当使用碱活性骨料时，混凝土中的最大碱含量为3.0kg/m³；

4）混凝土保护层厚度应符合《混凝土结构设计规范》GB 50010—2010第8.2.1条的规定；当采取有效的表面防护措施时，混凝土保护层厚度可适当减小。

（6）二、三类环境中，设计使用年限100年的混凝土结构应采取专门的有效措施。

（7）耐久性环境类别为四类和五类的混凝土结构，其耐久性要求应符合有关标准的规定。

（8）混凝土结构在设计使用年限内尚应遵守下列规定：

1）建立定期检测、维修的制度；

2）设计中的可更换混凝土构件应按规定定期更换；

3）构件表面的防护层，应按规定维护或更换；

4）结构出现可见的耐久性缺陷时，应及时进行处理。

1.1.5 防连续倒塌设计

（1）混凝土结构防连续倒塌设计应符合下列要求：

1）采取减小偶然作用效应的措施；

2）采取使重要构件及关键传力部位避免直接遭受偶然作用的措施；

3）在结构容易遭受偶然作用影响的区域增加冗余约束，布置备用传力途径；

4）增强重要构件及关键传力部位、疏散通道及避难空间结构的承载力和变形性能；

5）配置贯通水平、竖向构件的钢筋，采取有效的连接措施并与周边构件可靠地锚固；

6）设置结构缝，控制可能发生连续倒塌的范围。

（2）重要结构的防连续倒塌设计可采用下列方法：

1）拉结构件法：在结构局部竖向构件失效的条件下，按梁-拉结模型、悬索-拉结模型和悬臂-拉结模型进行极限承载力验算，维持结构的整体稳固性。

2）局部加强法：对可能遭受偶然作用而发生局部破坏的竖向重要构件和关键传力部位，可提高结构的安全储备；也可直接考虑偶然作用进行结构设计。

3）去除构件法：按一定规则去除结构的主要受力构件，采用考虑相应的作用和材料抗力，验算剩余结构体系的极限承载力；也可采用受力-倒塌全过程分析，进行防倒塌设计。

（3）当进行偶然作用下结构防连续倒塌的验算时，作用宜考虑结构相应部位倒塌冲击引起的动力系数。在承载力函数的计算中，混凝土强度仍取用强度标准值 f_{ck}，钢筋强度改用极限强度标准值 f_{stk}（或 f_{ptk}），根据《混凝土结构设计规范》GB 50010—2010 第 4.1.3 条及第 4.2.2 条的规定取值，宜考虑偶然作用下结构倒塌对结构几何参数的影响。必要时尚应考虑材料性能在动力作用下的强化和脆性，并取相应的强度特征值。

1.1.6　既有结构设计

（1）既有结构延长使用年限、改变用途、改建、扩建或加固修复等，均应对其进行评定、验算或重新设计。

（2）对既有结构进行安全性、适用性、耐久性及抗灾害能力的评定时，应符合现行国家标准《工程结构可靠性设计统一标准》GB 50153—2008 的原则要求，并应符合下列规定：

1）应根据评定结果、使用要求和后续使用年限确定既有结构的设计方案；

2）既有结构改变用途或延长使用年限时，承载能力极限状态的验算应符合《混凝土结构设计规范》GB 50010—2010 的相关规定；

3）对既有结构进行改建、扩建或加固改造而重新设计时，承载能力极限状态的计算应符合《混凝土结构设计规范》GB 50010—2010 和相关标准的规定；

4）既有结构的正常使用极限状态验算及构造要求宜符合《混凝土结构设计规范》GB 50010—2010 的规定；

5）必要时可对使用功能作相应的调整，提出限制使用的要求。

（3）既有结构的设计应符合下列规定：

1）应优化结构方案、提高结构的整体稳固性、避免承载力及刚度突变；

2）荷载可按现行荷载规范的规定确定，也可按使用功能和后续使用年限作适当的调整；

3）结构既有部分混凝土、钢筋的强度设计值应根据强度的实测值确定；当材料的性能符合原设计的要求时，可按原设计的规定取值；

4）设计时应考虑既有结构构件实际的几何尺寸、截面配筋、连接构造和已有缺陷的影响；当符合原设计的要求时，可按原设计的规定取值；

5）应考虑既有结构的承载历史及施工状态的影响；对于二阶段成形的叠合构件，可按《混凝土结构设计规范》GB 50010—2010 第 9.5 节的规定进行设计。

1.2　钢筋混凝土结构构造基本规定

1.2.1　伸缩缝

（1）钢筋混凝土结构伸缩缝的最大间距可按表 1-3 确定。

钢筋混凝土结构伸缩缝最大间距（m）　　　　　　　　表 1-3

结构类别		室内或土中	露天
排架结构	装配式	100	70
框架结构	装配式	75	50
	现浇式	55	35
剪力墙结构	装配式	65	40
	现浇式	45	30
挡土墙、地下室墙壁等类结构	装配式	40	30
	现浇式	30	20

注：1. 装配整体式结构的伸缩缝间距，可根据结构的具体情况取表中装配式结构与现浇式结构之间的数值；

　　2. 框架-剪力墙结构或框架-核心筒结构房屋的伸缩缝间距，可根据结构的具体情况取表中框架结构与剪力墙结构之间的数值；

　　3. 当屋面无保温或隔热措施时，框架结构、剪力墙结构的伸缩缝间距宜按表中露天栏的数值取用；

　　4. 现浇挑檐、雨罩等外露结构的局部伸缩缝间距不宜大于 12m。

（2）对于下列情况，表 1-3 中的伸缩缝最大间距宜适当减小：

1）柱高（从基础顶面算起）低于 8m 的排架结构；

2）屋面无保温、隔热措施的排架结构；

3）位于气候干燥地区、夏季炎热且暴雨频繁地区的结构或经常处于高温作用下的结构；

4）采用滑模类工艺施工的各类墙体结构；

5）混凝土材料收缩较大，施工期外露时间较长的结构。

（3）对下列情况，如有充分依据和可靠措施，表 1-3 中的伸缩缝最大间距可适当增大：

1）采用低收缩混凝土材料，采取跳仓浇筑、后浇带、控制缝等施工方法，并加强施工养护；

2）采用专门的预加应力或增配构造钢筋的措施；

3）采取减小混凝土收缩或温度变化的措施。

当伸缩缝间距增大较多时，尚应考虑温度变化和混凝土收缩对结构的影响。

（4）当设置伸缩缝时，框架、排架结构的双柱基础可不断开。

1.2.2 混凝土保护层

（1）构件中普通钢筋及预应力筋的混凝土保护层厚度应满足下列要求：

1）构件中受力钢筋的保护层厚度不应小于钢筋的直径 d；

2）设计使用年限为 50 年的混凝土结构，最外层钢筋的保护层厚度应符合表 1-4 的规定；设计使用年限为 100 年的混凝土结构，最外层钢筋的保护层厚度不应小于表 1-4 中数值的 1.4 倍。

（2）当有充分依据并采取下列有效措施时，可适当减小混凝土保护层的厚度。

1）构件表面有可靠的防护层；

2）采用工厂化生产的预制构件，并能保证预制构件混凝土的质量；

环境类别	板、墙、壳	梁、柱、杆
一	15	20
二 a	20	25
二 b	25	35
三 a	30	40
三 b	40	50

注：1. 混凝土强度等级不大于 C25 时，表中保护层厚度数值应增加 5mm。

2. 钢筋混凝土基础宜设置混凝土垫层，基础中钢筋的混凝土保护层厚度应从垫层顶面算起，且不应小于 40mm。

3）在混凝土中掺加阻锈剂或采用阴极保护处理等防锈措施；

4）当对地下室墙体采取可靠的建筑防水做法或防腐措施时，与土层接触一侧钢筋的保护层厚度可适当减少，但不应小于 25mm。

（3）当梁、柱、墙中纵向受力钢筋的保护层厚度大于 50mm 时，宜对保护层采取有效的构造措施。可在保护层内配置防裂、防剥落的焊接钢筋网片，网片钢筋的保护层厚度不应小于 25mm，并应采取有效的绝缘、定位措施。

1.2.3　钢筋的锚固

（1）当计算中充分利用钢筋的抗拉强度时，受拉钢筋的锚固应符合下列要求：

1）基本锚固长度应按下列公式计算：

① 普通钢筋：
$$l_{ab} = \alpha \frac{f_y}{f_t} d \qquad (1-3)$$

② 预应力筋：
$$l_{ab} = \alpha \frac{f_{py}}{f_t} d \qquad (1-4)$$

式中　l_{ab}——受拉钢筋的基本锚固长度；

f_y、f_{py}——普通钢筋、预应力筋的抗拉强度设计值；

f_t——混凝土轴心抗拉强度设计值，当混凝土强度等级高于 C60 时，按 C60 取值；

d——锚固钢筋的直径；

α——锚固钢筋的外形系数，按表 1-5 取用。

锚固钢筋的外形系数 α　　　　　表 1-5

钢筋类型	光圆钢筋	带肋钢筋	螺旋肋钢丝	三股钢绞线	七股钢绞线
α	0.16	0.14	0.13	0.16	0.17

注：光圆钢筋末端应做 180°弯钩，弯后平直段长度不应小于 3d，但作受压钢筋时可不做弯钩。

2）受拉钢筋的锚固长度应根据具体锚固条件按下列公式计算，且不应小于 200mm：
$$l_a = \zeta_a l_{ab} \qquad (1-5)$$

式中　l_a——受拉钢筋的锚固长度；

ζ_a——锚固长度修正系数，按表 1-6 的规定取用，当多于一项时，可按连乘计算，但不应小于 0.6。

受拉钢筋锚固长度修正系数 ζ_a　　　　　　　　　　　表 1-6

锚固条件		ζ_a	备　　注
带肋钢筋的公称直径大于 25mm		1.10	——
环氧树脂涂层带肋钢筋		1.25	
施工过程中易受扰动的钢筋		1.10	
锚固区保护层厚度	3d	0.80	中间时按内插值，d 为锚固钢筋的直径
	5d	0.70	

3）当锚固钢筋保护层厚度不大于 5d 时，锚固长度范围内应配置横向构造钢筋，其直径不应小于 $d/4$；对梁、柱、斜撑等杆状构件间距不应大于 5d，对板、墙等平面构件间距不应大于 10d，且均不应小于 100mm，此处 d 为锚固钢筋的直径。

（2）纵向受拉普通钢筋的锚固长度修正系数 ζ_a 应按表 1-6 取用。当纵向受力钢筋的实际配筋面积大于其设计计算面积时，修正系数取设计计算面积与实际配筋面积的比值，但对有抗震设防要求及直接承受动力荷载的结构构件，不应考虑此项修正。

（3）当纵向受拉普通钢筋末端采用钢筋弯钩或机械锚固措施时，包括弯钩或锚固端头在内的锚固长度（投影长度）可取为基本锚固长度 l_{ab} 的 60％。钢筋弯钩和机械锚固的形式和技术要求应符合表 1-7 及图 1-1 的规定。

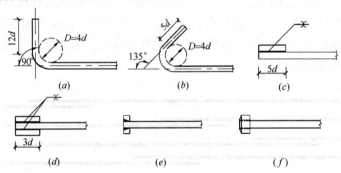

图 1-1　钢筋弯钩和机械锚固的形式和技术要求

（a）90°弯钩；（b）135°弯钩；（c）一侧贴焊锚筋；

（d）两侧贴焊锚筋；（e）穿孔塞焊锚板；（f）螺栓锚头

钢筋弯钩和机械锚固的形式和技术要求　　　　　　　　　　表 1-7

锚固形式	技术要求
90°弯钩	末端 90°弯钩，弯钩内径 4d，弯后直段长度 12d
135°弯钩	末端 135°弯钩，弯钩内径 4d，弯后直段长度 5d
一侧贴焊锚筋	末端一侧贴焊长 5d 同直径钢筋
两侧贴焊锚筋	末端两侧贴焊长 3d 同直径钢筋
焊端锚板	末端与厚度 d 的锚板穿孔塞焊
螺栓锚头	末端旋入螺栓锚头

注：1. 焊缝和螺纹长度应满足承载力要求；

　　2. 螺栓锚头和焊接锚板的承压净面积不应小于锚固钢筋截面积的 4 倍；

　　3. 螺栓锚头的规格应符合相关标准的要求；

　　4. 螺栓锚头和焊接锚板的钢筋净间距不宜小于 4d，否则应考虑群锚效应的不利影响；

　　5. 截面角部的弯钩和一侧贴焊锚筋的布筋方向宜向截面内侧偏置。

（4）混凝土结构中的纵向受压钢筋，当计算中充分利用钢筋的抗压强度时，受压钢筋的锚固长度不应小于相应受拉锚固长度的70%。受压钢筋不应采用末端弯钩和一侧贴焊锚筋的锚固措施。受压钢筋锚固长度范围内的横向构造钢筋应符合《混凝土结构设计规范》GB 50010—2010第8.3.1条的要求。

（5）承受动力荷载的预制构件，应将纵向受力普通钢筋末端焊接在钢板或角钢上，钢板或角钢应可靠地锚固在混凝土中。钢板或角钢的尺寸应按计算确定，其厚度不宜小于10mm。其他构件中的受力普通钢筋的末端也可通过焊接钢板或型钢实现锚固。

1.2.4 钢筋的连接

（1）钢筋连接可采用绑扎搭接、机械连接或焊接。机械连接接头及焊接接头的类型及质量应符合国家现行有关标准的规定。混凝土结构中受力钢筋的连接接头宜设置在受力较小处。在同一根受力钢筋上宜少设接头。在结构的重要构件和关键传力部位，纵向受力钢筋不宜设置连接接头。

（2）轴心受拉及小偏心受拉杆件的纵向受力钢筋不得采用绑扎搭接；其他构件中的钢筋采用绑扎搭接时，受拉钢筋直径不宜大于25mm，受压钢筋直径不宜大于28mm。

（3）同一构件中相邻纵向受力钢筋的绑扎搭接接头宜互相错开。钢筋绑扎搭接接头连接区段的长度为1.3倍搭接长度，凡搭接接头中点位于该连接区段长度内的搭接接头均属于同一连接区段（图1-2）。同一连接区段内纵向受力钢筋搭接接头面积百分率为该区段内有搭接接头的纵向受力钢筋与全部纵向受力钢筋截面面积的比值。当直径不同的钢筋搭接时，按直径较小的钢筋计算。

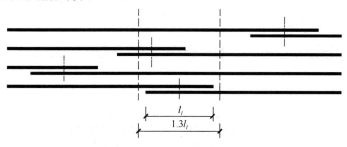

图1-2 同一连接区段内纵向受拉钢筋的绑扎搭接接头

注：图中所示同一连接区段内的搭接接头钢筋为两根，当钢筋直径相同时，钢筋搭接接头面积百分率为50%。

位于同一连接区段内的受拉钢筋搭接接头面积百分率：对梁类、板类及墙类构件，不宜大于25%；对柱类构件，不宜大于50%。当工程中确有必要增大受拉钢筋搭接接头面积百分率时，对梁类构件，不宜大于50%；对板、墙、柱及预制构件的拼接处，可根据实际情况放宽。

并筋采用绑扎搭接连接时，应按每根单筋错开搭接的方式连接。接头面积百分率应按同一连接区段内所有的单根钢筋计算。并筋中钢筋的搭接长度应按单筋分别计算。

（4）纵向受拉钢筋绑扎搭接接头的搭接长度，应根据位于同一连接区段内的钢筋搭接接头面积百分率按下列公式计算，且不应小于300mm。

$$l_l = \zeta_l l_a \qquad (1\text{-}6)$$

式中　　l_l——纵向受拉钢筋的搭接长度；

ζ_l——纵向受拉钢筋搭接长度的修正系数，按表 1-8 取用。当纵向搭接钢筋接头面积百分率为表的中间值时，修正系数可按内插取值。

纵向受拉钢筋搭接长度修正系数　　　　　　　　　　表 1-8

纵向搭接钢筋接头面积百分率（%）	≤25	50	100
ζ_l	1.2	1.4	1.6

（5）构件中的纵向受压钢筋当采用搭接连接时，其受压搭接长度不应小于纵向受拉钢筋搭接长度的 70%，且不应小于 200mm。

（6）在梁、柱类构件的纵向受力钢筋搭接长度范围内的横向构造钢筋应符合《混凝土结构设计规范》GB 50010—2010 第 8.3.1 条的要求。当受压钢筋直径大于 25mm 时，尚应在搭接接头两个端面外 100mm 的范围内各设置两道箍筋。

（7）纵向受力钢筋的机械连接接头宜相互错开。钢筋机械连接区段的长度为 35d，d 为连接钢筋的较小直径。凡接头中点位于该连接区段长度内的机械连接接头均属于同一连接区段。

位于同一连接区段内的纵向受拉钢筋接头面积百分率不宜大于 50%；但对板、墙、柱及预制构件的拼接处，可根据实际情况放宽。纵向受压钢筋的接头百分率可不受限制。

机械连接套筒的保护层厚度宜满足有关钢筋最小保护层厚度的规定。机械连接套筒的横向净间距不宜小于 25mm；套筒处箍筋的间距仍应满足相应的构造要求。

直接承受动力荷载结构构件中的机械连接接头，除应满足设计要求的抗疲劳性能外，位于同一连接区段内的纵向受力钢筋接头面积百分率不应大于 50%。

（8）细晶粒热轧带肋钢筋以及直径大于 28mm 的带肋钢筋，其焊接应经试验确定；余热处理钢筋不宜焊接。

纵向受力钢筋的焊接接头应相互错开。钢筋焊接接头连接区段的长度为 35d 且不小于 500mm，d 为连接钢筋的较小直径，凡接头中点位于该连接区段长度内的焊接接头均属于同一连接区段。

纵向受拉钢筋的接头面积百分率不宜大于 50%，但对预制构件的拼接处，可根据实际情况放宽。纵向受压钢筋的接头百分率可不受限制。

（9）需进行疲劳验算的构件，其纵向受拉钢筋不得采用绑扎搭接接头，也不宜采用焊接接头，除端部锚固外不得在钢筋上焊有附件。

当直接承受吊车荷载的钢筋混凝土吊车梁、屋面梁及屋架下弦的纵向受拉钢筋必须采用焊接接头时，应符合下列规定：

① 应采用闪光接触对焊，并去掉接头的毛刺及卷边；

② 同一连接区段内纵向受拉钢筋焊接接头面积百分率不应大于 25%，此时，焊接接头连接区段的长度应取为 45d，d 为纵向受力钢筋的较大直径；

③ 疲劳验算时，焊接接头应符合《混凝土结构设计规范》GB 50010—2010 第 4.2.6 条疲劳应力幅限值的规定。

1.2.5 纵向受力钢筋的最小配筋率

（1）钢筋混凝土结构构件中纵向受力钢筋的配筋百分率 ρ_{min} 不应小于表 1-9 规定的

数值。

纵向受力钢筋的最小配筋百分率 ρ_{min}（％）　　　　　　　表 1-9

受力类型		最小配筋百分率
受压构件	全部纵向钢筋　　强度等级 500MPa	0.50
	全部纵向钢筋　　强度等级 400MPa	0.55
	全部纵向钢筋　　强度等级 300MPa、335MPa	0.60
	一侧纵向钢筋	0.20
受弯构件、偏心受拉、轴心受拉构件一侧的受拉钢筋		0.20 和 $45f_t/f_y$ 中的较大值

注：1. 受压构件全部纵向钢筋最小配筋百分率，当采用 C60 及以上强度等级的混凝土时，应按表中规定增加 0.10；

2. 板类受弯构件（不包括悬臂板）的受拉钢筋，当采用强度级别 400MPa、500MPa 的钢筋时，其最小配筋百分率允许采用 0.15 和 $45f_t/f_y$ 中的较大值；

3. 偏心受拉构件中的受压钢筋，应按受压构件一侧纵向钢筋考虑；

4. 受压构件的全部纵向钢筋和一侧纵向钢筋的配筋率以及轴心受拉构件和小偏心受拉构件一侧受拉钢筋的配筋率均应按构件的全截面面积计算；

5. 受弯构件、大偏心受拉构件一侧受拉钢筋的配筋率应按全截面面积扣除受压翼缘面积 $(b_f'-b)$ h_f' 后的截面面积计算；

6. 当钢筋沿构件截面周边布置时，"一侧纵向钢筋"系指沿受力方向两个对边中一边布置的纵向钢筋。

（2）卧置于地基上的混凝土板，板中受拉钢筋的最小配筋率可适当降低，但不应小于 0.15％。

（3）对结构中次要的钢筋混凝土受弯构件，当构造所需截面高度远大于承载的需求时，其纵向受拉钢筋的配筋率可按下列公式计算：

$$\rho_s \geqslant \frac{h_{cr}}{h}\rho_{min} \tag{1-7}$$

$$h_{cr} = 1.05\sqrt{\frac{M}{\rho_{min}f_yb}} \tag{1-8}$$

式中　ρ_s——构件按全截面计算的纵向受拉钢筋的配筋率；

ρ_{min}——纵向受力钢筋的最小配筋率；

h_{cr}——构件截面的临界高度，当小于 $h/2$ 时取 $h/2$；

h——构件截面的高度；

b——构件的截面宽度；

M——构件的正截面受弯承载力设计值。

1.3　正常使用极限状态验算

1.3.1　正常使用极限状态验算一般规定

（1）混凝土结构构件应根据其使用功能及外观要求，进行正常使用极限状态的验算。混凝土结构构件正常使用极限状态的验算应包括下列内容：

1）对需要控制变形的构件，应进行变形验算；

2）对不允许出现裂缝的构件，应进行混凝土拉应力验算；

3）对允许出现裂缝的构件，应进行受力裂缝宽度验算；

4）对舒适度有要求的楼盖结构，应进行竖向自振频率验算。

（2）对于正常使用极限状态，结构构件应分别按荷载的准永久组合并考虑长期作用的影响或标准组合并考虑长期作用的影响，采用下列极限状态设计表达式进行验算：

$$S \leqslant C \tag{1-9}$$

式中 S——正常使用极限状态荷载组合的效应设计值；

C——结构构件达到正常使用要求所规定的变形、应力、裂缝宽度和自振频率等的限值。

（3）钢筋混凝土受弯构件的最大挠度应按荷载的准永久组合，预应力混凝土受弯构件的最大挠度应按荷载的标准组合，并均考虑荷载长期作用的影响进行计算，其计算值不应超过表 1-10 规定的挠度限值。

受弯构件的挠度限值　　　　　　　　　　　表 1-10

构件类型		挠度限值
吊车梁	手动吊车	$l_0/500$
	电动吊车	$l_0/600$
屋盖、楼盖及楼梯构件	当 $l_0 < 7\mathrm{m}$ 时	$l_0/200\,(l_0/250)$
	当 $7\mathrm{m} \leqslant l_0 \leqslant 9\mathrm{m}$ 时	$l_0/250\,(l_0/300)$
	当 $l_0 > 9\mathrm{m}$ 时	$l_0/300\,(l_0/400)$

注：1. 表中 l_0 为构件的计算跨度；计算悬臂构件的挠度限值时，其计算跨度 l_0 按实际悬臂长度的 2 倍取用；

2. 表中括号内的数值适用于使用上对挠度有较高要求的构件；

3. 如果构件制作时预先起拱，且使用上也允许，则在验算挠度时，可将计算所得的挠度值减去起拱值；对预应力混凝土构件，尚可减去预加力所产生的反拱值；

4. 构件制作时的起拱值和预加力所产生的反拱值，不宜超过构件在相应荷载组合作用下的计算挠度值；

5. 当构件对使用功能和外观有较高要求时，设计可对挠度限值适当加严。

（4）结构构件正截面的受力裂缝控制等级分为三级，等级划分及要求应符合下列规定：

1）一级——严格要求不出现裂缝的构件，按荷载标准组合计算时，构件受拉边缘混凝土不应产生拉应力。

2）二级——一般要求不出现裂缝的构件，按荷载标准组合计算时，构件受拉边缘混凝土拉应力不应大于混凝土抗拉强度的标准值。

3）三级——允许出现裂缝的构件：对钢筋混凝土构件，按荷载准永久组合并考虑长期作用影响计算时，构件的最大裂缝宽度不应超过表 1-11 规定的最大裂缝宽度限值；对预应力混凝土构件，按荷载标准组合并考虑长期作用的影响计算时，构件的最大裂缝宽度不应超过最大裂缝宽度限值；对二 a 类环境的预应力混凝土构件，尚应按荷载准永久组合计算，且构件受拉边缘混凝土的拉应力不应大于混凝土的抗拉强度标准值。

注：预应力混凝土结构构件的荷载组合应包括预应力作用。

（5）结构构件应根据结构类型和环境类别，按表 1-11 的规定选用不同的裂缝控制等级及最大裂缝宽度限值 $w_{\lim}$。

结构构件的裂缝控制等级及最大裂缝宽度的限值（mm）　　　　表 1-11

环境类别	钢筋混凝土结构		预应力混凝土结构	
	裂缝控制等级	w_{lim}	裂缝控制等级	w_{lim}
一	三级	0.30（0.40）	三级	0.20
二 a				0.10
二 b		0.20	二级	—
三 a、三 b			一级	—

注：1. 对处于年平均相对湿度小于 60% 地区一级环境下的受弯构件，其最大裂缝宽度限值可采用括号内的数值；

2. 在一类环境下，对钢筋混凝土屋架、托架及需作疲劳验算的吊车梁，其最大裂缝宽度限值应取为 0.20mm；

对钢筋混凝土屋面梁和托梁，其最大裂缝宽度限值应取为 0.30mm；

3. 在一类环境下，对预应力混凝土屋架、托架及双向板体系，应按二级裂缝控制等级进行验算；对一类环境下的预应力混凝土屋面梁、托梁、单向板，按表中二 a 类环境的要求进行验算；在一类和二 a 类环境下需作疲劳验算的预应力混凝土吊车梁，应按裂缝控制等级不低于二级的构件进行验算；

4. 表中规定的预应力混凝土构件的裂缝控制等级和最大裂缝宽度限值仅适用于正截面的验算；预应力混凝土构件的斜截面裂缝控制验算应符合《混凝土结构设计规范》GB 50010—2010 第 7 章的要求；

5. 对于烟囱、筒仓和处于液体压力下的结构构件，其裂缝控制要求应符合专门标准的有关规定；

6. 对于处于四、五类环境下的结构构件，其裂缝控制要求应符合专门标准的有关规定。

7. 混凝土保护层厚度较大的构件，可根据实践经验对表中最大裂缝宽度限值适当放宽。

（6）对混凝土楼盖结构应根据使用功能的要求进行竖向自振频率验算，其自振频率宜符合下列要求：

1）住宅和公寓不宜低于 5Hz；

2）办公楼和旅馆不宜低于 4Hz；

3）大跨度公共建筑不宜 3Hz；

4）工业建筑及有特殊要求的建筑应根据使用功能提出要求。

1.3.2 裂缝控制验算

1. 基本计算公式

（1）构件受拉边缘应力或正截面裂缝宽度验算公式。钢筋混凝土和预应力混凝土构件，应按下列规定进行受拉边缘应力或正截面裂缝宽度验算：

1）一级裂缝控制等级构件，在荷载标准组合下，受拉边缘应力应符合下列规定：

$$\sigma_{ck} - \sigma_{pc} \leqslant 0 \tag{1-10}$$

2）二级裂缝控制等级构件，在荷载标准组合下，受拉边缘应力应符合下列规定：

$$\sigma_{ck} - \sigma_{pc} \leqslant f_{tk} \tag{1-11}$$

3）三级裂缝控制等级时，钢筋混凝土构件的最大裂缝宽度可按荷载准永久组合并考虑长期作用影响的效应计算，预应力混凝土构件的最大裂缝宽度可按荷载标准组合并考虑长期作用影响的效应计算。最大裂缝宽度应符合下列规定：

$$w_{max} \leqslant w_{lim} \tag{1-12}$$

对环境类别为二 a 类的预应力混凝土构件，在荷载准永久组合下，受拉边缘应力尚应符合下列规定：

$$\sigma_{cq} - \sigma_{pc} \leqslant f_{tk} \qquad (1-13)$$

式中　σ_{ck}、σ_{cq}——荷载标准组合、准永久组合下抗裂验算边缘的混凝土法向应力；

　　　　σ_{pc}——扣除全部预应力损失后在抗裂验算边缘混凝土的预压应力；

　　　　f_{tk}——混凝土轴心抗拉强度标准值，见附表1-1；

　　　　w_{max}——按荷载的标准组合或准永久组合并考虑长期作用影响计算的最大裂缝宽度；

　　　　w_{lim}——最大裂缝宽度限值。

（2）最大裂缝宽度计算公式。在矩形、T形、倒T形和I形截面的钢筋混凝土受拉、受弯和偏心受压构件及预应力混凝土轴心受拉和受弯构件中，按荷载标准组合或准永久组合并考虑长期作用影响的最大裂缝宽度可按下列公式计算：

$$w_{max} = \alpha_{cr} \psi \frac{\sigma_s}{E_s} \left(1.9 c_s + 0.08 \frac{d_{eq}}{\rho_{te}} \right) \qquad (1-14)$$

$$\psi = 1.1 - 0.65 \frac{f_{tk}}{\rho_{te}\sigma_s} \qquad (1-15)$$

$$d_{eq} = \frac{\sum n_i d_i^2}{\sum n_i v_i d_i} \qquad (1-16)$$

$$\rho_{te} = \frac{A_s + A_p}{A_{te}} \qquad (1-17)$$

式中　α_{cr}——构件受力特征系数，按表1-12采用；

　　　　ψ——裂缝间纵向受拉钢筋应变不均匀系数：当 $\psi < 0.2$ 时，取 $\psi = 0.2$；当 $\psi > 1.0$ 时，取 $\psi = 1.0$；对直接承受重复荷载的构件，取 $\psi = 1.0$；

　　　　σ_s——按荷载准永久组合计算的钢筋混凝土构件纵向受拉钢筋应力或按标准组合计算的预应力混凝土构件纵向受拉钢筋等效应力；

　　　　E_s——钢筋弹性模量；

　　　　c_s——最外层纵向受拉钢筋外边缘至受拉区底边的距离（mm）：当 $c_s < 20$ 时，取 $c_s = 20$；当 $c_s > 65$ 时，取 $c_s = 65$；

　　　　ρ_{te}——按有效受拉混凝土截面面积计算的纵向受拉钢筋配筋率；对无粘结后张构件，仅取纵向受拉钢筋计算配筋率；在最大裂缝宽度计算中，当 $\rho_{te} < 0.01$ 时，取 $\rho_{te} = 0.01$；

　　　　A_{te}——有效受拉混凝土截面面积：对轴心受拉构件，取构件截面面积；对受弯、偏心受压和偏心受拉构件，取 $A_{te} = 0.5bh + (b_f - b) h_f$，此处，$b_f$、$h_f$ 为受拉翼缘的宽度、高度；

　　　　A_s——受拉区纵向钢筋截面面积；

　　　　A_p——受拉区纵向预应力筋截面面积；

　　　　d_{eq}——受拉区纵向钢筋的等效直径（mm）；对无粘结后张构件，仅为受拉区纵向受拉钢筋的等效直径（mm）；

　　　　d_i——受拉区第 i 种纵向钢筋的公称直径；对于有粘结预应力钢绞线束的直径取为 $\sqrt{n_1} d_{p1}$，其中 d_{p1} 为单根钢绞线的公称直径，n_1 为单束钢绞线根数；

　　　　n_i——受拉区第 i 种纵向钢筋的根数；对于有粘结预应力钢绞线，取为钢绞线束数；

ν_i——受拉区第 i 种纵向钢筋的相对粘结特性系数。

构件受力特征系数　　　　　　　　　　　　表 1-12

类型	α_{cr}	
	钢筋混凝土构件	预应力混凝土构件
受弯、偏心受压	1.9	1.5
偏心受拉	2.4	—
轴心受拉	2.7	2.2

（3）构件纵向受拉钢筋应力计算公式。在荷载准永久组合或标准组合下，钢筋混凝土构件受拉区纵向钢筋的应力或预应力混凝土构件受拉区纵向钢筋的等效应力也可按下列公式计算：

1）钢筋混凝土构件受拉区纵向钢筋的应力。

① 轴心受拉构件：

$$\sigma_{sq} = \frac{N_q}{A_s} \tag{1-18}$$

② 偏心受拉构件：

$$\sigma_{sq} = \frac{N_q e'}{A_s(h_0 - a'_s)} \tag{1-19}$$

③ 受弯构件：

$$\sigma_{sq} = \frac{M_q}{0.87 h_0 A_s} \tag{1-20}$$

④ 偏心受压构件：

$$\sigma_{sq} = \frac{N_q(e - z)}{A_s z} \tag{1-21}$$

$$z = \left[0.87 - 0.12(1 - \gamma'_f)\left(\frac{h_0}{e}\right)^2\right]h_0 \tag{1-22}$$

$$e = \eta_s e_0 + y_s \tag{1-23}$$

$$\gamma'_f = \frac{(b'_f - b)h'_f}{b h_0} \tag{1-24}$$

$$\eta_s = 1 + \frac{1}{4000 e_0/h_0}\left(\frac{l_0}{h}\right)^2 \tag{1-25}$$

式中　A_s——受拉区纵向钢筋截面面积：对轴心受拉构件，取全部纵向钢筋截面面积；对偏心受拉构件，取受拉较大边的纵向钢筋截面面积；对受弯、偏心受压构件，取受拉区纵向钢筋截面面积；

N_q、M_q——按荷载准永久组合计算的轴向力值、弯矩值，对偏心受压构件不考虑二阶效应的影响；

e'——轴向拉力作用点至受压区或受拉较小边纵向钢筋合力点的距离；

e——轴向压力作用点至纵向受拉钢筋合力点的距离；

e_0——荷载准永久组合下的初始偏心距，取为 M_q/N_q；

z——纵向受拉钢筋合力点至截面受压区合力点的距离，且不大于 $0.87h_0$；

η_s——使用阶段的轴向压力偏心距增大系数，当 l_0/h 不大于 14 时，取 1.0；

y_s——截面重心至纵向受拉钢筋合力点的距离；

γ'_f——受压翼缘截面面积与腹板有效截面面积的比值；

b'_f、h'_f——分别为受压区翼缘的宽度、高度；当 h'_f 大于 $0.2h_0$ 时，取 $0.2h_0$。

2）预应力混凝土构件受拉区纵向钢筋的等效应力。

① 轴心受拉构件：

$$\sigma_{sk} = \frac{N_k - N_{p0}}{A_p + A_s} \tag{1-26}$$

② 受弯构件：

$$\sigma_{sk} = \frac{M_k - N_{p0}(z - e_p)}{(\alpha_1 A_p + A_s)z} \tag{1-27}$$

$$e = e_p + \frac{M_k}{N_{p0}} \tag{1-28}$$

$$e_p = y_{ps} - e_{p0} \tag{1-29}$$

式中　A_p——受拉区纵向预应力筋截面面积；对轴心受拉构件，取全部纵向预应力筋截面面积；对受弯构件，取受拉区纵向预应力筋截面面积；

N_{p0}——计算截面上混凝土法向预应力等于零时的预加力；

N_k、M_k——按荷载标准组合计算的轴向力值、弯矩值；

z——受拉区纵向普通钢筋和预应力筋合力点至截面受压区合力点的距离；

α_1——无粘结预应力筋的等效折减系数，取 α_1 为 0.3；对灌浆的后张预应力筋，取 α_1 为 1.0；

e_p——计算截面上混凝土法向预应力等于零时的预加力 N_{p0} 的作用点至受拉区纵向预应力和普通钢筋合力点的距离；

y_{ps}——受拉区纵向预应力和普通钢筋合力点的偏心距；

e_{p0}——计算截面上混凝土法向预应力等于零时的预加力 N_{p0} 作用点的偏心距。

（4）截面边缘混凝土法向应力计算公式。在荷载标准组合和准永久组合下，抗裂验算时截面边缘混凝土的法向应力应按下列公式计算：

1）轴心受拉构件：

$$\sigma_{ck} = \frac{N_k}{A_0} \tag{1-30}$$

$$\sigma_{cq} = \frac{N_q}{A_0} \tag{1-31}$$

2）受弯构件：

$$\sigma_{ck} = \frac{M_k}{W_0} \tag{1-32}$$

$$\sigma_{cq} = \frac{M_q}{W_0} \tag{1-33}$$

3）偏心受拉和偏心受压构件：

$$\sigma_{kq} = \frac{M_k}{W_0} + \frac{N_k}{A_0} \tag{1-34}$$

$$\sigma_{cq} = \frac{M_q}{W_0} + \frac{N_q}{A_0} \tag{1-35}$$

式中 A_0——构件换算截面面积；

W_0——构件换算截面受拉边缘的弹性抵抗矩。

（5）预应力混凝土主拉应力和主压应力验算公式。预应力混凝土受弯构件应分别对截面上的混凝土主拉应力和主压应力进行验算：

1）混凝土主拉应力

① 一级裂缝控制等级构件，应符合下列规定：

$$\sigma_{tp} \leqslant 0.85 f_{tk} \tag{1-36}$$

② 二级裂缝控制等级构件，应符合下列规定：

$$\sigma_{tp} \leqslant 0.95 f_{tk} \tag{1-37}$$

2）混凝土主压应力

对一、二级裂缝等级构件，均应符合下列规定：

$$\sigma_{cp} \leqslant 0.60 f_{ck} \tag{1-38}$$

式中 σ_{tp}、σ_{cp}——分别为混凝土的主拉应力、主压应力；

此时，应选择跨度内不利位置的截面，对该截面的换算截面重心处和截面宽度突变处进行验算。

（6）混凝土主拉应力和主压应力计算公式。混凝土主拉应力和主压应力应按下列公式计算：

$$\left.\begin{array}{c}\sigma_{tp}\\\sigma_{cp}\end{array}\right\} = \frac{\sigma_x + \sigma_y}{2} \pm \sqrt{\left(\frac{\sigma_x - \sigma_y}{2}\right) + \tau^2} \tag{1-39}$$

$$\sigma_x = \sigma_{pc} + \frac{M_k y_0}{I_0} \tag{1-40}$$

$$\tau = \frac{(V_k - \sum \sigma_{pe} A_{pb} \sin\alpha_p) S_0}{I_0 b} \tag{1-41}$$

式中 σ_x——由预加力和弯矩值 M_k 在计算纤维处产生的混凝土法向应力；

σ_y——由集中荷载标准值 F_k 产生的混凝土竖向压应力；

τ——由剪力值 V_k 和预应力弯起钢筋的预加力在计算纤维处产生的混凝土剪应力；当计算截面上有扭矩作用时，尚应计入扭矩引起的剪应力；对超静定后张法预应力混凝土结构构件，在计算剪应力时，尚应计入预加力引起的次剪力；

σ_{pc}——扣除全部预应力损失后，在计算纤维处由预加力产生的混凝土法向应力；

y_0——换算截面重心至计算纤维处的距离；

I_0——换算截面惯性矩；

V_k——按荷载标准组合计算的剪力值；

S_0——计算纤维以上部分的换算截面面积对构件换算截面重心的面积矩；

σ_{pe}——预应力弯起钢筋的有效预应力；

A_{pb}——计算截面上同一弯起平面内的预应力弯起钢筋的截面面积；

α_p——计算截面上预应力弯起钢筋的切线与构件纵向轴线的夹角。

（7）混凝土竖向压应力和剪应力计算公式。对预应力混凝土吊车梁，在集中力作用点

两侧各 $0.6h$ 的长度范围内，由集中荷载标准值 F_k 产生的混凝土竖向压应力和剪应力的简化分布可按如图 1-3 所示确定，其应力的最大值可按下列公式计算：

$$\sigma_{y,max} = \frac{0.6F_k}{bh} \tag{1-42}$$

$$\tau_F = \frac{\tau' - \tau^r}{2} \tag{1-43}$$

$$\tau' = \frac{V_k^l S_0}{I_0 b} \tag{1-44}$$

$$\tau^r = \frac{V_k^r S_0}{I_0 b} \tag{1-45}$$

式中　τ'、τ^r——分别为位于集中荷载标准值 F_k 作用点左侧、右侧 $0.6h$ 处截面上的剪应力；

$\quad\quad$ τ_F——集中荷载标准值 F_k 作用截面上的剪应力；

$\quad\quad$ V_k^l、V_k^r——分别为集中荷载标准值 F_k 作用点左侧、右侧截面上的剪力标准值。

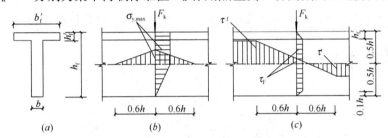

图 1-3　预应力混凝土吊车梁集中力作用点附近的应力分布

(a) 截面；(b) 竖向压应力 σ_y 分布；(c) 剪应力 τ 分布

2. 验算最大裂缝宽度的步骤

验算最大裂缝宽度的步骤一般为：

（1）按荷载准永久组合成标准组合计算弯矩 M_q；

（2）计算纵向受拉钢筋应力 σ_{sq}；

（3）计算有效配筋率 ρ_{te}；

（4）计算受拉钢筋的应力不均匀系数 ψ；

（5）计算最大裂缝宽度 w_{max}；

（6）验算 $w_{max} \leqslant w_{lim}$。

3. 计算实例

【例 1-1】　某矩形截面轴心受拉构件，其截面尺寸为 160mm×200mm，承受按荷载效应准永久组合计算的轴心拉力值 $N_q = 155$kN，混凝土强度等级为 C25，保护层厚度为 25mm，钢筋采用 HRB335 级，已配置纵向受拉钢筋 4 Φ 18，最大裂缝宽度限值 $w_{lim} = 0.2$mm，试验算最大裂缝宽度是否满足要求。

解： 混凝土强度等级为 C25，查附表 1-1 可得，$f_{tk} = 1.78$N/mm^2

配置纵向受拉钢筋 4 Φ 18，查附表 5-1 可得，$A_s = 1017$mm^2

$$\rho = \frac{A_s}{bh_0} = \frac{1017}{160 \times 220} = 0.032$$

$$\sigma_{sp} = \frac{N_q}{A_s} = \frac{155 \times 10^3}{1017} = 151.4 \text{N/mm}^2, \sigma_s = \sigma_{sq} = 151.4 \text{N/mm}^2$$

$$\psi = 1.1 - 0.65 \frac{f_{tk}}{\rho_{te}\sigma_s} = 1.1 - 0.65 \times \frac{1.78}{0.032 \times 151.4} = 0.861$$

查附表 4-1 可得，$E_s = 2 \times 10^5 \text{N/mm}^2$；查表 1-2 可得，$\alpha_{cr} = 2.7$。则最大裂缝宽度为：

$$w_{max} = \alpha_{cr} \psi \frac{\sigma_s}{E_s} \left(1.9 c_s + 0.08 \frac{d_{eq}}{\rho_{te}}\right)$$

$$= 2.7 \times 0.861 \times \frac{151.4}{2 \times 10^5} \times \left(1.9 \times 25 + 0.08 \times \frac{18}{0.032}\right) = 0.613 \text{mm} < w_{max}$$

$$= 0.2 \text{mm}$$

所以裂缝宽度满足要求。

【例 1-2】 已知矩形截面偏心受拉构件，截面尺寸 $b = 150\text{mm}$，$h = 210\text{mm}$，混凝土强度等级为 C25（$f_{tk} = 1.78 \text{N/mm}^2$），混凝土保护层厚度 $c = 25\text{mm}$，已配置纵向受拉钢筋 2 Φ 18（$A_s = A_s' = 509\text{mm}^2$），承受按荷载效应准永久组合计算的轴向拉力值 $N_q = 178\text{kN}$，弯矩值 $M_q = 6.5\text{kN·m}$，最大裂缝宽度限值 $w_{lim} = 0.3\text{mm}$，试验算最大裂缝宽度是否满足要求。

解： 根据已知条件得：

$$a_s = a_s' = c + 0.5d = 25 + 0.5 \times 18 = 34\text{mm}$$

$$h_0 = h - a_s = 210 - 34 = 176\text{mm}$$

$$\rho_{te} = \frac{A_s}{0.5bh} = \frac{509}{0.5 \times 150 \times 210} = 0.032$$

$$e_0 = \frac{M_q}{N_q} = \frac{6.5 \times 10^6}{178 \times 10^3} = 37\text{mm}$$

$$e' = 0.5h + e_0 - a_s' = 0.5 \times 210 + 37 - 34 = 108\text{mm}$$

$$\sigma_{sq} = \frac{N_q e'}{A_s(h_0 - a_s')} = \frac{178 \times 10^3 \times 108}{509 \times (176 - 34)} = 266 \text{N/mm}^2, \sigma_s = \sigma_{sq} = 266 \text{N/mm}^2$$

$$\psi = 1.1 - 0.65 \frac{f_{tk}}{\rho_{te}\sigma_s} = 1.1 - 0.65 \times \frac{1.78}{0.032 \times 266} = 0.964$$

查附表 4-1 可得，$E_s = 2 \times 10^5 \text{N/mm}^2$，则最大裂缝宽度为：

$$w_{max} = \alpha_{cr} \frac{\sigma_s}{\psi E_s} \left(1.9 c_s + 0.08 \frac{d_{eq}}{\rho_{te}}\right) = 2.4 \times 0.964 \times \frac{266}{2 \times 10^5} \times \left(1.9 \times 25 + 0.08 \times \frac{18}{0.32}\right)$$

$$= 0.285\text{mm} < w_{lim} = 0.3\text{mm}$$

满足要求。

【例 1-3】 某教学楼的一根钢筋混凝土简支梁，其计算跨度 $l_0 = 5\text{m}$，截面尺寸 $b = 240\text{mm}$，$h = 640\text{mm}$，混凝土强度等级为 C25，按正截面承载力计算，配置热轧钢筋 HRB400，4 Φ 20，梁所承受的永久荷载准值（包括梁自重）$g_k = 18.6\text{kN/m}$，可变荷载值 $q_k = 15\text{kN/m}$，最外层纵向受拉钢筋外边缘至受拉区底边的距离为 25mm。试验算矩形梁的裂缝宽度。

解：（1）按荷载的准永久组合计算弯矩 M_q：

$$M_q = \frac{1}{8}(g_k + q_k)l_0^2 = \frac{1}{8} \times (18.6 + 15) \times 5 \times 5 = 105\text{kN·m}$$

（2）计算纵向受拉钢筋应力 σ_{sq}：

配置热轧钢筋 HRB400，4Φ20，查附表 5-1 可得，$A_s = 1256mm^2$

$$\sigma_{sq} = \frac{M_q}{0.87h_0A_s} = \frac{105 \times 10^6}{0.87 \times 615 \times 1256} = 156.24N/mm^2$$

（3）计算有效配筋率 ρ_{te}：

$$A_{te} = 0.5bh = 0.5 \times 240 \times 640 = 76800mm^2$$

$$\rho_{te} = A_s/A_{te} = 1256/76800 = 0.0164 > 0.01，取 \rho_{te} = 0.0164$$

（4）计算受拉钢筋应变的不均匀系数 ψ：

混凝土强度等级为 C25，查附表 1-1 可得，$f_{tk} = 1.78N/mm^2$

$$\psi = 1.1 - \frac{0.65f_{tk}}{\rho_{te}\sigma_{sq}} = 1.1 - \frac{0.65 \times 1.78}{0.0164 \times 156.24} = 0.65$$

（5）计算最大裂缝宽度 w_{max}：

最外层纵向受拉钢筋外边缘至受拉区底边的距离为 25mm，查表 1-12 得，$\alpha_{cr} = 2.7$

HRB400 级钢筋，$\nu = 1.0$，$d_{eq} = d/\nu = 20mm$

查附表 4-1 可得，$E_s = 2 \times 10^5 N/mm^2$

$$w_{max} = 2.7\psi\frac{\sigma_s}{E_s}\left(1.9c_s + 0.18 \times \frac{d_{eq}}{\rho_{te}}\right)$$

$$= 2.7 \times 0.65 \times \frac{156.24}{2 \times 10^5} \times (1.9 \times 25 + 0.08 \times 20/0.0164)$$

$$= 0.199mm$$

（6）最大裂缝宽度限值的取值见表 1-11，最大裂缝宽度的限值 $w_{lim} = 0.2mm$，$w_{max} = 0.199mm$，$w_{max} \leqslant w_{lim}$，所以裂缝宽度满足要求。

【例 1-4】 某 15m 跨空腹屋架下弦的截面尺寸为 $b \times h = 240mm \times 180mm$，混凝土强度等级为 C35，混凝土保护层厚度为 30mm，对称配置 HRB335 级钢筋，4Φ20，按荷载准永久组合计算的轴向拉力 $N_q = 260kN$，弯矩 $M_q = 6.24kN \cdot m$，最外层纵向受拉钢筋外边缘至受拉区底边的距离为 40mm，室内为正常环境。试验算其最大裂缝宽度。

解： 受拉区纵向钢筋的等效直径 $d_{eq} = 20mm$，对称配置 HRB335 级钢筋 4Φ20，查附表 5-1 可得，受拉区纵向普通钢筋的截面面积 $A_s = 1256mm^2$，混凝土强度等级为 C35，查附表 1-1 可得，$f_{tk} = 2.20N/mm^2$，HRB335 级钢筋，查附表 4-1 可得，$E_s = 2 \times 10^5 N/mm^2$。

$$A_{te} = 0.5bh = 0.5 \times 240 \times 180 = 21600mm^2$$

$$\rho_{te} = A_s/A_{te} = 1256/21600 = 0.0581$$

$$a_s = a'_s = c + d/2 = (30 + 20/2) = 40mm$$

$$h_0 = h - a_s = 180 - 40 = 140mm$$

$$e_0 = M_q/N_q = 6240000/260000 = 24mm$$

$$e' = e_0 + h/2 - a_s = 24 + 180/2 - 40 = 74mm$$

$$\sigma_{sq} = \frac{N_q e'}{A_s(h_0 - a'_s)} = \frac{260000 \times 74}{1256 \times (140 - 40)} = 153.2N/mm^2$$

$$\psi = 1.1 - \frac{0.65f_{tk}}{\rho_{te}\sigma_s} = 1.1 - \frac{0.65 \times 2.20}{0.0571 \times 153.2} = 0.939$$

查表 1-12 得，$\alpha_{cr}=2.4$

$$w_{max}=\alpha_{cr}\psi\frac{\sigma_s}{E_s}\left(1.9c_s+0.08\frac{d_{eq}}{\rho_{te}}\right)$$

$$=2.4\times0.939\times\frac{153.2}{2.0\times10^5}\times(1.9\times40+0.08\times20/0.0581)$$

$$=0.179mm$$

最大裂缝宽度限值的取值见表 1-11，最大裂缝宽度的限值 $w_{lim}=0.2mm$，$w_{max}=0.179mm\leqslant w_{lim}$，所以裂缝宽度满足要求。

1.3.3 受弯构件挠度验算

1. 挠度验算相关规定

（1）钢筋混凝土和预应力混凝土受弯构件的挠度可按照结构力学方法计算，且不应超过表 1-10 受弯构件的挠度限值规定的限值。

（2）在等截面构件中，可假定各同号弯矩区段内的刚度相等，并取用该区段内最大弯矩处的刚度。当计算跨度内的支座截面刚度不大于跨中截面刚度的两倍或不小于跨中截面刚度的二分之一时，该跨也可按等刚度构件进行计算，其构件刚度可取跨中最大弯矩截面的刚度。

2. 基本计算公式

（1）一般刚度 B 计算公式。矩形、T 形、倒 T 形和 I 形截面受弯构件考虑荷载长期作用影响的刚度 B，可按下列公式进行计算：

1）采用荷载标准组合时：

$$B=\frac{M_k}{M_q(\theta-1)+M_k}B_s \tag{1-46}$$

2）采用荷载准永久组合时：

$$B=\frac{B_s}{\theta} \tag{1-47}$$

式中　M_k——按荷载的标准组合计算的弯矩，取计算区段内的最大弯矩值；

M_q——按荷载的准永久组合计算的弯矩，取计算区段内的最大弯矩值；

B_s——按荷载准永久组合计算的钢筋混凝土受弯构件或按标准组合计算的预应力混凝土受弯构件的短期刚度；

θ——考虑荷载长期作用对挠度增大的影响系数。

（2）短期刚度 B_s 计算公式。按裂缝控制等级要求的荷载组合作用下，钢筋混凝土受弯构件和预应力混凝土受弯构件的短期刚度 B_s，可按下列公式计算：

1）钢筋混凝土受弯构件：

$$B_s=\frac{E_sA_sh_0^2}{1.15\psi+0.2+\frac{6\alpha_E\rho}{1+3.5\gamma'_f}} \tag{1-48}$$

2）预应力混凝土受弯构件：

①要求不出现裂缝的构件：

$$B_s=0.85E_cI_0 \tag{1-49}$$

②允许出现裂缝的构件：

$$B_s = \frac{0.85 E_c I_0}{\kappa_{cr} + (1 - \kappa_{cr})\omega} \tag{1-50}$$

$$\kappa_{cr} = \frac{M_{cr}}{M_k} \tag{1-51}$$

$$\omega = \left(1.0 + \frac{0.21}{\alpha_E \rho}\right)(1 + 0.45\gamma_f) - 0.7 \tag{1-52}$$

$$M_{cr} = (\sigma_{pc} + \gamma f_{tk})W_0 \tag{1-53}$$

$$\gamma_f = \frac{(b_f - b)h_f}{bh_0} \tag{1-54}$$

式中　ψ——裂缝间纵向受拉钢筋应变不均匀系数；

　　α_E——钢筋弹性模量与混凝土弹性模量的比值，即 E_s/E_c；

　　ρ——纵向受拉钢筋配筋率：对钢筋混凝土受弯构件，取为 $A_s/(bh_0)$；对预应力混凝土受弯构件，取为 $\rho = (\alpha_1 A_p + A_s)/(bh_0)$，对灌浆的后张预应力筋，取 $\alpha_1 = 1.0$，对无粘结后张预应力筋，取 $\alpha_1 = 0.3$；

　　I_0——换算截面惯性矩；

　　γ_f——受拉翼缘截面面积与腹板有效截面面积的比值；

　b_f、h_f——分别为受拉区翼缘的宽度、高度；

　　κ_{cr}——预应力混凝土受弯构件正截面的开裂弯矩 M_{cr} 与弯矩 M_k 的比值，当 $\kappa_{cr} > 1.0$ 时，取 $\kappa_{cr} = 1.0$；

　　σ_{pc}——扣除全部预应力损失后，由预加力在抗裂验算边缘产生的混凝土预压应力；

　　γ——混凝土构件的截面抵抗矩塑性影响系数。

注：对预压时预拉区出现裂缝的构件，B_s 应降低 10%。

（3）截面抵抗矩塑性影响系数 γ 计算公式。混凝土构件的截面抵抗矩塑性影响系数 γ 可按下列公式计算：

$$\gamma = \left(0.7 + \frac{120}{h}\right)\gamma_m \tag{1-55}$$

式中　γ_m——混凝土构件的截面抵抗矩塑性影响系数基本值，可按正截面应变保持平面的假定，并取受拉区混凝土应力图形为梯形、受拉边缘混凝土极限拉应变为 $2f_{tk}/E_c$ 确定；

　　h——截面高度（mm）：当 $h < 400$ 时，取 $h = 400$；当 $h > 1600$ 时，取 $h = 1600$；对圆形、环形截面，取 $h = 2r$，此处，r 为圆形截面半径或环形截面的外环半径。

（4）影响系数 θ 计算公式。考虑荷载长期作用对挠度增大的影响系数 θ 可按下列规定取用：

1）钢筋混凝土受弯构件：当 $\rho' = 0$ 时，取 $\theta = 2.0$；当 $\rho' = \rho$ 时，取 $\theta = 1.6$；当 ρ' 为中间数值时，θ 按线性内插法取用。此处，$\rho' = A_s'/(bh_0)$，$\rho = A_s/(bh_0)$。

对翼缘位于受拉区的倒 T 形截面，θ 应增加 20%。

2）预应力混凝土受弯构件，取 $\theta = 2.0$。

3. 计算实例

【例 1-5】 某矩形截面简支梁，其截面尺寸为 $b \times h = 260\text{mm} \times 480\text{mm}$，计算跨度 $l_0 =$

7.0m，混凝土强度等级为 C45，混凝土保护层厚度为 25mm，配置 HRB335 级 4 Φ 20 纵向受拉钢筋，均布荷载，其中恒荷载 $g_k=12kN/m$（包括自重），活荷载 $q_k=8kN/m$。请计算使用阶段梁的挠度。

解： 混凝土强度等级为 C45，查附表 1-1 可得，$f_{tk}=2.51N/mm^2$；HRB335 级钢筋，查附表 4-1 可得，$E_s=2\times10^5N/mm^2$；配置 HRB335 级 4 Φ 20 纵向受拉钢筋，查附表 5-1 可得，$A_s=1256mm^2$；混凝土强度等级为 C45，查附表 2-1 可得，$E_c=3.35\times10^4N/mm^2$。

（1）计算按准永久组合计算的弯矩值 M_q、M_k：

$$M_q=\frac{1}{8}(g_k+q_k)l_0^2=\frac{1}{8}\times(12+8)\times7000^2=122.5\times10^6N\cdot mm$$

$$M_k=\frac{1}{8}g_kl_0^2+0.5\times\frac{1}{8}q_kl_0^2=98\times10^6N\cdot mm$$

（2）计算有关参数：

$$a_s=(25+20/2)=35mm$$

$$h_0=h-a_s=480-35=445mm$$

$$\alpha_E=E_s/E_c=2.0\times10^5/(3.35\times10^4)=5.97$$

$$\rho_{te}=A_s/A_{te}=1256/(0.5\times260\times480)=0.02>0.01$$

$$\sigma_{sq}=\frac{M_q}{0.87h_0A_s}=\frac{122.5\times10.6}{0.87\times445\times1256}=251.92N/mm^2$$

$$\psi=1.1-\frac{0.65\times2.51}{0.02\times251.92}=0.778$$

（3）计算短期刚度 B_s：

因为截面受压区为矩形，所以 $\gamma_f'=0$

$$B_s=\frac{E_sA_sh_0^2}{1.15\psi+0.2+\frac{6\alpha_E\rho}{1+3.5\gamma_f'}}=\frac{2.0\times10^5\times1256\times445^2}{1.15\times0.778+0.2+\frac{6\times5.97\times0.0108}{1+3.5\times0}}$$

$$=33.58\times10^{12}N\cdot mm^2$$

（4）计算受弯构件的刚度：

由于无受压钢筋，故 $\rho'=0$，取 $\theta=2.0$

$$B=\frac{M_k}{M_q(\theta-1)+M_k}B_s=\frac{98\times10^6}{122.5\times10^6\times(2.0-1)+98\times10^6}$$

$$\times33.58\times10^{12}=14.92\times10^{12}N\cdot mm^2$$

（5）计算梁的挠度：

$$f=\frac{5}{48}\times\frac{M_kl_0^2}{B}=\frac{5}{48}\times\frac{98\times10^6\times7000^2}{14.92\times10^{12}}=35.53mm$$

【例 1-6】 某钢筋混凝土矩形截面简支梁，其截面尺寸为 210mm×450mm，计算跨度为 $l_0=4.5m$，承受均布线荷载，恒荷载标准值（包括梁自重）为 $g_k=15.1kN/m$，可变荷载标准值为 $q_k=10.2kN/m$，准永久值系数 $\psi_q=0.5$，混凝土强度等级为 C25，钢筋采用 HRB335 级，按正截面受弯承载力计算已配置纵向受拉钢筋 3 Φ 20（$A_s=942mm^2$），挠度限值为 $l_0/250$。试验算挠度是否满足要求。

解：（1）计算 M_k 和 M_q：

按荷载效应标准组合计算的跨中最大弯矩为：

$$M_k = M_{gk} + M_{qk} = \frac{1}{8} g_k l_0^2 + \frac{1}{8} q_k l_0^2 = \frac{1}{8} \times 15.1 \times 4.5^2 + \frac{1}{8} \times 10.2 \times 4.5^2 = 64 \text{kN} \cdot \text{m}$$

按荷载效应准永久组合计算的跨中最大弯矩为：

$$M_q = M_{gk} + \psi_q M_{qk} = \frac{1}{8} g_k l_0^2 + \frac{1}{8} \psi_q q_k l_0^2$$

$$= \frac{1}{8} \times 15.1 \times 4.5^2 + \frac{1}{8} \times 0.5 \times 10.2 \times 4.5^2 = 51 \text{kN} \cdot \text{m}$$

（2）计算纵向受拉钢筋应变不均匀系数 ψ：

$$h_0 = h - a_s = 450 - 35 = 415 \text{mm}$$

按有效受拉混凝土截面面积计算的纵向受拉钢筋的配筋率为：

$$\rho_{te} = \frac{A_s}{A_{te}} = \frac{A_s}{0.5bh} = \frac{942}{0.5 \times 210 \times 450} = 0.02$$

使用阶段纵向受拉钢筋的应力为：

$$\sigma_s = \frac{M_k}{0.87 h_0 A_s} = \frac{64 \times 10^6}{0.87 \times 415 \times 942} = 188.17 \text{N} \cdot \text{m}^2$$

纵向受拉钢筋应变不均匀系数为：

$$\psi = 1.1 - 0.65 \frac{f_{tk}}{\rho_{te} \sigma_s} = 1.1 - 0.65 \times \frac{1.78}{0.02 \times 188.17} = 1.07$$

（3）计算短期刚度 B_s：

混凝土强度等级为 C25，查附表 2-1 可得，$E_c = 2.80 \times 10^4 \text{N/mm}^2$

$$\alpha_E = \frac{E_s}{E_c} = \frac{2 \times 10^5}{2.8 \times 10^4} = 7.14$$

$$\rho = \frac{A_s}{bh_0} = \frac{942}{210 \times 415} = 0.01$$

因为受压区为矩形截面，所以 $\gamma_f' = 0$

短期刚度 B_s 为：

$$B_s = \frac{E_s A_s h_0^2}{1.15\psi + 0.2 + \dfrac{6\alpha_E \rho}{1 + 3.5\gamma_f'}} = \frac{2 \times 10^5 \times 942 \times 415^2}{1.15 \times 1.07 + 0.2 + 6 \times 7.14 \times 0.01}$$

$$= 1.74 \times 10^{13} \text{N} \cdot \text{mm}^2$$

（4）计算长期荷载作用影响时的刚度 B：

由于无受压钢筋，故 $\rho' = 0$，取 $\theta = 2.0$，则：

$$B = \frac{M_k}{M_q (\theta - 1) + M_k} B_s = \frac{64}{51 \times (2-1) + 64} \times 1.74 \times 10^{13}$$

$$= 0.97 \times 10^{13} \text{N} \cdot \text{mm}^2$$

（5）验算梁的跨中挠度：

$$\Delta = \frac{5}{48} \times \frac{64 \times 10^6 \times 4500^2}{0.97 \times 10^{13}} = 13.9 \leqslant \Delta_{min} = \frac{l_0}{250} = \frac{4500}{250} = 18 \text{mm}$$

满足要求。

2 混凝土结构受弯构件承载力计算

2.1 受弯构件一般构造规定

2.1.1 板

1. 板的厚度

板的厚度 h 取决于板的跨度及所受荷载的大小，且应满足刚度和裂缝控制的要求。现浇钢筋混凝土板的厚度尚不应小于表 2-1 中规定的数值。

现浇钢筋混凝土板的最小厚度（mm）　　　　　　　表 2-1

板的类型		最小厚度
单向板	屋面板	60
	民用建筑楼板	60
	工业建筑楼板	70
	行车道下的楼板	80
双向板		80
密肋楼盖	面板	50
	肋高	250
悬臂板（根部）	悬臂长度不大于 500mm	60
	悬臂长度 1200mm	100
无梁楼板		150
现浇空心楼盖		200

板的厚度一般以 10mm 为模数。

2. 板的配筋

（1）梁式板中一般配有两类钢筋：受力钢筋和分布钢筋。受力钢筋沿板的跨度方向布置，分布钢筋垂直于受力钢筋并均匀布置在受力钢筋内侧，如图 2-1 所示。

（2）板中受力钢筋经过计算确定，其直径常用的为 8mm、10mm、12mm、14mm、16mm。

（3）板中受力钢筋的间距，当板的厚度≤150mm 时，不宜大于 200mm；当板的厚度＞150mm 时，不宜大于 1.5h，且不宜大于 250mm。

（4）分布钢筋的间距不宜大于 250mm，直径不宜小于 8mm。

（5）单位长度上分布钢筋的截面面积不宜小于单位宽度上受力钢筋截面面积的 15%，

且不宜小于该方向板截面面积的 0.15％；对于集中荷载较大的情况，分布钢筋的截面面积应适当增加，其间距不宜大于 200mm。

（6）当有实践经验或可靠措施时，预制单向板的分布钢筋可不受本条限制。

3. 板的保护层厚度及计算的有效高度

板的混凝土保护层厚度应符合表 1-4 的规定。板计算的截面有效高度可近似取为 $h_0 = h - 20$mm。

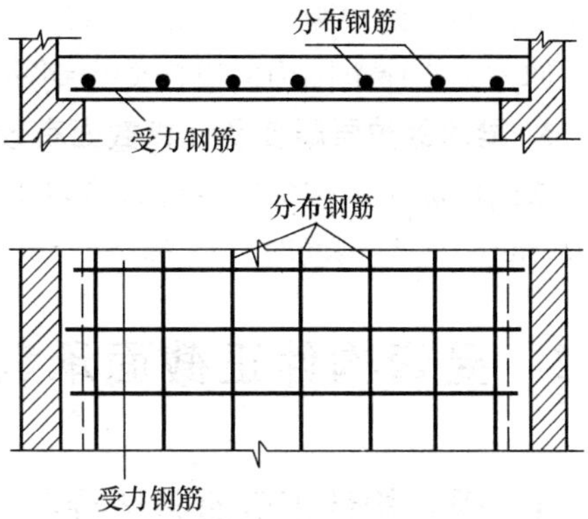

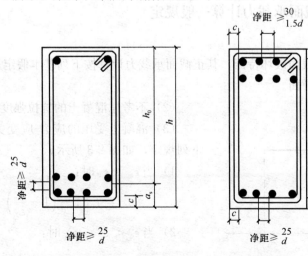

图 2-1 梁式板的配筋

2.1.2 梁

1. 梁的截面尺寸

现浇钢筋混凝土构件，梁的截面宽度与高度的比值 b/h，对于矩形截面，一般为 $1/2 \sim 1/2.5$；对于 T 形截面，一般为 $1/2.5 \sim 1/3$。为了方便施工，梁的截面尺寸应统一规格，一般可按下列情况采用：

梁的截面宽度 b 一般可采用 120mm、150mm、180mm、200mm、250mm，250mm 以上一般以 50mm 为模数。

梁的截面高度 h 一般可采用 250mm、300mm、350mm、…、750mm、800mm、900mm、…、800mm 以下以 50mm 为模数，800mm 以上以 100mm 为模数。

2. 梁的纵向受力钢筋

（1）直径。钢筋混凝土梁纵向受力钢筋的直径，当梁高 $h \geqslant 300$mm 时，不应小于 10mm；当梁高 $h < 300$mm 时，不应小于 8mm。常用直径为 $10 \sim 28$mm，设计时如需配置两种不同直径的钢筋，其直径至少相差 2mm，以便于施工识别。

（2）间距。梁上部纵向钢筋水平方向的净距（钢筋外边缘之间的最小距离）不应小于 30mm 和 $1.5d$（d 为钢筋的最大直径）；下部纵向钢筋水平方向的净间距不应小于 25mm 和 d，如图 2-2 所示。梁的下部纵向钢筋配置多于两层时，两层以上钢筋水平方向的中距

图 2-2 梁的纵向受力钢筋的间距

应比下面两层的中距增大一倍。各层钢筋之间的净距不应小于 25mm 和 d。

伸入梁支座范围内的纵向受力钢筋根数，不宜少于 2 根。

3. 梁的保护层厚度及计算截面有效高度

梁的混凝土保护层厚度应符合表 1-4 的规定。梁计算的截面有效高度可近似取为 $h_0 = h - 35mm$（一排钢筋时）或 $h_0 = h - 60mm$（两排钢筋时）。

2.2 受弯构件正截面承载力计算与实例

2.2.1 受弯构件正截面破坏特征

当材料强度和截面形式一定时，钢筋混凝土梁的正截面破坏特征主要取决于配筋率 ρ 的大小。梁按其破坏特征可分为三类：少筋梁、适筋梁与超筋梁，其截面破坏特征见表 2-2。

少筋梁、适筋梁、超筋梁破坏特征 表 2-2

类 型	破 坏 特 征
少筋梁	当梁内配筋率 ρ 很小时，形成少筋梁破坏，其破坏特征是：梁一旦开裂，裂缝截面混凝土即退出工作，拉力全部由钢筋承担而使钢筋应力突增，很快达到屈服强度，导致很大的裂缝和变形而使构件破坏 这种破坏是突然发生的，破坏前无明显预兆，属脆性破坏，工程设计中应避免设计成少筋梁
适筋梁	当梁的配筋率 ρ 适当时，发生适筋梁破坏，其破坏特征是：受拉钢筋先达到屈服，然后受压区混凝土达到极限压应变而被压碎，梁即告破坏，钢筋和混凝土的强度都得到充分利用 构件在破坏前有明显的塑性变形和裂缝预兆，属于延性破坏
超筋梁	当梁的配筋率 ρ 太大时，则可能成为超筋梁破坏，其破坏特征是：受拉钢筋尚未屈服之前，受压区混凝土达到极限压应变先被压碎。这种破坏是突然发生的，破坏前裂缝开展不宽，是脆性破坏 这种梁配置的钢筋数量较多，钢筋的强度未得到充分发挥，不经济且破坏突然，实际工程中不允许采用超筋梁

2.2.2 受弯构件正截面承载力计算一般规定

1. 基本假定

根据受弯构件的正截面破坏特征，其正截面承载力计算按下列基本假定进行：

（1）截面应变保持平面。

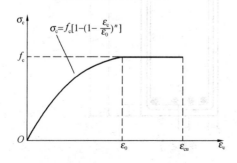

图 2-3 混凝土受压的应力-应变关系曲线

（2）不考虑混凝土的抗拉强度。

（3）混凝土受压的应力-应变关系曲线采用下列规定，如图 2-3 所示。

1）当 $\varepsilon_c \geqslant \varepsilon_0$ 时：

$$\sigma_c = f_c \left[1 - \left(1 - \frac{\varepsilon_c}{\varepsilon_0} \right)^n \right] \qquad (2-1)$$

2）当 $\varepsilon_0 < \varepsilon_c \leqslant \varepsilon_{cu}$ 时：

$$\sigma_c = f_c \qquad (2-2)$$

$$\varepsilon_0 = 0.002 + 0.5(f_{cu,k} - 50) \times 10^{-5} \qquad (2\text{-}3)$$

$$\varepsilon_{cu} = 0.0033 - 0.5(f_{cu,k} - 50) \times 10^{-5} \qquad (2\text{-}4)$$

$$n = 2 - \frac{1}{60}(f_{cu,k} - 50) \qquad (2\text{-}5)$$

式中　ε_0——混凝土压应变；

　　　σ_c——混凝土压应变为 ε_c 时的混凝土压应力；

　　　f_c——混凝土轴心抗压强度设计值；

　　　ε_0——混凝土压应力刚达到 f_c 时的混凝土压应变，当计算的 ε_0 值小于 0.002 时，取为 0.002；

　　　ε_{cu}——正截面的混凝土极限压应变，当处于非均匀受压时，按式（2-4）计算，如计算的 ε_{cu} 值大于 0.0033 时，取为 0.0033；当处于轴心受压时取为 ε_0；

　　　$f_{cu,k}$——混凝土立方体抗压强度标准值；

　　　n——系数，当计算的 n 值大于 2.0 时，取为 2.0。

（4）纵向钢筋的应力与应变关系曲线如图 2-4 所示。

1）当 $0 \leqslant \varepsilon_s \leqslant \varepsilon_y$ 时：

$$\sigma_s = E_s \varepsilon_s \qquad (2\text{-}6)$$

2）当 $\varepsilon_s < \varepsilon_y$ 时：

$$\sigma_s = f_y \qquad (2\text{-}7)$$

式中　ε_s——纵向普通钢筋的应变；

　　　σ_s——纵向普通钢筋的应力；

　　　f_y——普通钢筋抗拉强度设计值；

　　　ε_y——钢筋应力刚达到 f_y 时的钢筋应变；

　　　E_s——钢筋弹性模量。

纵向受拉钢筋的极限拉应变取为 0.01。

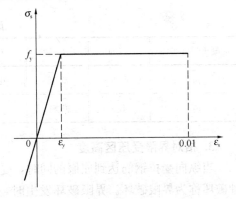

图 2-4　钢筋的应力-应变关系曲线

2. 受压区混凝土等效应力图

根据平截面假定和混凝土的应力-应变关系曲线，即可确定受压区混凝土的应力图形，该图形由直线段和抛物线两部分组成。为了简化计算，受压区混凝土的曲线应力图形可以采用等效的矩形应力图形来代替，等效替代的原则是保证压应力合力的大小和作用点位置不变，如图 2-5 所示。

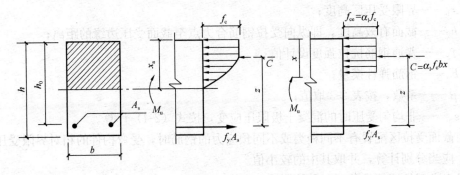

图 2-5　等效矩形应力图形的换算

矩形应力图形的受压区高度 x 和矩形应力图的应力值 f_{ce} 可按下列式计算:

$$x = \beta_1 x_a \tag{2-8}$$

$$f_{ce} = \alpha_1 f_c \tag{2-9}$$

式中 x——等效矩形应力图形的受压区高度;

β_1——系数,其值为等效矩形应力图形的受压区高度 x 与实际受压区高度 x_a 的比值,当混凝土强度等级不超过 C50 时,取 $\beta_1 = 0.8$;当混凝土强度等级为 C80 时,$\beta_1 = 0.74$,其间按线性内插法确定,见表 2-3;

x_a——按截面应变保持平面的假定所确定的中和轴的高度,即实际受压区高度;

f_{ce}——等效矩形应力图形的应力值;

α_1——系数,其值为等效矩形应力图形的应力值与混凝土轴心抗压强度设计值的比值,当混凝土强度等级不超过 C50 时,取 $\alpha_1 = 1.0$;当混凝土强度等级为 C80 时,取 $\alpha_1 = 0.94$,其间按线性内插法确定,见表 2-3;

f_c——混凝土轴心抗压强度设计值。

β_1 和 α_1 值   表 2-3

混凝土强度等级	≤C50	C55	C60	C65	C70	C75	C80
β_1	0.8	0.79	0.78	0.77	0.76	0.75	0.74
α_1	1.0	0.99	0.98	0.97	0.96	0.95	0.94

3. 相对界限受压区高度

当纵向受拉钢筋达到屈服的同时,受压区混凝土也同时达到极限压应变而被压碎,这种破坏称为界限破坏。界限破坏发生时,钢筋混凝土构件的相对界限受压区高度 ξ_b 按下列式计算(有屈服点的钢筋):

$$\xi_b = \frac{\beta_1}{1 + \dfrac{f_y}{E_s \varepsilon_{cu}}} \tag{2-10}$$

式中 ξ_b——相对界限受压区高度:$\xi_b = x_b/h_0$,见表 2-4;

x_b——界限受压区高度;

h_0——截面有效高度,即纵向受拉钢筋合力点至截面受压边缘的距离;

f_y——普通钢筋抗拉强度设计值;

E_s——钢筋弹性模量;

β_1——系数,按表 2-3 取值;

ε_{cu}——非均匀受压时的混凝土极限压应变,按式(2-4)计算。

当截面受拉区配置有不同种类或不同预应力的钢筋时,受弯构件的相对界限受压区高度 ξ_b 应当分别计算,并取其中的较小值。

对于常用的钢筋品种,ξ_b 可按表 2-4 取值。

普通钢筋的相对界限受压区高度 ξ_b 表 2-4

钢筋品种	$f_y(N/mm^2)$	混凝土强度等级						
		≤C50	C55	C60	C65	C70	C75	C80
HPB300	270	0.614	0.604	0.594	0.584	0.575	0.565	0.555
HRB335	300	0.550	0.540	0.531	0.522	0.512	0.503	0.493
HRB400 和 RRB400	360	0.518	0.508	0.499	0.490	0.481	0.472	0.462

4. 最小配筋率

配筋率是指纵向受力钢筋的截面面积 A_s 与截面有效面积 bh_0 的比值，以 ρ 表示。

$$\rho = \frac{A_s}{bh_0} \tag{2-11}$$

式中　b——梁的截面宽度；

　　　h_0——截面有效高度。

为了防止出现少筋破坏，应对配筋率加以控制。

2.2.3　单筋矩形截面受弯构件正截面承载力计算

1. 基本计算公式

单筋矩形截面应力图形如图 2-6 所示。

由平衡条件得：

$$\alpha_1 f_c bx = f_y A_s \tag{2-12}$$

$$M \leqslant M_u = \alpha_1 f_c bx \left(h_0 - \frac{x}{2} \right) \tag{2-13}$$

或

$$M \leqslant M_u = f_y A_s \left(h_0 - \frac{x}{2} \right) \tag{2-14}$$

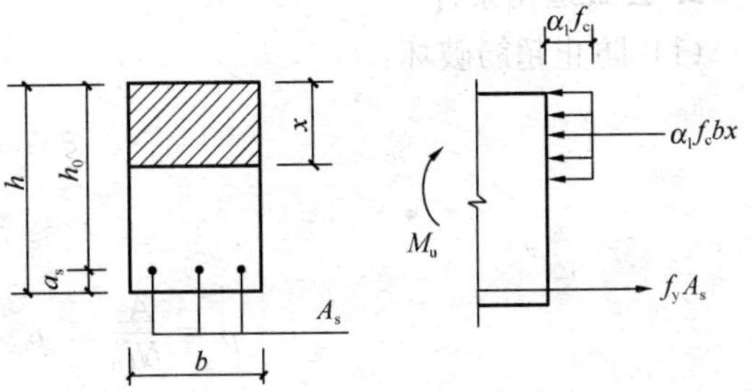

将 $x = \xi h_0$ 代入式（2-12）、式（2-13）和式（2-14），以上三式可写成如下形式：

图 2-6　单筋矩形截面受弯构件截面应力计算图形

$$\alpha_1 f_c b\xi h_0 = f_y A_s \tag{2-15}$$

$$M \leqslant M_u = \alpha_1 f_c \alpha_s bh_0^2 \tag{2-16}$$

或

$$M \leqslant M_u = f_y A_s \gamma_s h_0 \tag{2-17}$$

式中　α_s——截面抵抗矩系数；

　　　γ_s——内力臂系数；

　　　f_c——混凝土轴心抗压强度设计值；

　　　b——构件的截面宽度；

　　　x——混凝土受压区高度，$x = \xi h_0$；

f_y——钢筋抗拉强度设计值；

A_s——纵向受拉钢筋截面面积；

M——弯矩设计值；

M_u——正截面受弯承载力计算值；

h_0——截面有效高度，$h_0 = h - a_s$；

a_s——纵向受拉钢筋合力点到构件截面受拉边缘的距离。

a_s 可按实际尺寸计算，一般情况下可近似取为：

梁：当受拉钢筋按一层布置时，取 $a_s = 35mm$ 或取 $a_s = 30mm$，当受拉钢筋布置为两层时，取 $a_s = 60mm$ 或 $a_s = 55mm$。

板：取 $a_s = 20mm$。

α_s、ξ 和 γ_s 之间关系如下：

$$\alpha_s = \xi(1 - 0.5\xi) \tag{2-18}$$

$$\gamma_s = 1 - 0.5\xi \tag{2-19}$$

$$\xi = 1 - \sqrt{1 - 2\alpha_s} \tag{2-20}$$

$$\gamma_s = \frac{1 + \sqrt{1 - 2\alpha_s}}{2} \tag{2-21}$$

2. 公式适用条件

（1）防止超筋破坏：

$$\xi \leqslant \xi_b \tag{2-22}$$

或

$$x \leqslant \xi_b h_0 \tag{2-23}$$

或

$$\rho = \frac{A_s}{bh_0} \leqslant \rho_{max} = \xi_b \frac{\alpha_1 f_c}{f_y} \tag{2-24}$$

或

$$A_s \leqslant \rho_{max} bh_0 \tag{2-25}$$

若将 $x = \xi_b h_0$ 代入式（2-13），可得单筋矩形截面适筋梁所能承担的最大受弯承载力 $M_{u,max}$：

$$M_{u,max} = \alpha_1 f_c bh_0^2 \xi_b (1 - 0.5\xi_b) \tag{2-26}$$

所以适用条件还可以表达为：

$$M \leqslant M_{u,max} = \alpha_1 f_c bh_0^2 \xi_b (1 - 0.5\xi_b) \tag{2-27}$$

（2）防止少筋破坏：

$$\rho_1 = \frac{A_s}{bh} \geqslant \rho_{min} \tag{2-28}$$

或

$$A_s \geqslant \rho_{min} bh \tag{2-29}$$

需要注意的是，验算纵向受拉钢筋最小配筋率时，应取全部截面面积进行计算，即取

$(b \times h)$ 计算，不应取 $(b \times h_0)$ 计算。为表示区别，其配筋率用 ρ_1 表示。

对于钢筋混凝土受弯构件，矩形截面的最小配筋率 $\rho_{\min}$ 应取 0.2 和 $0.45 \dfrac{f_{\text{t}}}{f_{\text{y}}}$ 中的较大值。

根据我国工程实践经验，常用经济配筋率的范围是：

板：$\rho = (0.4 \sim 0.8) \%$；

矩形梁：$\rho = (0.6 \sim 1.5) \%$；

T 形梁：$\rho = (0.9 \sim 1.8) \%$。

3. 计算方法

（1）运用公式法

1）设计截面。当截面所需承受的弯矩设计值 M 已知时，可根据需要选定材料强度等级和构件截面尺寸 b、h，然后运用式求出截面需配置的纵向受拉钢筋面积 A_{s}。由式（2-12）和式（2-13）可得：

$$x = h_0 - \sqrt{h_0^2 - \frac{2M}{\alpha_1 f_{\text{c}} b}} \tag{2-30}$$

$$A_{\text{s}} = \frac{\alpha_1 f_{\text{c}} b}{f_{\text{y}}} x = \xi \frac{\alpha_1 f_{\text{c}} b h_0}{f_{\text{y}}} \tag{2-31}$$

2）截面复核。已知材料强度设计值 f_{c}、f_{y}，构件截面尺寸 b、h，纵向受拉钢筋截面面积 A_{s}，计算该截面所能承受的弯矩值 M_{u}，或与已知弯矩设计值 M 比较，确定截面是否安全。

对于适筋截面，先由式（2-12）求出 x，然后代入式（2-13）或式（2-14）求出 M_{u}。对于超筋截面，可由式（2-26）、式（2-27）计算 M_{u}。

（2）利用表格法

实际设计计算中，为简便计算可利用表格。将 $x = \xi h_0$ 代入式（2-13）、式（2-14）得：

$$M_{\text{u}} = \alpha_1 f_{\text{c}} b x (h - 0.5x) = \alpha_1 f_{\text{c}} b h_0^2 \xi (1 - 0.5\xi) \tag{2-32}$$

或 $$M_{\text{u}} = f_{\text{y}} A_{\text{s}} (h_0 - 0.5x) = f_{\text{y}} A_{\text{s}} h_0 (1 - 0.5\xi) \tag{2-33}$$

令 $$\alpha_{\text{s}} = \xi (1 - 0.5\xi) \tag{2-34}$$

和 $$\gamma_{\text{s}} = (1 - 0.5\xi) \tag{2-35}$$

则 $$M_{\text{u}} = \alpha_{\text{s}} \alpha_1 f_{\text{c}} b h_0^2 \tag{2-36}$$

或 $$M_{\text{u}} = f_{\text{y}} A_{\text{s}} \gamma_{\text{s}} h_0 \tag{2-37}$$

α_{s} 称为截面抵抗矩系数，γ_{s} 称为内力臂系数，它们都是 ξ 值的函数，故 α_{s}、γ_{s} 互为函数。由式（2-34）、式（2-35）可得

$$\xi = 1 - \sqrt{1 - 2\alpha_{\text{s}}} \tag{2-38}$$

$$\gamma_{\text{s}} = \frac{1 + \sqrt{1 - 2\alpha_{\text{s}}}}{2} \tag{2-39}$$

将 α_{s}、γ_{s}、ξ 三者的关系制成表格，供设计使用，见表 2-5。

钢筋混凝土矩形和 T 形截面受弯构件正截面受弯承载力计算系数表　　　表 2-5

ξ	γ_s	α_s	ξ	γ_s	α_s
0.01	0.995	0.010	0.32	0.840	0.269
0.02	0.990	0.020	0.33	0.835	0.275
0.03	0.985	0.030	0.34	0.830	0.282
0.04	0.980	0.039	0.35	0.825	0.289
0.05	0.975	0.048	0.36	0.820	0.295
0.06	0.970	0.058	0.37	0.815	0.301
0.07	0.965	0.067	0.38	0.810	0.309
0.08	0.960	0.077	0.39	0.805	0.314
0.09	0.955	0.085	0.40	0.800	0.320
0.10	0.950	0.095	0.41	0.795	0.326
0.11	0.945	0.104	0.42	0.790	0.332
0.12	0.940	0.113	0.43	0.850	0.337
0.13	0.935	0.121	0.44	0.780	0.343
0.14	0.930	0.130	0.45	0.775	0.349
0.15	0.925	0.139	0.46	0.770	0.354
0.16	0.920	0.147	0.47	0.765	0.359
0.17	0.915	0.155	0.48	0.760	0.365
0.18	0.910	0.164	0.49	0.755	0.370
0.19	0.905	0.172	0.50	0.750	0.375
0.20	0.900	0.180	0.51	0.745	0.380
0.21	0.895	0.188	0.518	0.741	0.384
0.22	0.890	0.196	0.52	0.740	0.385
0.23	0.885	0.203	0.53	0.735	0.390
0.24	0.880	0.211	0.54	0.730	0.394
0.25	0.875	0.219	0.55	0.725	0.400
0.26	0.870	0.226	0.56	0.720	0.404
0.27	0.865	0.234	0.57	0.715	0.408
0.28	0.860	0.241	0.58	0.710	0.412
0.29	0.855	0.248	0.59	0.705	0.416
0.30	0.850	0.255	0.60	0.700	0.420
0.31	0.845	0.262	0.614	0.693	0.426

注：1. 查表所用的公式为：$\xi = \dfrac{f_y A_s}{\alpha_1 f_c b h_0}$，$A_s = \dfrac{\alpha_1 f_c b h_0}{f_y} = \dfrac{M}{f_y \gamma_s h_0}$，$M = \alpha_s \alpha_1 f_c b h_0^2$ 或 $M = f_y A_s \gamma_s h_0$。

2. 表中 $\xi = 0.518$ 以下的数据不适用于 HRB400 级钢筋；$\xi = 0.55$ 以下的数据不适用于 HRB335 级钢筋。

4. 计算实例

【例 2-1】 某学校实验室主梁，其截面尺寸为 $b \times h = 250\text{mm} \times 500\text{mm}$，跨中最大弯矩设计值 $M = 185\text{kN} \cdot \text{m}$，混凝土强度等级为 C30，纵向受拉钢筋采用 HRB335 级钢筋，环

境类别为一类，试计算所需纵向受力钢筋的面积 A_s。

解：（1）查附表 1-2 得，$f_c=14.3\text{N/mm}^2$；查附表 3-3 得，$f_y=300\text{N/mm}^2$；查表 2-4 得，$\xi_b=0.550$。

（2）计算混凝土受压区高度：

假设纵向受力钢筋按一排布置，$a_s=35\text{mm}$，则截面有效高度为：

$$h_0 = h - a_s = 500 - 35 = 465\text{mm}$$

$$x = h_0 - \sqrt{h_0^2 - \frac{2M}{\alpha_1 f_c b}} = 465 - \sqrt{465^2 - \frac{2 \times 185 \times 10^6}{1 \times 14.3 \times 250}} = 129.25\text{mm} < \xi_b h_0 = 0.550$$

$\times 465\text{mm} = 255.75\text{mm}$，满足要求。

（3）计算纵向受力钢筋的面积 A_s 并选择钢筋：

$$A_s = \frac{\alpha_1 f_c b}{f_y} x = \frac{1.0 \times 14.3 \times 250}{300} \times 129.25 = 1540.23\text{mm}^2$$

查附表 5-1，选用 5 Φ 20（$A_s=1570\text{mm}^2$）

（4）验算配筋率：

$$\rho_{\min} = 0.45 \frac{f_t}{f_y} = 0.45 \times \frac{1.43}{300} \times 100\% = 0.215\% > 0.2\%$$

取 $\rho_{\min}=0.215\%$

$$\rho_1 = \frac{A_s}{bh} = \frac{1570}{250 \times 500} \times 100\% = 1.256\% > \rho_{\min} = 0.215\%$$

满足要求。

【例 2-2】 某钢筋混凝土矩形截面梁，如图 2-7 所示，其截面尺寸为 $b \times h=200\text{mm} \times 450\text{mm}$，混凝土强度等级为 C25，纵向受拉钢筋为 HRB335 级，3 Φ 20，承受的弯矩设计值 $M=75\text{kN·m}$，环境类别为一类。请复核该截面是否安全。

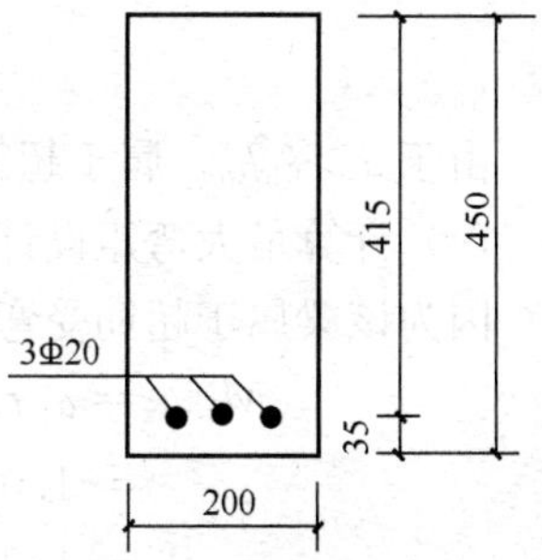

解：（1）查附表 1-2 得，$f_c=11.9\text{N/mm}^2$；查附表 3-3 得，$f_y=300\text{N/mm}^2$；查附表 5-1 得，$A_s=942\text{mm}^2$。

（2）验算配筋率：

$$\rho_{\min} = 0.45 \frac{f_t}{f_y} = 0.45 \times \frac{1.27}{300} \times 100\%$$

$$= 0.1905\% > 0.2\%，取 \rho_{\min} = 0.2\%。$$

$$A_s = 942\text{mm}^2 > \rho_{\min} bh = 0.002 \times 200 \times 450 = 180\text{mm}^2$$

满足要求。

（3）计算受压区度 x：

$$h_0 = 450 - 35 = 415\text{mm}$$

查表 2-4 得，$\xi_b=0.550$

$$x = \frac{f_y A_s}{\alpha_1 f_c b} = \frac{300 \times 942}{1.0 \times 11.9 \times 200} = 118.74\text{mm} < \xi_b h_0 = 0.550 \times 415 = 228.25\text{mm}，满$$

足要求。

图 2-7 钢筋混凝土矩形
截面梁截面

（4）计算梁的抵抗弯矩：

$$M_u = \alpha_1 f_c b x \left(h_0 - \frac{x}{2}\right) = 1.0 \times 11.9 \times 200 \times 118.74 \times (514 - 0.5 \times 118.74) = 100.50$$

$\times 10^6 \, N \cdot mm = 100.50 kN \cdot m > M = 75 kN \cdot m$，因此该截面安全。

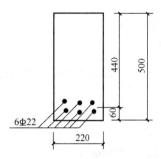

图 2-8　矩形截面图

【例 2-3】　已知单筋矩形截面梁的截面尺寸为 220mm×500mm，混凝土强度等级为 C20，纵向受拉钢筋为 HRB335 级 6Φ22，如图 2-8 所示，环境类别为一类，求此截面能承受的弯矩设计值。

解：（1）查附表 1-2 得，$f_c = 9.6 N/mm^2$；查附表 5-1 得，$A_s = 2281 mm^2$。

（2）验算配筋率：

$$\rho_{min} = 0.45 \frac{f_t}{f_y} = 0.45 \times \frac{1.27}{300} = 0.1905\% < 0.2\%$$

取 $\rho_{min} = 0.2\%$

$$A_s = 2281 mm^2 > \rho_{min} bh = 0.002 \times 220 \times 500 = 220 mm^2$$

满足要求。

（3）计算受压区高度 x：

$$h_0 = 500 - 25 - 22 - \frac{25}{2} \approx 440 mm$$

$$x = \frac{f_y A_s}{\alpha_1 f_c b} = \frac{300 \times 2281}{1.0 \times 9.6 \times 220} = 324.01 mm$$

$$\xi_b h_0 = 0.550 \times 440 = 242 mm$$

由于 $x > \xi_b h_0$，属于超筋梁。

（4）计算最大弯矩设计值：

因为该梁属于超筋受弯构件，所以该梁截面所能承受的最大弯矩设计值为：

$$M_{u,max} = \alpha_1 f_c b h_0^2 \xi_b (1 - 0.5\xi_b)$$
$$= 1.0 \times 9.6 \times 220 \times 440^2 \times 0.55 \times (1 - 0.5 \times 0.55)$$
$$= 163.04 \times 10^6 \, N \cdot mm = 163.04 kN \cdot mm$$

【例 2-4】　某钢筋混凝土矩形截面梁，其截面尺寸 $b \times h = 250mm \times 500mm$，混凝土强度等级 C20，钢筋采用 HPB300 级，配筋率 $A_s = 763 mm^2$。求此梁所能承受的弯矩设计值 M_u。

解：混凝土强度等级 C20，查附表 1-2 得，$f_c = 9.6 N/mm^2$，$f_t = 1.1 N/mm^2$；钢筋用 HPB300 级，查附表 3-3 得，$f_y = 270 N/mm^2$；设 α_s 取 35mm，截面有效高度 $h_0 = 500 - 35 = 465 mm$。

（1）计算受压区高度 x：

$$x = \frac{f_y A_s}{\alpha_1 f_c b} = \frac{270 \times 763}{1.0 \times 9.6 \times 250} = 85.84 mm$$

查表 2-4 得，$\xi_b = 0.614$

验算适用条件：$x = 85.84mm < \xi_b h_0 = 0.614 \times 465 = 285.51mm$，满足要求。

（2）计算梁的抵抗弯矩 M_u：

$$M_u = A_s f_y (h_0 - 0.5x) = 763 \times 270 \times (465 - 0.5 \times 85.84)$$

$$= 86.95 \times 10^6 \text{N} \cdot \text{mm} = 86.95 \text{kN} \cdot \text{m}$$

【例 2-5】 某钢筋混凝土矩形截面梁，承受弯矩设计值为 $M=160$ kN·m，混凝土强度等级为 C25，纵向受拉钢筋为 HRB335 级，环境类别为一类使用环境，试计算该梁截面尺寸和所需纵向受力钢筋的面积。

解:（1）混凝土强度等级为 C25，查附表 1-2 得，$f_c=11.9$ N/mm²；采用 HRB335 级钢筋，查附表 3-3 得，$f_y=300$ N/mm²。

（2）确定截面尺寸:

假定 $\rho=1\%$，$b=250$ mm，则:

$$\xi = \rho \frac{f_y}{\alpha_1 f_c} = 0.01 \times \frac{300}{1.0 \times 11.9} = 0.252$$

查表 2-5 得，$\alpha_s=0.2204$

$$h_0 = \sqrt{\frac{M}{\alpha_s \alpha_1 f_c b}} = \sqrt{\frac{160000000}{0.2204 \times 1.0 \times 11.9 \times 250}} = 494 \text{mm}$$

假设钢筋布置成一层，$\alpha_s=35$ mm，则:

$$h = h_0 + \alpha_s = 494 + 35 = 529 \text{mm}$$

取 $h=550$ mm，则该梁截面尺寸为 $b \times h = 250 \text{mm} \times 550 \text{mm}$。

（3）计算 α_s、ξ:

$$h_0 = 550 - 35 = 515 \text{mm}$$

$$\alpha_s = \frac{M}{\alpha_1 f_c b h_0^2} = \frac{160000000}{1.0 \times 11.9 \times 250 \times 515^2} = 0.203 \text{mm}$$

查表 2-5 得 $\xi=0.23 < \xi_b=0.55$，满足适用条件。

$$A_s = \xi b h_0 \frac{\alpha_1 f_c}{f_y} = 0.23 \times 250 \times 515 \times \frac{1.0 \times 11.9}{300}$$

$$= 1174.6 \text{mm}^2$$

选用 4 Φ 20（$A_s=1256$ mm²）

（4）验算配筋率:

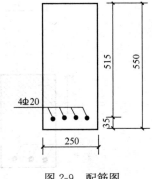

图 2-9 配筋图

$$\rho_1 = \frac{A_s}{bh} = \frac{1256}{250 \times 550} = 0.913\% > \rho_{min} = 0.2\%$$

满足要求。

（5）钢筋布置如图 2-9 所示。

2.2.4 双筋矩形截面受弯构件正截面承载力计算

在受弯构件中，受拉区和受压区同时配置纵向受力钢筋的截面，称为双筋矩形截面。一般情况下，利用受压钢筋协助混凝土承受压力是不经济的。因此，双筋矩形截面一般只在下列情况下采用:

（1）当截面所承受的弯矩值较大，而截面尺寸和混凝土的强度等级受到限制不宜改变，利用单筋截面无法满足适筋梁的适用条件而成为超筋梁时;

（2）当构件在不同的荷载组合下，截面的弯矩可能变号时，例如在风力和地震作用下的框架横梁等。纵向受压钢筋可以提高截面的延性，因此考虑地震作用的框架梁必须在受压区配置一定数量的纵向受压钢筋。

1. 基本计算公式

双筋矩形截面受弯承载力计算的应力图形如图 2-10（a）所示，由平衡条件可得如下基本计算式：

$$\alpha_1 f_c bx = f_y A_s - f_y' A_s' \tag{2-40}$$

$$M \leqslant M_u = \alpha_1 f_c bx \left(h_0 - \frac{x}{2} \right) + f_y' A_s' (h_0 - a_s') \tag{2-41}$$

式中　f_y'——纵向钢筋抗压强度设计值；

　　　A_s'——纵向受力钢筋截面面积；

　　　a_s'——受压钢筋合力点至截面受压边缘的距离。

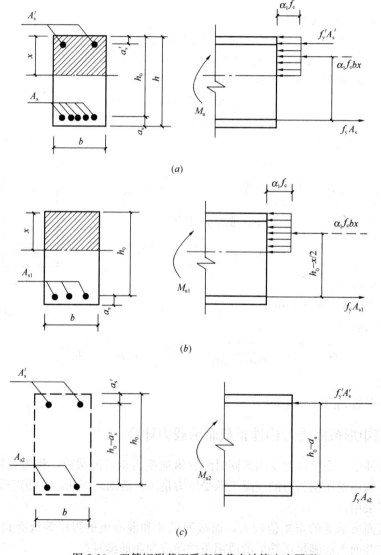

图 2-10　双筋矩形截面受弯承载力计算应力图形

（a）双筋矩形截面受弯承载力计算的应力图；（b）由受压混凝土和相应的一部分受拉钢筋 A_{s1} 所承担的弯矩 M_{u1}；（c）由受压钢筋 A_s' 和相应的另一部分受拉钢筋 A_{s2} 所承担的弯矩 M_{u2}

为了方便计算，可将双筋矩形截面受弯承载力设计值 M_u 分为两部分考虑，一部分由受压混凝土和相应的一部分受拉钢筋 A_{s1} 所承担的弯矩 M_{u1}，（如图 2-10 (b) 所示）；另一部分由受压钢筋 A_s' 和相应的另一部分受拉钢筋 A_{s2} 所承担的弯矩 M_{u2}（如图 2-10 (c) 所示），即：

$$M_u = M_{u1} + M_{u2} \tag{2-42}$$

$$A_s = A_{s1} + A_{s2} \tag{2-43}$$

由图 2-10 (b) 得第一部分计算式：

$$\alpha_1 f_c b x = f_y A_{s1} \tag{2-44}$$

$$M_{u1} = \alpha_1 f_c b x \left(h_0 - \frac{x}{2} \right) \tag{2-45}$$

由图 2-10 (c) 得第二部分计算式：

$$f_y' A_s' = f_y A_{s2} \tag{2-46}$$

$$M_{u2} = f_y' A_s' (h_0 - a_s') \tag{2-47}$$

2. 公式适用条件

（1）为避免超筋破坏，应满足：

$$\xi \leqslant \xi_b \ \text{或} \ x \leqslant \xi_b h_0 \tag{2-48}$$

或

$$\rho = \frac{A_{s1}}{b h_0} \leqslant \rho_{max} = \xi_b h_0 \tag{2-49}$$

或

$$M_{u1} \leqslant \alpha_1 f_c b h_0^2 \xi_b (1 - 0.5 \xi_b) \tag{2-50}$$

（2）为了保证受压钢筋达到抗压强度设计值，应满足：

$$x \geqslant 2 a_s' \tag{2-51}$$

实际设计中，若出现 $x < 2 a_s'$，则近似取 $x = 2 a_s'$，即受压钢筋合力点与混凝土压应力的合力点重合，如图 2-11 所示，对受压钢筋合力点取矩，得：

$$M \leqslant M_u = f_y A_s (h_0 - a_s') \tag{2-52}$$

对于双筋截面，其最小配筋率一般均能满足，可不必验算。

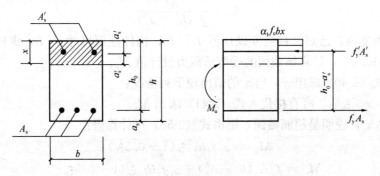

图 2-11 $x < 2 a_s'$ 时的双筋矩形截面计算简图

3. 计算方法

（1）设计截面。双筋截面设计一般有如下两种情况：

1）已知弯矩设计值 M，材料强度设计值 f_c、f_y，截面尺寸 b、h，求受拉钢筋面积 A_s 和受压钢筋面积 A_s'。由式（2-31）和式（2-34）可知，两个基本式中共有三个未知数，A_s、A_s'、x，必须补充一个条件才能求解。为使用钢量最经济，应充分利用混凝土的抗压能力，即 $\xi = \xi_b$ 或 $x = \xi_b h_0$ 为补充条件。

由式（2-44）、式（2-45），且令 $x = \xi_b h_0$，得：

$$A_{s1} = \xi_b \frac{\alpha_1 f_c}{f_y} b h_0 \tag{2-53}$$

$$M_{u1} = \alpha_1 f_c b h_0^2 \xi_b (1 - 0.5\xi_b) \tag{2-54}$$

则 $M_{u2} = M_u + M_{u1}$，再由式（2-46）、式（2-47）得：

$$A'_s = \frac{M_{u2}}{f'_y(h_0 - a'_s)} = \frac{M - \alpha_1 f_c b h_0^2 \xi_b (1 - 0.5\xi_b)}{f'_y(h_0 - a'_s)} \tag{2-55}$$

$$A_{s2} = \frac{f'_y}{f_y} A'_s \tag{2-56}$$

钢筋总受拉面积为：

$$A_s = A_{s1} + A_{s2} = \xi_b \frac{\alpha_1 f_c b h_0}{f_y} + \frac{f'_y}{f_y} A'_s \tag{2-57}$$

2）已知弯矩设计值 M，材料强度设计值 f_c、f_y，截面尺寸 b、h 受压钢筋面积 A'_s，求受拉筋面积 A_s。在这种情况下，应充分利用受压钢筋的强度，由式（2-46）和式（2-48）得：

$$A_{s2} = \frac{f'_y}{f_y} A'_s \tag{2-58}$$

$$M_{u2} = f'_y A'_s (h_0 - a'_s) \tag{2-59}$$

则

$$M_{u1} = M_u - M_{u2} = M_u - f'_y A'_s (h_0 - a'_s) \tag{2-60}$$

然后按与单筋截面相同的方法求得相应于 M_{u1} 所需的钢筋面积 A_{s1}，最后求得钢筋总受拉面积为：$A_s = A_{s1} + A_{s2}$。

在计算中，若遇到下列情况：

①出现 $x > \xi_b h_0$，说明已给的 A'_s 不足，这时应增加 A'_s，按第一种情况计算。

②求出的 $x < 2a_s$，可按式（2-52）求得

$$A_s = \frac{M}{f_y(h_0 - a'_s)} \tag{2-61}$$

（2）截面复核。已知材料强度设计值 f_c、f_y，构件截面尺寸 b、h，纵向受拉、受压钢筋截面积 A_s、A'_s，计算该截面的受弯承载力设计值 M_u。

首先由式（2-40）求出 x，当 x 的值出现下列情况：

1）$2a'_s \leqslant x \leqslant \xi_b h_0$，可直接代入式（2-41）求出 M_u。

2）$x > \xi_b h_0$，说明是超筋截面，则由式（2-50）可计算得：

$$M_{u1} = \alpha_1 f_c b h_0^2 \xi_b (1 - 0.5\xi_b) \tag{2-62}$$

$$M_u = f'_y A'_s (h_0 - a'_s) + \alpha_1 f_c b h_0^2 \xi_b (1 - 0.5\xi_b) \tag{2-63}$$

3）$x > 2a'_s$，由式（2-42）得：

$$M \leqslant M_u = f_y A_s (h_0 - a'_s) \tag{2-64}$$

4. 计算实例

【例 2-6】已知矩形截面梁的尺寸为 $b = 220$mm、$h = 550$mm，混凝土强度等级为 C25，$f_c = 11.9$N/mm²，纵向受拉钢筋采用 HRB335 级钢筋，$f_y = f'_y = 300$N/mm²，一类使用环境，承受的弯矩设计值为 $M = 310$kN·m，求所需纵向受力钢筋的面积。

解:（1）先验算是否需要采用双筋截面

查表 2-4 得 $\xi_b = 0.55$。

假设受拉钢筋按双层布置，$h_0 = 550 - 60 = 490\text{mm}$。

单筋矩形截面所能承受的最大弯矩为

$$M_{max} = \alpha_1 f_c b h_0^2 \xi_b (1 - 0.5\xi_b)$$
$$= 1.0 \times 11.9 \times 220 \times 490^2 \times 0.55 \times (1 - 0.5 \times 0.55)$$
$$= 250.65 \times 10^6 \text{N} \cdot \text{mm} = 250.65\text{kN} \cdot \text{m} < M = 310\text{kN} \cdot \text{m}$$

故应配双筋。

（2）计算 A'_s

假定受压钢筋按一排布置，$a'_s = 35\text{mm}$。

取 $\xi = \xi_b$

$$A_{s1} = \xi_b \frac{\alpha_1 f_c}{f_y} b h_0 = 0.55 \times \frac{1.0 \times 11.9}{300} \times 220 \times 490 = 2352\text{mm}^2$$
$$M_{u1} = \alpha_1 f_c b h_0^2 \xi_b (1 - 0.5\xi_b) = 1.0 \times 11.9 \times 220 \times 490^2 \times 0.55 \times (1 - 0.5 \times 0.55)$$
$$= 250.65\text{kN} \cdot \text{m}$$

则

$$M_{u2} = M_u - M_{u1} = 310 - 250.65 = 59.35\text{kN} \cdot \text{m}$$

因此

$$A'_s = \frac{M_{u2}}{f'_y(h_0 - a'_s)} = \frac{59.35 \times 10^6}{300 \times (490 - 35)} = 435\text{mm}^2$$

$$A_{s2} = \frac{f'_y}{f_y} A'_s = \frac{300}{300} \times 435 = 435\text{mm}^2$$

（3）求钢筋总受拉面积

$$A_s = A_{s1} + A_{s2} = 2352 + 435 = 2787\text{mm}^2$$

（4）选配钢筋

受拉钢筋选用 6 Φ 25（$A_s = 2945\text{mm}^2$）。

受压钢筋选用 3 Φ 14（$A_s = 461\text{mm}^2$）。

钢筋布置如图 2-12 所示。

【例 2-7】 已知某双筋矩形截面梁，其截面尺寸为 $b \times h$ $= 250\text{mm} \times 550\text{mm}$，混凝土强度等级为 C20，钢筋采用 HRB335 级，弯矩设计值为 250kN·m，试计算受拉和受压钢筋截面面积，并绘制配筋图。

解:（1）验算是否需要采用双筋截面：

假设采用双排钢筋：$h_0 = h - 60 = 550 - 60 = 490\text{mm}$，HRB335 级钢筋，$f_y = 300\text{N/mm}^2$，$f'_y = 300\text{N/mm}^2$，混凝土 C20 级，$f_c = 9.6\text{N/mm}^2$，$\alpha_1 = 1.0$，$\xi_b = 0.550$，单筋截面最大抗弯能力为：

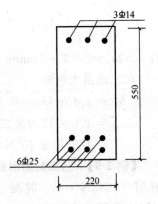

图 2-12 截面配筋图

$$M_{u,max} = \alpha_1 f_c b h_0^2 \xi_b (1 - 0.5\xi_b)$$
$$= 1.0 \times 9.6 \times 250 \times 490^2 \times 0.550 \times (1 - 0.5 \times 0.550)$$
$$= 229.78 \text{kN} \cdot \text{m} < M = 250 \text{kN} \cdot \text{m}$$

所以，需要采用双筋截面。

（2）计算 A_{s1}：

令 $x = \xi_b h_0$，则 $M_{u1} = M_{u,max} = 229.78 \text{kN} \cdot \text{m}$

$$A_{s1} = \xi_b b h_0 \frac{\alpha_1 f_c}{f_y} = 0.550 \times 250 \times 490 \times \frac{1.0 \times 9.6}{300} = 2156 \text{mm}^2$$

（3）计算 A_{s2}：

由 A_{s1} 和 A_{s2} 承担的弯矩为：

$$M_{u2} = M - M_{u1} = 250 - 229.78 = 20.22 \text{kN} \cdot \text{m}$$

$$A_{s2} = A_s' = \frac{M_{u2}}{f_y(h_0 - a_s')} = \frac{20.22 \times 10^6}{300 \times (490 - 35)} = 148 \text{mm}^2$$

（4）计算 A_s：

$$A_s = A_{s1} + A_{s2} = 2156 + 148 = 2304 \text{mm}^2$$

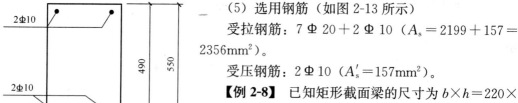

图 2-13 双筋截面配筋图

（5）选用钢筋（如图 2-13 所示）

受拉钢筋：7 Φ 20＋2 Φ 10（$A_s = 2199 + 157 = 2356 \text{mm}^2$）。

受压钢筋：2 Φ 10（$A_s' = 157 \text{mm}^2$）。

【例 2-8】已知矩形截面梁的尺寸为 $b \times h = 220 \times 500 \text{mm}$，混凝土强度等级为 C25，$f_c = 11.9 \text{N/mm}^2$，采用 HRB335 级钢筋，$f_y = f_y' = 300 \text{N/mm}^2$，受拉钢筋为 3 Φ 25（$A_s = 1473 \text{mm}^2$），受压钢筋为 2 Φ 18（$A_s' = 509 \text{mm}^2$），一类使用环境，求该截面能承受的最大弯矩。

解：（1）求受压区高度

$$h_0 = 500 - 35 = 465 \text{mm}$$

$$x = \frac{f_y A_s - f_y' A_s'}{\alpha_1 f_c b} = \frac{300 \times 1473 - 300 \times 509}{1.0 \times 11.9 \times 220} = 110 < \xi_b h_0 = 0.55 \times 465 = 256 \text{mm}$$

且 $x > 2a_s' = 2 \times 35 = 70 \text{mm}$

（2）求最大弯矩

$$M_u = \alpha_1 f_c b x (h_0 - 0.5x) + f_y' A_s' (h_0 - a_s')$$
$$= 1.0 \times 11.9 \times 220 \times 110 \times (465 - 0.5 \times 110) + 300 \times 509 \times (465 - 35)$$
$$= 183.73 \times 10^6 \text{N} \cdot \text{mm} = 183.73 \text{kN} \cdot \text{m}$$

【例 2-9】已知某矩形截面梁，其截面尺寸为 $b \times h = 200 \text{mm} \times 450 \text{mm}$，承受弯矩设计值 $M = 184 \text{kN} \cdot \text{m}$。混凝土强度等级为 C25（$f_c = 11.9 \text{N/mm}^2$，$\alpha_1 = 1$），钢筋采用 HRB335 级（$f_y = f_y' = 300 \text{N/mm}^2$），构件安全等级二级，试计算截面所需钢筋。

解：（1）确定截面有效高度：

因为承受弯矩设计值 M 较大，受拉钢筋按两排考虑，a_s 取 60mm，所以截面有效高度为：

$$h_0 = h - a_s = 450 - 60 = 390mm$$

（2）验算是否采用双筋矩形截面：

根据已知条件，混凝土强度等级为 C25，钢筋为 HRB335 级，查表 2-4 得，ξ_b = 0.55。

单筋矩形截面所能承受的最大弯矩为：

$$M_1 = \alpha_1 f_c b h_0^2 \xi_b (1 - 0.5\xi_b)$$

$$= 1 \times 11.9 \times 200 \times 390^2 \times 0.55 \times (1 - 0.5 \times 0.55)$$

$$= 144.3kN \cdot m < M = 184kN \cdot m$$

所以应按双筋截面设计。

（3）配筋计算：

假设 a_s' 取 35mm

$$A_s' = \frac{M - M_1}{f_y'(h_0 - a_s')} = \frac{184 \times 10^6 - 144.3 \times 10^6}{300 \times (390 - 35)} = 373mm^2$$

$$A_s = \frac{f_y' A_s'}{f_y} + \frac{\alpha_1 f_c b h_0 \xi_b}{f_y} = \frac{300 \times 373}{300} + \frac{1 \times 11.9 \times 200 \times 390 \times 0.55}{300} = 2075mm^2$$

（4）选择钢筋：

受拉钢筋选用 3 Φ 25 + 2 Φ 20（$A_s = 1473 + 628 = 2101mm^2$），受压钢筋选用 2 Φ 16（$A_s' = 402mm^2$），受拉钢筋两排放置与原假设一致，截面配筋如图 2-14 所示。

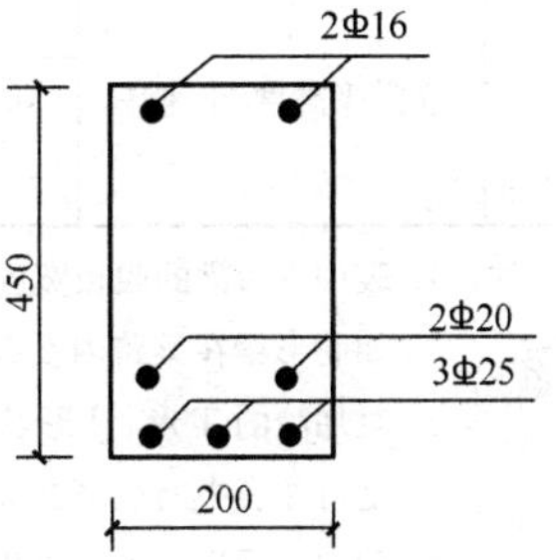

2.2.5 T 形截面受弯构件正截面承载力计算

1. T 形截面的特点及翼缘宽度

因矩形截面受弯构件受拉区混凝土开裂后不参与工作，对于截面受弯承载力不起任何作用，为减轻构件自重，节省

图 2-14 截面配筋

材料用量，可将受拉区混凝土挖去一部分，将原有纵向受拉钢筋集中布置在腹板内，即形成由腹板（即梁肋）和翼缘两部分组成的 T 形截面，如图 2-15 所示。

T 形截面在工程实际中应用很广泛，T 形起重机梁、I 形屋面大梁、空心板、槽形板、整体式现浇楼盖中与楼板整浇在一起的梁而形成的 T 形截面等构件，均可按 T 形截面计算其正截面承载能力，如图 2-16 所示。必须注意的是，T 形截面翼缘位于受拉区时，由于受拉区混凝土不参与工作，因此仍应按同宽度的矩形截面进行计算。

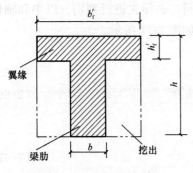

图 2-15 T 形截面的形成

为了简化计算，T 形截面的翼缘宽度应限制在一定范围内，称为翼缘计算宽度 b_f'。在规定范围内的翼缘，可认为压应力均匀分布，其取值应按表 2-6 中各有关项的最小值取用。

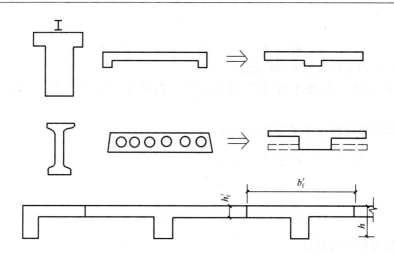

图 2-16　T 形截面的形式

T 形、I 形及倒 L 形截面受弯构件翼缘计算宽度 b'_f　　　　　　表 2-6

情　况		T 形、I 形截面		倒 L 形截面
		肋形梁、肋形板	独立梁	肋形梁、肋形板
1	按计算跨度 l_0 考虑	$l_0/3$	$l_0/3$	$l_0/6$
2	按梁（纵肋）净距 s_n 考虑	$b+s_n$	—	$b+s_n/2$
3	按翼缘高度 h'_f 考虑　　$h'_f/h_0 \geqslant 0.1$	—	$b+12h'_f$	—
	$0.1 > h'_f/h_0 \geqslant 0.05$	$b+12h'_f$	$b+6h'_f$	$b+5h'_f$
	$h'_f/h_0 < 0.05$	$b+12h'_f$	b	$b+5h'_f$

注：1. 表中 b 为梁的腹板宽度。

　　2. 如肋形梁在梁跨内设有间距小于纵肋间距的横肋时，则可不遵守表中所列情况 3 的规定。

　　3. 对加腋的 T 形、I 形及倒 L 形截面，当受压区加腋的高度 $h_h \geqslant h'_f$ 且加腋的宽度 $b_h \leqslant 3h_h$ 时，其翼缘计算宽度可按表中所列情况 3 的规定分别增加 $2b_h$（T 形、I 形截面）和 b_h（倒 L 形截面）。

　　4. 独立梁受压区的翼缘板在荷载作用下经验算沿纵肋方向可能产生裂缝时，其计算宽度应取腹板宽度 b。

2. 两类 T 形截面的判断

根据中和轴的位置不同，T 形截面可分为以下两类：

当中和轴位于翼缘内，即 $x \leqslant h'_f$ 时，为第一类 T 形截面；当中和轴位于腹板内，即 $x > h'_f$ 时，为第二类 T 形截面。两类截面的计算方法不同，必须先进行判别。以中和轴恰好在翼缘和腹板交界处（即 $x = h'_f$）的情况进行分析，如图 2-17 所示。

如图 2-17 所示，可建立下列两个平衡条件：

$$\alpha_1 f_c b'_f h'_f = f_y A_s \tag{2-65}$$
$$M_u = \alpha_1 f_c b'_f h'_f (h_0 - 0.5 h'_f) \tag{2-66}$$

由此可知，当满足下列条件时为第一类 T 形截面：

用于截面复核时：

$$f_y A_s \leqslant \alpha_1 f_c b'_f h'_f \tag{2-67}$$

用于截面设计时：

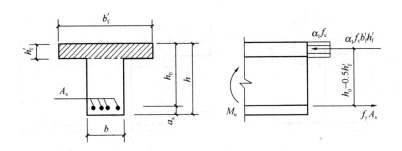

图 2-17 两类 T 形截面的界限（$x = h_{\mathrm{f}}'$）

$$M = \alpha_1 f_{\mathrm{c}} b_{\mathrm{f}}' h_{\mathrm{f}}' (h_0 - 0.5 h_{\mathrm{f}}') \tag{2-68}$$

当满足下列条件时为第二类 T 形截面：

用于截面复核时：

$$f_{\mathrm{y}} A_{\mathrm{s}} > \alpha_1 f_{\mathrm{c}} b_{\mathrm{f}}' h_{\mathrm{f}}' \tag{2-69}$$

用于截面设计时：

$$M > \alpha_1 f_{\mathrm{c}} b_{\mathrm{f}}' h_{\mathrm{f}}' (h_0 - 0.5 h_{\mathrm{f}}') \tag{2-70}$$

3. 两类 T 形截面的计算公式

（1）第一类 T 形截面。第一类 T 形截面的应力计算图形如图 2-18 所示，由于 $x \leqslant h_{\mathrm{f}}'$，其中和轴位于翼缘内，混凝土受压区为矩形，所以可以按 $b_{\mathrm{f}}' \times h$ 的单筋矩形截面进行计算。

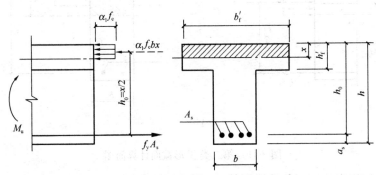

图 2-18 第一类 T 形截面的应力计算简图

根据平衡条件，可得基本计算式：

$$\alpha_1 f_{\mathrm{c}} b_{\mathrm{f}}' x = f_{\mathrm{y}} A_{\mathrm{s}} \tag{2-71}$$

$$M_{\mathrm{u}} = \alpha_1 f_{\mathrm{c}} b_{\mathrm{f}}' x (h_0 - 0.5 x) \tag{2-72}$$

（2）第二类 T 形截面。第二类 T 形截面的应力计算图形如图 2-19（a）所示，由于 $x > h_{\mathrm{f}}'$，其中和轴位于腹板内，受压区图形为 T 形。

根据平衡条件，可得基本计算式：

$$\alpha_1 f_{\mathrm{c}} (b_{\mathrm{f}}' - b) h_{\mathrm{f}}' + \alpha_1 f_{\mathrm{c}} b x = f_{\mathrm{y}} A_{\mathrm{s}} \tag{2-73}$$

$$M_{\mathrm{u}} = \alpha_1 f_{\mathrm{c}} (b_{\mathrm{f}}' - b) h_{\mathrm{f}}' \left(h_0 - \frac{h_{\mathrm{f}}'}{2} \right) + \alpha_1 f_{\mathrm{c}} b x \left(h_0 - \frac{x}{2} \right) \tag{2-74}$$

为便于计算，将第二类 T 形截面分为如下两部分进行计算：第一部分为翼缘的挑出

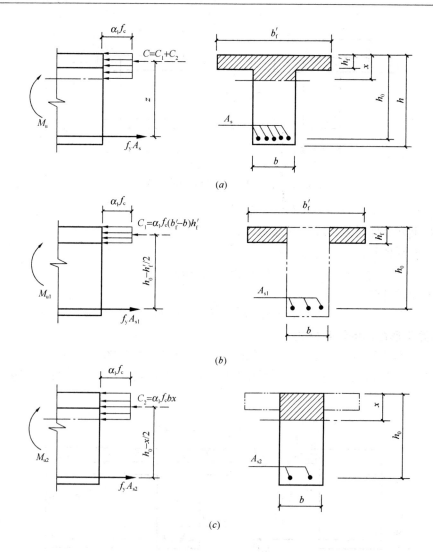

图 2-19 第二类 T 形截面计算简图

部分的混凝土与相应的一部分受拉钢筋 A_{s1} 所承担的弯矩 M_{u1}，如图 2-19（b）所示；第二部分为腹板的混凝土与另一部分受拉钢筋 A_{s2} 所承担的弯矩 M_{u2}，如图 2-19（c）所示。

由第一部分可得计算式：

$$\alpha_1 f_c (b'_f - b) h'_f = f_y A_{s1} \tag{2-75}$$

$$M_{u1} = \alpha_1 f_c (b'_f - b) h'_f (h_0 - 0.5 h'_f) \tag{2-76}$$

由第二部分可得计算式：

$$\alpha_1 f_c b x = f_y A_{s2} \tag{2-77}$$

$$M_{u2} = \alpha_1 f_c b x (h_0 - 0.5 x) \tag{2-78}$$

则整个 T 形截面的受弯承载力为：

$$M_u = M_{u1} + M_{u2}$$

受拉钢筋总面积为

$$A_s = A_{s1} + A_{s2}$$

4. 适用条件

（1）第一种 T 形截面适用条件

1）$\xi \leqslant \xi_b$ 或 $x \leqslant \xi_b h_0$ （2-79）

此条件在第一类 T 形截面中一般都能满足，可不必验算。

2）$\rho_1 \geqslant \rho_{\min}$ 或 $A_s \geqslant \rho_{\min} bh$ （2-80）

这里梁宽按腹板宽度计算取 b，而不是 b_f'。因为上式是根据钢筋混凝土梁的受弯承载力不低于同条件的素混凝土梁的受弯承载力条件得出的，而素混凝土截面承载力取决于受拉区混凝土的抗拉能力，即受拉区混凝土的形状和大小。

（2）第二种 T 形截面适用条件

1）$\xi \leqslant \xi_b$ 或 $x \leqslant \xi_b h_0$

也可写为 $A_{s2} \leqslant \xi_b \dfrac{\alpha_1 f_c}{f_y} bh_0$ （2-81）

2）$\rho_1 \geqslant \rho_{\min}$ 或 $A_s = A_{s1} + A_{s2} \geqslant \rho_{\min} bh$

此条件在第二类 T 形截面中一般都能满足，可不必验算。

5. 计算方法

（1）设计截面

已知弯矩设计值 M，材料强度设计值，截面尺寸，求受拉钢筋截面面积 A_s。

1）如果满足式（2-68）则为第一类 T 形截面，其计算方法与截面尺寸为 $h_f' \times h$ 的单筋矩形截面相同。

2）如果满足式（2-70）则为第二类 T 形截面，先由式（2-75）求出 A_{s1}，相应的由式（2-76）求得 M_{u1}，则 $M_{u2} = M_u - M_{u1}$，于是可按截面尺寸为 $b \times h$ 的单筋矩形截面求得 A_{s2}，最后求得钢筋总受拉面积 $A_s = A_{s1} + A_{s2}$，同时必须验算 $\xi \leqslant \xi_b$ 的条件。

（2）截面复核

1）如果满足式（2-67）则为第一类 T 形截面，其计算方法与截面尺寸为 $b_f' \times h$ 的单筋矩形截面相同。

2）如果满足式（2-69）则为第二类 T 形截面，先由式（2-75）求出 A_{s1}，相应的由式（2-76）求得 M_{u1}，计算 $A_{s2} = A_s - A_{s1}$，M_{u2} 按配置钢筋 A_{s2} 的单筋矩形截面 $b \times h$ 确定，最后计算 $M_u = M_{u1} + M_{u2}$。

6. 计算实例

【例 2-10】 已知某 T 形截面梁，其截面尺寸为 $b = 320\text{mm}$，$h = 700\text{mm}$，$b_f' = 600\text{mm}$，$b_f' = 120\text{mm}$，混凝土强度等级为 C25，$f_c = 11.9\text{N/mm}^2$，纵向受拉钢筋为 6 Φ 25（$A_s = 2945\text{mm}^2$），采用 HRB335 级钢筋，$f_y = 300\text{N/mm}^2$，环境类别为一类使用环境，当承受的弯矩设计值为 $M = 495\text{kN·m}$ 时，试判断此 T 形截面梁的承载力是否足够。

解：（1）判别 T 形截面的类型：

$$f_y A_s = 300 \times 2945 = 883500\text{N} > \alpha_1 f_c b_f' h_f' = 1.0 \times 11.9 \times 600 \times 120 = 856800\text{N}$$

所以为第二类 T 形截面。

（2）计算 M_{u1}，M_{u2}：

$$A_{s1} = \frac{\alpha_1 f_c (b_f' - b) h_f'}{f_y} = \frac{1.0 \times 11.9 \times (600 - 320) \times 120}{300} = 1332.8\text{mm}^2$$

因为承受的弯矩设计值 M 较大，纵向受拉钢筋按两排考虑，a_s 取 60mm，所以截面有效高度为：

$$h_0 = h - a_s = 700 - 60 = 640\text{mm}$$

$$
\begin{aligned}
M_{u1} &= \alpha_1 f_c (b'_f - b) h'_f (h_0 - 0.5 h'_f) \\
&= 1.0 \times 11.9 \times (600 - 320) \times 120 \times (640 - 0.5 \times 120) \\
&= 231.9 \times 10^6 \text{N} \cdot \text{mm} = 231.9 \text{kN} \cdot \text{m}
\end{aligned}
$$

则：

$$A_{s2} = A_s - A_{s1} = 2945 - 1332.8 = 1612.2\text{mm}^2$$

$$\xi = \frac{f_y A_{s2}}{\alpha_1 f_c b h_0} = \rho \frac{f_y}{\alpha_1 f_c} = \frac{1612.2}{320 \times 640} \times \frac{300}{1.0 \times 11.9} = 0.198 < \xi_b = 0.55$$

查表 2-5 得：$\alpha_s = 0.178$

$$M_{u2} = \alpha_s \alpha_1 f_c b h_0^2 = 0.178 \times 1.0 \times 11.9 \times 320 \times 640^2 = 277.6 \times 10^6 \text{N} \cdot \text{mm} = 277.6 \text{kN} \cdot \text{m}$$

（3）计算截面能够承受的弯矩 M_u：

$$M_u = M_{u1} + M_{u2} = 231.9 + 277.6 = 509.5 \text{kN} \cdot \text{m} > M = 495 \text{kN} \cdot \text{m}$$

因此，该截面承载力足够。

【例 2-11】 已知某 T 形截面梁，其截面尺寸为 $b \times h = 250\text{mm} \times 700\text{mm}$，$b'_f = 600\text{mm}$，$h'_f = 120\text{mm}$，混凝土强度等级为 C25，$f_c = 11.9 \text{N/mm}^2$，纵向受拉钢筋采用 HRB335 级钢筋，$f_y = 300 \text{N/mm}^2$，一类使用环境，承受的弯矩设计值为 $M = 525 \text{kN} \cdot \text{m}$，计算所需纵向受拉钢筋的面积。

解：（1）判别 T 形截面的类型：

$$h_0 = 700 - 60 = 640\text{mm}$$

$$
\begin{aligned}
\alpha_1 f_c b'_f h'_f (h_0 - 0.5 h'_f) &= 1.0 \times 11.9 \times 600 \times 120 \times (640 - 0.5 \times 120) \\
&= 496.9 \times 10^6 \text{N} \cdot \text{mm} = 496.9 \text{kN} \cdot \text{m} < M = 525 \text{kN} \cdot \text{m}
\end{aligned}
$$

故为第二类 T 形截面。

（2）计算 A_{s1} 和 A_{s2}：

$$A_{s1} = \frac{\alpha_1 f_c (b'_f - b) h'_f}{f_y} = \frac{1.0 \times 11.9 \times (600 - 250) \times 120}{300} = 1666\text{mm}^2$$

$$
\begin{aligned}
M_{u1} &= \alpha_1 f_c (b'_f - b) h'_f (h_0 - 0.5 h'_f) \\
&= 1.0 \times 11.9 \times (600 - 250) \times 120 \times (640 - 0.5 \times 120) \\
&= 290 \times 10^6 \text{N} \cdot \text{mm} = 290 \text{kN} \cdot \text{m}
\end{aligned}
$$

则：

$$M_{u2} = M_u - M_{u1} = 525 - 290 = 235 \text{kN} \cdot \text{m}$$

$$\alpha_s = \frac{M_{u2}}{\alpha_s f_c b h_0^2} = \frac{235 \times 10^6}{1.0 \times 11.9 \times 250 \times 640^2} = 0.193$$

查表 2-5，得 $\gamma_s = 0.8915$

$$\xi = 0.217 < \xi_b = 0.55$$

则：

$$A_{s2} = \frac{M_{u2}}{f_y \gamma_s h_0} = \frac{235 \times 10^6}{300 \times 0.8915 \times 640} = 1373\text{mm}^2$$

（3）计算总受拉钢筋面积 A_s：

$$A_s = A_{s1} + A_{s2} = 1666 + 1373 = 3039 \text{mm}^2$$

选用 8 Φ 22（$A_s = 3041 \text{mm}^2$）

钢筋布置如图 2-20 所示。

【例 2-12】 已知某 T 形梁纵向受力钢筋，T 形截面尺寸为 $b = 250 \text{mm}$，$b'_f = 2000 \text{mm}$，$h = 550 \text{mm}$，$h'_f = 80 \text{mm}$，弯矩设计值 $M = 210 \text{kN} \cdot \text{m}$，$a_s = 35 \text{mm}$，混凝土强度等级为 C20，钢筋采用 HRB335 级纵筋。试计算纵向受力钢筋截面积。

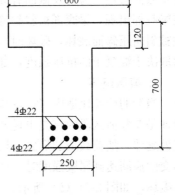

图 2-20 T 形截面梁配筋图

解： 由已知条件可得：

$$h_0 = h - a_s = 550 - 35 = 515 \text{mm}$$

受压区高度：

$$x = h_0 - \sqrt{h_0^2 - \frac{2M}{\alpha_1 f_c b'_f}}$$

$$= 515 - \sqrt{515^2 - \frac{2 \times 210 \times 10^6}{1.0 \times 9.6 \times 2000}}$$

$$= 21.7 \text{mm} < h'_f = 80 \text{mm}$$

中和轴在翼缘的范围内，所以可按宽度 b'_f 的矩形梁计算。

受拉钢筋截面积 A_s：

$$A_s = \frac{\alpha_1 f_c b'_f x}{f_y} = \frac{1.0 \times 9.6 \times 2000 \times 19.7}{300} = 1261 \text{mm}^2$$

配 5 Φ 18，$A_s = 1272 \text{mm}^2$。

2.3 受弯构件斜截面承载力计算与实例

2.3.1 受弯构件斜截面破坏形态

受弯构件在同时承受剪力与弯矩的区段内，常常沿斜截面发生裂缝，并可能产生斜截面破坏。斜截面的主要破坏形态有：斜压破坏、剪压破坏与斜拉破坏，如图 2-21 所示。

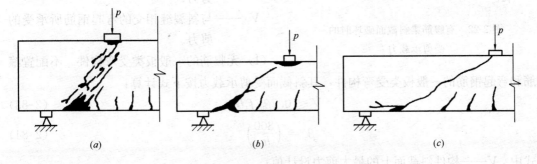

图 2-21 斜截面破坏形态

(a) 斜压破坏；(b) 剪压破坏；(c) 斜拉破坏

1. 斜压破坏

当梁的剪跨比较小（$\lambda < 1$）或腹筋数量配置过多时，常常发生斜压破坏。此处，剪跨

比是截面弯矩与剪力及截面有效高度的比值 $\lambda = M/(Vh_0)$。这种破坏的特征是斜裂缝首先在梁腹部出现，梁腹部被斜裂缝分割为若干倾斜的受压短柱，随着荷载的增加，混凝土短柱被斜向压碎而破坏，破坏时与斜裂缝相交的箍筋应力尚未达到屈服强度，梁的受剪承载力取决于混凝土的抗压强度，如图 2-21（a）所示。

2. 剪压破坏

当梁的剪跨比适中（$1 \leqslant \lambda \leqslant 3$）且腹筋配置数量适当时，常常发生剪压破坏。破坏的特征是在弯剪区段内首先出现初始垂直裂缝，随后大体沿着主压应力轨迹向集中荷载作用点处延伸，随荷载增加形成一根临界斜裂缝，此后梁仍然能够继续承载，当与临界斜裂缝相交的箍筋达到屈服强度时，剪压区混凝土在压应力和剪应力的共同作用下达到极限强度而破坏，如图 2-21（b）所示。

3. 斜拉破坏

当梁的剪跨比较大（$\lambda > 3$）或腹筋数量配置过少时，常常发生斜拉破坏。其破坏特征是，斜裂缝一出现，就很快形成主裂缝，并且迅速延伸到集中荷载作用点处，由于腹筋数量过少，很快达到屈服，梁斜向被拉裂成两部分而破坏，破坏过程突然，受剪承载力主要取决于混凝土的抗拉强度，如图 2-21（c）所示。

以上三种破坏形态，抗剪能力最大的是斜压，其次是剪压，最低是斜拉，就破坏性质来说，均为脆性破坏。

2.3.2 受弯构件斜截面承载力计算

1. 基本计算公式

斜截面承载力计算式是以剪压破坏的形态为依据而建立的。如图 2-22 所示，梁的斜截面受剪承载力 V_u 由三部分组成，由平衡条件得

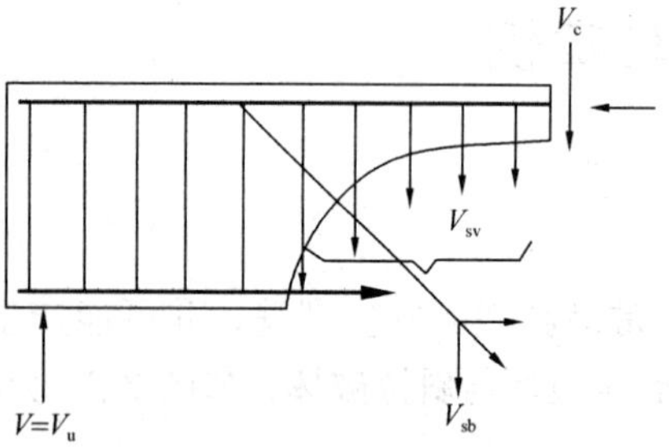

$$V_u = V_c + V_{sv} + V_{sb} \qquad (2-82)$$

式中　V_c——斜截面上端剪压区混凝土所承受的剪力；

　　　V_{sv}——与斜裂缝相交的箍筋所承受的剪力；

　　　V_{sb}——与斜裂缝相交的弯起钢筋所承受的剪力。

图 2-22　有腹筋梁斜截面破坏时的受剪承载力

（1）无腹筋的一般板类受弯构件。不配置箍筋和弯起钢筋的一般板类受弯构件，其斜截面受剪承载力按下式计算：

$$V \leqslant 0.7\beta_h f_t b h_0 \qquad (2-83)$$

$$\beta_h = \left(\frac{800}{h_0}\right)^{1/4} \qquad (2-84)$$

式中　V——构件斜截面上的最大剪力设计值；

　　　β_h——截面高度影响系数：当 $h_0 < 800$mm 时，取 $h_0 = 800$mm；当 $h_0 > 2000$mm 时，取 $h_0 = 2000$mm；

　　　f_t——混凝土轴心抗拉强度设计值。

上述的一般板类受弯构件主要是指均布荷载作用下的单向板。

（2）仅配置箍筋的受弯构件。对于矩形、T形和I形截面的受弯构件，当仅配置箍筋时，其斜截面的受剪承载力按下式计算：

$$V \leqslant V_{cs} + V_p = \alpha_{cv} f_t b h_0 + f_{yv} \frac{A_{sv}}{s} h_0 + 0.05 N_{p0} \tag{2-85}$$

式中　V——构件斜截面上的最大剪力设计值；

$\quad\quad V_{cs}$——构件斜截面上混凝土和箍筋的受剪承载力设计值；

$\quad\quad V_p$——由预加力所提高的构件受剪承载力设计值；

$\quad\quad N_{p0}$——计算截面上混凝土法向预应力等于 0 时的预加力，当 N_{p0} 大于 $0.3 f_c A_0$ 时，取 $0.3 f_c A_0$，此处 A_0 为构件的换算截面面积；

$\quad\quad A_{sv}$——配置在同一截面内箍筋各肢的全部截面面积：$A_{sv} = n A_{sv1}$；

$\quad\quad n$——同一截面内箍筋的肢数；

$\quad\quad A_{sv1}$——单肢箍筋的截面面积；

$\quad\quad s$——沿构件长度方向的箍筋间距；

$\quad\quad f_{yv}$——箍筋抗拉强度设计值；

$\quad\quad \alpha_{cv}$——截面混凝土受剪承载力系数，对于一般受弯构件取 0.7；楼盖中有次梁搁置的主梁或有明确的集中荷载作用的梁（如起重机梁等），取 $\alpha_{cv} = \dfrac{1.75}{\lambda + 1}$，$\lambda$ 为计算截面的剪跨比，可取 $\lambda = a/h_0$，a 为集中荷载作用点至支座或节点边缘的距离；当 $\lambda < 1.5$ 时，取 $\lambda = 1.5$；当 $\lambda > 3$ 时，取 $\lambda = 3$；集中荷载作用点至支座之间的箍筋，应均匀配置。

（3）配置箍筋和弯起钢筋的受弯构件。对于矩形、T形和I形截面的一般受弯构件，当配置箍筋和弯起钢筋时，其斜截面的受剪承载力按下式计算：

$$V \leqslant V_{cs} + V_p + 0.8 f_{yv} A_{sb} \sin \alpha_s + 0.8 f_{py} \cdot A_{pb} \sin \alpha_p \tag{2-86}$$

式中　V——配置弯起钢筋处的剪力设计值；

$\quad\quad f_{yv}$——横向钢筋的抗拉强度设计值；

$\quad\quad f_{py}$——预应力筋抗拉强度设计值；

$\quad\quad A_{sb}$——同一弯起平面内弯起钢筋的截面面积；

$\quad\quad A_{pb}$——同一平面内弯起预应力筋的截面面积；

α_s、α_p——分别为斜截面上弯起普通钢筋、弯起预应力筋的切线与构件纵向轴线之间的夹角，一般为 45°，当梁高较大时（$h > 800$mm）时，可取为 60°。

2. 公式适用范围

（1）最小截面尺寸。为防止斜压破坏和限制在使用荷载作用下斜裂缝的宽度，对矩形、T形和I形截面的受弯构件，其受剪截面尺寸应符合下列条件：

1）当 $h_w/b \leqslant 4$ 时：

$$V \leqslant 0.25 \beta_c f_c b h_0 \tag{2-87}$$

2）当 $h_w/b \geqslant 6$ 时：

$$V \leqslant 0.2 \beta_c f_c b h_0 \tag{2-88}$$

3）当 $4 < h_w/b < 6$ 时，按线性内插法确定。

式中　β_c——混凝土强度影响系数：当混凝土强度等级不超过 C50 时，取 $\beta_c = 1.0$；当混凝土强度等级为 C80 时，取 $\beta_c = 0.8$；其间按线性内插法确定；

　　f_c——混凝土轴心抗压强度设计值；

　　b——矩形截面的宽度，T 形截面和 I 形截面的腹板宽度；

　　h_0——截面的有效高度；

　　h_w——截面的腹板高度：对矩形截面，取有效高度，即 h_0；对 T 形截面，取有效高度减去翼缘高度，即 $(h_w - h'_f)$；对 I 形截面，取腹板净高，即 $(h_w - h'_f - h_f)$。

上述公式为梁在相应条件下斜截面受剪承载力的上限值，也是限制最大配箍率的条件。如不满足上述条件，应加大构件截面尺寸或提高混凝土强度等级。

对 T 形或 I 形截面的简支受弯构件，当有实践经验时，式（2-87）中的系数可改为 0.3。对受拉边倾斜的构件，当有实践经验时，其受剪截面的控制条件可适当放宽。

（2）最小配箍率。为了防止发生斜拉破坏，梁的配箍率应满足如下要求：

$$\rho_{sv} = \frac{nA_{sv1}}{bs} \geqslant \rho_{sv,min} = 0.24\frac{f_t}{f_{yv}} \tag{2-89}$$

3. 不进行斜截面受剪承载力计算的条件

当梁的截面尺寸较大而承受的剪力较小，且满足下列条件时，可仅按构造要求配置箍筋，而不必进行斜截面受剪承载力计算：

$$V \leqslant V_{cs} + V_p = \alpha_{cv}f_t bh_0 + 0.05N_{p0} \tag{2-90}$$

式中　α_{cv}——截面混凝土受剪承载力系数。

4. 计算方法

（1）设计截面。已知剪力设计值 y，材料强度设计值 f_c、f_t、f_y、f_{yv}，截面尺寸 b、h，求应配置的箍筋和弯起钢筋的数量，具体计算步骤如下：

1）计算截面尺寸。利用式（2-87）或式（2-88）对截面尺寸进行复核，若不满足要求，则应加大截面尺寸或提高混凝土强度等级。

2）确定是否需要按计算配置腹筋。当满足式（2-91）时，可只按构造配置箍筋，否则须按计算配置箍筋。

3）计算箍筋和弯起钢筋的数量：

①仅配箍筋。一般可按构造要求选定箍筋的肢数 n 及单肢箍筋直径 d（即选定 A_{sv1}），然后由式（2-85）求出箍筋间距 s。

$$\frac{A_{sv}}{s} = \frac{V_{cs} - \alpha_{cv}f_t bh_0}{f_{yv}h_0} \tag{2-91}$$

②同时配置箍筋和弯起钢筋。由于箍筋和弯起钢筋均未知，可采用如下两种方法：

a. 先按构造要求配置箍筋，选定箍筋直径 d、肢数 n、间距 s，然后由式（2-85）计算出混凝土和箍筋的受剪承载力 V_{cs}，再由式（2-92）计算所需弯起钢筋的总面积。

$$A_{sb} \geqslant \frac{V - V_{cs}}{0.8f_y\sin\alpha_s} \tag{2-92}$$

b. 根据受弯构件正截面设计的纵向受力钢筋配置弯起钢筋 A_{sb}，然后根据式（2-93）计算出箍筋的数量。

$$\frac{A_{sv}}{s} = \frac{V - 0.8f_y A_{sb}\sin\alpha_s - \alpha_{cv}f_t bh_0}{f_{yv}h_0} \tag{2-93}$$

（2）截面复核。已知截面剪力设计值，材料强度设计值 f_c、f_t、f_y、f_{yv}，截面尺寸 b、h，配箍筋数量（n、A_{sv1}、s）和弯起钢筋截面面积 A_{sb}，复核截面所受承载力是否满足。

1）按式（2-87）或式（2-88）对截面尺寸进行复核，若不满足要求，应修改原条件。

2）验算条件 $\rho_{sv} \geqslant \rho_{sv,min}$ 是否满足，如不满足应重新配置箍筋。

3）将已知数据代入式（2-85）或式（2-86）即可进行承载力复核。

5. 计算实例

【例 2-13】 某一两端支承在砖墙上的矩形截面简支梁，其截面尺寸为 $b \times h = 250\text{mm} \times 550\text{mm}$，净跨为 $l_n = 5.5\text{m}$，承受均布线荷载设计值 $q = 80\text{kN/m}$（包括自重），混凝土强度等级为 C25，$f_c = 11.9\text{N/mm}^2$，$f_t = 1.27\text{N/mm}^2$，箍筋采用 HPB300 级钢筋，$f_{yv} = 270\text{N/mm}^2$，一类使用环境，试计算箍筋数量。

解：（1）计算剪力设计值：

计算支座边缘处的剪力设计值：

$$V = \frac{1}{2}ql_n = \frac{1}{2} \times 80 \times 5.5 = 220\text{kN}$$

（2）验算梁的截面尺寸：

因为 $h_0 = h - a_s = 550 - 40 = 510\text{mm}$，$\dfrac{h_w}{b} = \dfrac{h_0}{b} = \dfrac{510}{250} = 2.04 < 4$，所以

$$0.25\beta_c f_c bh_0 = 0.25 \times 1.0 \times 11.9 \times 250 \times 510 = 379313\text{N} = 379.313\text{kN} > V = 220\text{kN}$$

截面尺寸满足要求。

（3）确定是否需要按计算配置腹筋：

取 $\alpha_{cv} = 0.7$，得：

$$0.7 f_t bh_0 = 0.7 \times 1.27 \times 250 \times 510 = 113348\text{N} = 113.348\text{kN} < V = 220\text{kN}$$

所以需要按计算配置腹筋。

（4）计算箍筋数量：

$$\frac{A_{sv}}{s} = \frac{V - 0.7 f_t bh_0}{f_{yv} h_0} = \frac{220 \times 10^3 - 113348}{270 \times 510} = 0.775$$

选取双肢箍筋 $\phi 8$（$A_{sv1} = 50.3\text{mm}^2$），得箍筋间距为：

$$s = \frac{A_{sv}}{0.775} = \frac{nA_{sv1}}{0.775} = \frac{2 \times 50.3}{0.775} = 129.86\text{mm}$$

取 $s = 100\text{mm}$，所以选用双肢箍筋 $\phi 8@100$。

（5）验算最小配箍率：

$$\rho_{sv} = \frac{nA_{sv1}}{bs} = \frac{2 \times 50.3}{250 \times 120} = 0.335\% > \rho_{sv,min} = 0.24\frac{f_t}{f_{yv}} = 0.24 \times \frac{1.27}{270} = 0.113\%$$

满足要求。

【例 2-14】 某钢筋混凝土矩形截面简支梁，如图 2-23 所示，承受均匀荷载设计值 $p = 15.5\text{kN/m}$，集中荷载设计值 $P = 180\text{kN}$，混凝土强度等级为 C25，采用 HPB300 级钢筋作箍筋，按正截面受弯承载力计算配置的纵向受拉钢筋为 6Φ22＋2Φ18，试进行斜截面受剪承载力计算。

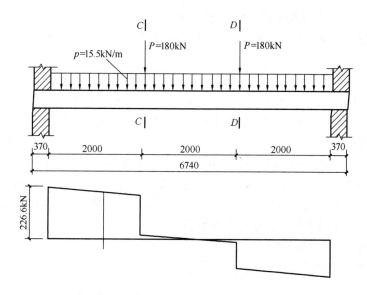

图 2-23 某简支梁受力计算简图

解：（1）计算剪力设计值：

支座边缘截面处的剪力设计值为：

$$V = \frac{1}{2}pl_n + P = \frac{1}{2} \times 15.5 \times 6.0 + 180 = 226.5 \text{kN}$$

（2）复核梁的截面尺寸：

因为 $h_0 = h - a_s = 700 - 60 = 640 \text{mm}$，$\dfrac{h_w}{b} = \dfrac{h_0}{b} = \dfrac{640}{250} = 2.56 < 4$，所以

$0.25\beta_c f_c bh_0 = 0.25 \times 1.0 \times 11.9 \times 250 \times 640 = 476000 \text{N} = 476 \text{kN} > V = 226.5 \text{kN}$
截面尺寸满足要求。

（3）确定是否需要按计算配置腹筋：

由于集中荷载在支座截面产生的剪力值已占总剪力值的 75% 以上，所以需要考虑剪跨比 λ 的影响。

$$\lambda = \frac{a}{h_0} = \frac{2000}{640} = 3.125 > 3，取 \lambda = 3$$

$$\frac{1.75}{\lambda + 1.0}f_t bh_0 = \frac{1.75}{3 + 1.0} \times 1.27 \times 250 \times 640 = 88900 \text{N} = 88.9 \text{kN} < V = 226.5 \text{kN}$$

所以，必须按计算设置腹筋。

$$\rho_{sv} = \frac{nA_{sv1}}{bs} = \frac{2 \times 50.3}{250 \times 150} = 0.27\% > \rho_{sv,min} = 0.24\frac{f_t}{f_{yv}} = 0.24 \times \frac{1.27}{210} = 0.145\%$$

满足要求。

$$\begin{aligned} V_{cs} &= \frac{1.75}{\lambda + 1.0}f_t bh_0 + f_{yv}\frac{nA_{sv1}}{s}h_0 \\ &= \frac{1.75}{3 + 1.0} \times 1.27 \times 250 \times 640 + 210 \times \frac{2 \times 50.3}{150} \times 640 \\ &= 179040 \text{N} = 179.04 \text{kN} < 226.5 \text{kN} \end{aligned}$$

所以，必须按计算配置弯筋。

（4）计算弯起钢筋截面面积 A_{sb}：

取 $\alpha_s = 45°$，则：

$$A_{sb} = \frac{V - V_{cs}}{0.8 f_v \sin\alpha_s} = \frac{226500 - 179040}{0.8 \times 300 \times 0.707} = 279\text{mm}^2$$

【例 2-15】 钢筋混凝土 T 形截面简支梁，截面尺寸为 $b = 250\text{mm}$，$h = 500\text{mm}$，$b'_f = 600\text{mm}$，$h'_f = 80\text{mm}$，承受位于三分点处的两个集中荷载的作用，如图 2-24 所示，集中荷载设计值 $P = 180\text{kN}$（包括自重），混凝土强度等级为 C20（$f_c = 9.6\text{N/mm}^2$，$f_t = 1.10\text{N/mm}^2$），箍筋采用 HPB300 级钢筋（$f_{yv} = 270\text{N/mm}^2$），纵向钢筋采用 HRB335 级钢筋（$f_y = 300\text{N/mm}^2$），一类使用环境，求箍筋和弯起钢筋的数量。

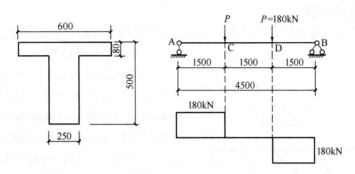

图 2-24 计算简图

解：（1）计算剪力设计值

剪力图如图 2-24 所示。

支座边缘处剪力设计值 $V = P = 180\text{kN}$。

（2）验算梁的截面尺寸

$$h_0 = h - a_s = 500 - 60 = 440\text{mm}$$
$$h_w = h_0 - h'_f = 440 - 80 = 360\text{mm}$$

由于 $\dfrac{h_w}{b} = \dfrac{360}{200} = 1.8 < 4$，所以

$$0.25\beta_c f_c b h_0 = 0.25 \times 1.0 \times 9.6 \times 250 \times 440 = 264000\text{N} = 264\text{kN} > V = 180\text{kN}$$

所以截面尺寸满足要求。

（3）确定是否需要按计算配置腹筋

$$0.7 f_t b h_0 = 0.7 \times 1.10 \times 250 \times 440 = 84700\text{N} = 84.7\text{kN} < V = 180\text{kN}$$

故需要按计算配置腹筋。

（4）配置箍筋和弯起钢筋

在 AC、DB 段按构造要求选用双肢箍筋 $\phi 6@200$

$$\rho_{sv} = \frac{n A_{sv1}}{bs} = \frac{2 \times 28.3}{250 \times 200} = 0.113\% > \rho_{sv,\min}$$

$$= 0.24 \frac{f_t}{f_{yv}} = 0.24 \times \frac{1.10}{270} = 0.098\%$$

$$V_{cs} = 0.7 f_t b h_0 + f_{yv} \frac{A_{sv}}{s} h_0$$

$$= 0.7 \times 1.10 \times 250 \times 440 + 270 \times \frac{2 \times 28.3}{200} \times 440$$

$$=118320.4N = 118.32kN < V = 180kN$$

则弯起钢筋的截面面积：

$$A_{sb} \geqslant \frac{V - V_{cs}}{0.8f_y\sin\alpha_s} = \frac{180000 - 118320.4}{0.8 \times 300 \times \sin45°} = 450.48mm^2$$

选用纵向钢筋弯起 3 Φ 14（$A_{sb} = 461mm^2$），在 AC、DB 区段内各弯起两道。

2.3.3　梁内钢筋构造要求相关规定

在钢筋混凝土受弯构件设计中，除了保证正截面受弯承载力、斜截面受剪承载力外，还必须保证斜截面受弯承载力。在实际工程中，通常采用构造措施来加以保证。

1. 纵向钢筋的弯起

为了确保梁的斜截面受弯承载力，纵向受力钢筋的弯起应符合如下要求：

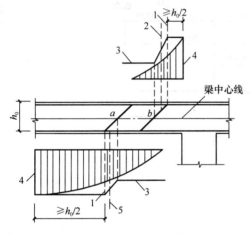

图 2-25　弯起钢筋弯起点与弯矩图之间的关系
1—在受拉区中的弯起截面；2—按计算不需要钢筋 b 的截面；3—正截面受弯承载力图；4—按计算充分利用钢筋 a 或 b 强度的截面；5—按计算不需要钢筋 a 的截面

（1）弯起点的位置

1）在梁的受拉区中，弯起钢筋的弯起点应当设在按正截面受弯承载力计算不需要该钢筋的截面之前，但弯起钢筋与梁中心线的交点应当位于不需要该钢筋的截面之外，如图 2-25 所示。同时，弯起点与按计算充分利用该钢筋的截面之间的距离，不宜小于 $h_0/2$。

2）当按照计算需要配置弯起钢筋时，前一排（对支座而言）的弯起点至后一排的弯终点的距离 s 不应大于表 2-7 中 $V > 0.7f_tbh_0$ 栏中规定的箍筋最大间距 s_{max}。同时，靠近支座的第一排弯起钢筋的弯终点到支座边缘的距离不宜小于 50mm，也不宜大于 s_{max}。

（2）弯起钢筋的设置

1）弯起钢筋通常可由纵向钢筋进行弯起而成，其弯起角度通常取 45°，当梁截面高度 h > 800mm 时，可取 60°。

2）弯起钢筋的弯终点之外，应当留有平行于梁轴线方向的锚固长度，锚固长度在受拉区不应当小于 20d，在受压区不应当小于 10d（d 为弯起钢筋的直径），如图 2-26 所示。对于光面钢筋，在末端应当设置弯钩。

3）梁底层钢筋中的角部钢筋不应弯起，顶层钢筋中的角部钢筋不应弯下。

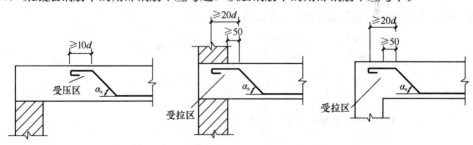

图 2-26　弯起钢筋的锚固

4) 当纵向钢筋不能在需要的地方弯起或弯起钢筋不够承受剪力时，可以附加为了抗剪而单独设置的弯筋，通常称为"鸭筋"，而不应当采用浮筋，如图 2-27 所示。

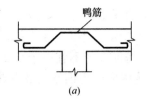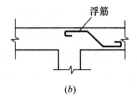

图 2-27 鸭筋和浮筋

(a) 鸭筋；(b) 浮筋

2. 纵向钢筋的截断

钢筋混凝土梁支座截面负弯矩纵向受拉钢筋不宜在受拉区截断，当必须截断时，应当符合以下规定，如图 2-28 所示。

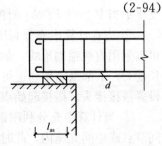

图 2-28 纵向受拉钢筋截断后的延伸长度

A—钢筋强度充分利用截面；

B—按计算不需要该钢筋的截面

（1）当剪力设计值 $V \leqslant 0.7 f_t b h_0$ 时，应当延伸至按正截面受弯承载力计算不需要该钢筋的截面以外不小于 $20d$ 处截断，且从该钢筋强度充分利用截面伸出的长度不应小于 $1.2 l_a$。

（2）当剪力设计值 $V > 0.7 f_t b h_0$ 时，应当延伸至按正截面受弯承载力计算不需要该钢筋的截面以外不小于 h_0 且不小于 $20d$ 处截断，且从该钢筋强度充分利用截面伸出的长度不应小于 $1.2 l_a + h_0$。

（3）若按照上述规定确定的截断点仍位于与支座截面负弯矩对应的受拉区内，则应当延伸至按正截面受弯承载力计算不需要该钢筋的截面之外不小于 $1.3 h_0$ 且不小于 $20d$ 处截断，且从该钢筋强度充分利用截面伸出的延伸长度不应小于 $1.2 l_a + 1.7 h_0$。

在悬臂梁中，应当有不少于两根上部钢筋伸至悬臂梁外端，并向下弯折不小于 $12d$；其余钢筋不应在梁的上部截断，而应当向下弯折，并且按规定进行锚固，其构造应当符合相关规定。

3. 纵向钢筋的锚固

（1）简支梁和连续梁简支端。钢筋混凝土简支梁和连续梁简支端的下部纵向受力钢筋伸入支座内应有足够的锚固长度 l_{as}，如图 2-29 所示，并应当符合以下规定：

1) 当剪力设计值 $V \leqslant 0.7 f_t b h_0$ 时：

$$l_{as} \geqslant 5d \tag{2-94}$$

2) 当剪力设计值 $V > 0.7 f_t b h_0$ 时：

① 对于带肋钢筋 $l_{as} \geqslant 12d$

② 对于光面钢筋 $l_{as} \geqslant 15d$

3) 当 l_{as} 不符合上述要求时，应当采取有效的锚固措施，如果在钢筋上加焊锚固钢板，或将钢筋端部焊接在梁端预埋件上等。

对混凝土强度等级小于或等于 C25 的简支梁和连续梁简支端，在距支座边 $1.5h$ 范围内作用有集中荷载，且 $V >$

图 2-29 纵向受力钢筋
伸入梁支座的锚固

$0.7f_tbh_0$ 时，对于带肋钢筋宜采取附加锚固措施，或取锚固长度 $l_{as} \geqslant 15d$。

（2）支承在砌体结构上的钢筋混凝土独立梁，在纵向受力钢筋的锚固长度 l_{as} 范围内应当配置不少于两个箍筋，箍筋直径不宜小于 $0.25d_{max}$（d_{max} 为纵向受力钢筋最大直径），间距不宜大于 $10d_{min}$（d_{min} 为纵向受力钢筋的最小直径）。

（3）梁柱节点。

1）框架梁纵向钢筋伸入中间层端节点处的锚固。框架梁上部纵向钢筋伸入中间层端节点的锚固长度，当采用直线锚固形式时，不应当小于受拉钢筋锚固长度 l_a；且伸过柱中心线不宜小于 $5d$（d 为梁上部纵向钢筋的直径）。柱截面尺寸不足时，梁上部纵向钢筋应当伸至节点外侧边并向下弯折，其包含弯弧段在内的水平投影长度不应当小于 $0.4l_a$，包含弯弧段在内的垂直投影长度应当取为 $15d$，如图 2-30 所示。

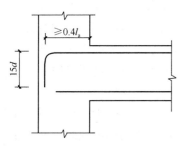

图 2-30　梁上部纵向钢筋在框架
中间层端节点内的锚固

框架梁下部纵向钢筋在端节点处的锚固要求与下述关于中间节点处梁下部纵向钢筋的锚固要求相同。

2）框架梁纵向钢筋在中间节点或中间支座范围的锚固。框架梁或连续梁的上部纵向钢筋应当贯穿中间节点或中间支座范围，如图 2-31 所示。该钢筋自节点或支座边缘伸向跨中的截断位置应当满足关于纵向钢筋的截断的有关规定。

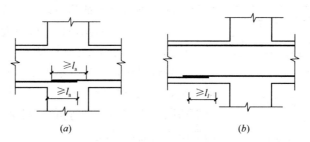

图 2-31　梁下部纵向钢筋在中间节点或中间支座范围的锚固与搭接
（a）节点中的直线锚固；（b）节点或支座范围外的搭接

框架梁或连续梁的下部纵向钢筋在中间节点或中间支座范围处的锚固应当满足以下要求：

① 当计算中不利用该钢筋的强度时，其伸入节点或支座的锚固长度应当符合简支端支座中当 $V > 0.7f_tbh_0$ 时的规定。

② 当在计算中充分利用钢筋的抗拉强度时，下部纵向钢筋应当锚固在节点或支座内，可以采用直线锚固形式，如图 2-31（a）所示，钢筋的锚固长度不应小于受拉钢筋的锚固长度 l_a。下部纵向钢筋也可贯通节点或支座范围，并在节点或支座范围外梁内弯矩较小处设置搭接接头，搭接起始点至节点边缘的距离不应小于 l_l，如图 2-31（b）所示。

③ 当计算中充分利用钢筋的抗压强度时，下部纵向钢筋应当按照受压钢筋锚固在中间节点或中间支座内，此时，其直线锚固长度不应小于 $0.7l_a$。

4. 箍筋

（1）箍筋的设置范围。箍筋沿梁跨长的设置范围应当由计算确定，对于按计算不需要箍筋的梁，可按以下规定执行：

1）当梁的截面高度 $h>300\text{mm}$ 时，沿梁全长设置箍筋；

2）当 $150\text{mm}\leqslant h\leqslant 300\text{mm}$ 时，仅在梁端部各 1/4 跨度范围内设置箍筋；但当梁中部 1/2 跨度范围内作用有集中荷载时，则应当沿梁全长设置箍筋；

3）当 $h<150\text{mm}$ 时，可不设置箍筋。

（2）箍筋的形式和肢数。箍筋的形式主要包括开口式和封闭式两种，如图 2-32 所示。通常采用封闭式箍筋。对于现浇 T 形截面梁，当不承受扭矩和动荷载作用时，在跨中正弯矩区段内，可采用开口式箍筋。

箍筋的肢数包括单肢、双肢与四肢，如图 2-33 所示。当梁的截面宽度 $b<350\text{mm}$ 时，常采用双肢箍筋；当 $b\geqslant 350\text{mm}$ 或纵向受拉钢筋在一层中多于 5 根或按照计算配置的纵向受压钢筋在一层中多于 3 根（或当梁宽不大于 400mm，一层中的纵向受压钢筋多于 4 根）时，宜采用四肢箍筋；当 $b\leqslant 150\text{mm}$，且上、下只有一根纵向钢筋时，才允许采用单肢箍筋。

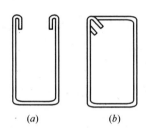

图 2-32　箍筋的形式
(a) 开口式；(b) 封闭式

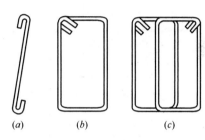

图 2-33　箍筋的肢数
(a) 单肢；(b) 双肢；(c) 四肢

（3）箍筋的间距。箍筋的间距一般由计算确定，但最大间距应当符合表 2-7 的规定：

梁中箍筋的最大间距（mm）　　　　　　　　　　　　表 2-7

梁高 h	$V>0.7f_tbh_0$	$V\leqslant 0.7f_tbh_0$
$150<h\leqslant 300$	150	200
$300<h\leqslant 500$	200	300
$500<h\leqslant 800$	250	350
$h>800$	300	400

1）当梁中配有按计算需要的纵向受压钢筋时，箍筋应当采用封闭式，且箍筋的间距不应当大于 $15d$（d 为纵向受压钢筋的最小直径），同时不应大于 400mm；

2）当梁内一层中的纵向受压钢筋多于 5 根且直径大于 18mm 时，箍筋间距不应当大于 $10d$；

3）当梁的宽度大于 400mm 且一层内的纵向受压钢筋多于 3 根时，或当梁的宽度不大于 400mm 但一层内的纵向受压钢筋多于 4 根时，应设置复合箍筋。

（4）箍筋的直径。箍筋的直径通常由计算确定，但最小直径应符合以下要求：

1）当梁的截面高度 $h>800\text{mm}$ 时，箍筋直径不宜小于 8mm；

2）当梁的截面高度 $h\leqslant 800\text{mm}$ 时，箍筋直径不宜小于 6mm；

3）当梁中配有计算需要的纵向受压钢筋时，箍筋的直径不应当小于 $0.25d_{max}$（d_{max} 为纵向受压钢筋的最大直径）。

5. 纵向构造钢筋

（1）架立钢筋。梁内架立钢筋的直径，与梁的跨度有关。

1）当梁的跨度小于 4m 时，架立钢筋的直径不宜小于 8mm；

2）当梁的跨度为 4~6m 时，架立钢筋的直径不宜小于 12mm；

3）当梁的跨度大于 6m 时，架立钢筋的直径不宜小于 16mm。

（2）纵向受力钢筋。纵向受力钢筋的直径，当梁高不大于 300mm 时，不应当小于 10mm；当梁高小于 300mm 时，不宜小于 8mm。

在梁的配筋密集区域宜采用并筋（钢筋束）的配筋形式，并筋的等效直径可按照截面面积相等的原则换算确定。

3 混凝土结构受压构件承载力计算

3.1 受压构件一般构造规定

1. 截面形状和尺寸

(1) 轴心受压构件通常采用方形、矩形或圆形截面；偏心受压构件通常采用矩形、T形或I形截面，也可采用环形截面。

(2) 柱的截面尺寸不宜过小，对于方形和矩形柱，其截面尺寸不宜小于250mm×250mm，长细比不宜过大，常取 $l_0/b \leqslant 30$ 或 $l_0/h \leqslant 25$（此处，l_0 为柱的计算长度，b、h 分别为矩形截面的短边和长边边长）。对于I形截面柱，翼缘厚度不宜小于120mm，腹板厚度不宜小于100mm。

(3) 柱的截面尺寸宜采用整数，边长在800mm以下的，可取50mm的倍数，在800mm以上的，取100mm的倍数。

2. 柱中纵向钢筋

(1) 轴心受压构件的纵向钢筋应沿截面四周均匀布置，根数不得少于四根，并为偶数；偏心受压构件的纵向钢筋布置在弯矩作用方向的两边；圆柱中纵向钢筋通常为6~8根，宜沿周边均匀等距离布置。

(2) 柱中纵向受力钢筋的净间距不应小于50mm，且不宜大于300mm；对水平浇筑的预制柱，其最小净间距可参照梁的有关规定取用。

(3) 纵向受力钢筋的直径不宜小于12mm，一般可在16~32mm内选用。

(4) 纵向受力钢筋的最小配筋率见表1-9的要求，全部纵向钢筋的配筋率不宜大于5%。

(5) 纵向受力钢筋的混凝土保护层厚度应按表1-4采用。

(6) 当偏心受压柱的截面高度 $h \geqslant 600$mm 时，在柱的侧面上应设置直径不小于10mm的纵向构造钢筋，并相应设置复合箍筋或拉筋。偏心受压柱中垂直于弯矩作用平面的侧面上的纵向受力钢筋，以及轴心受压柱中各边的纵向受力钢筋，其中距不宜大于300mm。

3. 箍筋

(1) 为防止纵向钢筋压屈，柱及其他受压构件中的周边箍筋应做成封闭式；对圆柱中的箍筋，搭接长度不应小于钢筋的锚固长度 l_a，箍筋末端应做成135°弯钩，弯钩末端平直段长度不应小于箍筋直径的5倍。

(2) 箍筋间距不应大于400mm，同时不应大于构件截面的短边尺寸，且不应大于 $15d$（d 为纵向受力钢筋的最小直径）。箍筋的直径不应小于 $d/4$（d 为纵向受力钢筋的最大直径），并且不应小于6mm。

(3) 当柱中全部纵向受力钢筋的配筋率超过3%时，箍筋直径不宜小于8mm，间距不应大于 10d（d 为纵向受力钢筋的最小直径），并且不应大于 200mm。箍筋末端应做成 135°弯钩，弯钩末端平直段长度不应小于箍筋直径的 10 倍。箍筋也可焊接成封闭环式。

（4）当柱截面短边尺寸大于 400mm，且各边纵向钢筋的根数多于 3 根时，或当柱截面短边尺寸不大于 400mm 但各边纵向钢筋的根数多于 4 根时，应设置复合箍筋。

（5）在柱内纵向受力钢筋搭接长度范围内的箍筋应进行加密，箍筋直径不应小于 $d/4$（d 为搭接钢筋中的较大直径）。当搭接钢筋受拉时，箍筋间距不应大于 5d，且不应大于 100mm，当搭接钢筋受压时，箍筋间距不应大于 10d，且不应大于 200mm。此处 d 为搭接钢筋较小直径。当受压钢筋直径＞25mm 时，尚应在搭接接头两个端面外 100mm 范围内各设置两个箍筋。

（6）在配置螺旋式或焊接环式间接钢筋的柱中，若计算中考虑间接钢筋的作用，则间接钢筋的间距不应大于 80mm 且不大于 $d_{cor}/5$（d_{cor} 为按间接钢筋内表面确定的核心截面直径）。为了便于浇灌混凝土，箍筋间距也不宜小于 40mm。

（7）常用箍筋形式如图 3-1 所示。对于截面形状复杂的柱，不可采用有内折角的箍筋，以免产生向外的拉力，而使折角处的混凝土保护层崩裂。

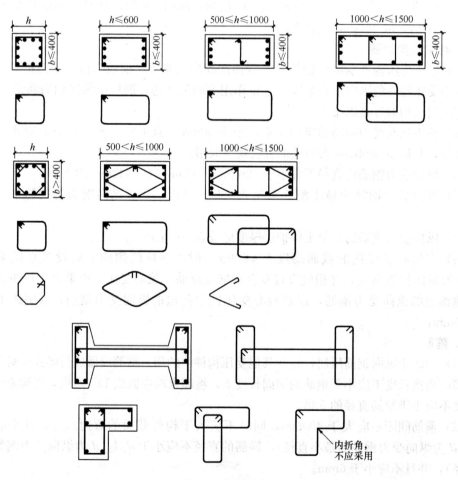

图 3-1　箍筋形式

3.2 轴心受压构件正截面承载力计算与实例

3.2.1 配有普通箍筋的轴心受压构件承载力计算

1. 基本计算公式

轴心受压构件，当配有普通箍筋或纵向钢筋上焊有横向钢筋时，其正截面受压承载力按下列公式计算：

$$N \leqslant 0.9\varphi(f_c A + f'_y A'_s) \tag{3-1}$$

式中　φ——钢筋混凝土构件的稳定系数，按表 3-1 采用；

$\quad\quad N$——轴向压力设计值；

$\quad\quad f_c$——混凝土轴心抗压强度设计值；

$\quad\quad f'_y$——纵向钢筋的抗压强度设计值；

$\quad\quad A$——构件截面面积；

$\quad\quad A'_s$——全部纵向普通钢筋的截面面积。

钢筋混凝土轴心受压构件的稳定系数 φ 值　　　　　　表 3-1

l_0/b	$\leqslant 8$	10	12	14	16	18	20	22	24	26	28
l_0/d	$\leqslant 7$	8.5	10.5	12	14	15.5	17	19	21	22.5	24
l_0/i	$\leqslant 28$	35	42	48	55	62	69	76	83	90	97
φ	1.0	0.98	0.95	0.92	0.87	0.81	0.75	0.70	0.65	0.60	0.56
l_0/b	30	32	34	36	38	40	42	44	46	48	50
l_0/d	26	28	29.5	31	33	34.5	36.5	38	40	41.5	43
l_0/i	104	111	118	125	132	139	146	153	160	167	174
φ	0.52	0.48	0.44	0.40	0.36	0.32	0.29	0.26	0.23	0.21	0.19

注：表中 l_0 为构件的计算长度；b 为矩形截面短边尺寸；d 为圆形截面直径；i 为截面的最小回转半径。

公式右边乘以系数 0.9 是为了使轴心受压构件受压承载力与偏心受压构件受压承载力具有相近的可靠度。当纵向钢筋配筋率大于 3% 时，式（3-1）中的 A 应改用（$A-A'_s$）代替。

2. 计算方法

（1）截面设计。已知轴心压力设计值 N，材料强度设计值 f_c、f'_y，构件计算长度 l_0，求截面面积 A 和纵向受压钢筋 A'_s。

一般根据构造要求和设计经验先初步假定截面尺寸 A，然后根据长细比如 l_0/b 查出 φ 值，最后由式（3-1）求得 A'_s。还应验算配筋率是否满足最小配筋率的要求。

（2）截面复核。已知截面尺寸及纵向钢筋面积、材料强度，则可按与上述类似的方法求得 l_0 和 φ 值，代入式（3-1）进行验算。

3. 计算实例

【例 3-1】某现浇框架柱截面尺寸为 250mm×250mm，由两端支承情况决定其钢筋作为受力钢筋，构件混凝土强度等级为 C30。层高 H 为 2.4m。柱的轴向力设计值 $N=$

950kN，环境类别为一类，确定截面是否安全。

解： 由附表 1-2 得 C30 混凝土的 $f_c=14.3\text{N/mm}^2$，截面的边长或直径小于 300mm，则混凝土的强度设计值应乘以系数 0.8，由附表 3-3 得 HRB335 钢筋的，$f'_y=300\text{N/mm}^2$。

$l_0/b=1.25H/b=3000/250=12$，查表 3-1，确定 $\varphi=0.95$

$$A'_s=\frac{\dfrac{N}{0.9\varphi}-f_cA}{f'_y}=\frac{\dfrac{950\times10^3}{0.9\times0.95}-0.8\times14.3\times250\times250}{300}$$
$$=1320\text{mm}^2$$

由公式 $N\leqslant0.9\varphi(f_cA+f'_sA'_s)$ 得：

$$N_u=0.9\times0.95\times(0.8\times14.3\times250\times250+300\times1320)$$
$$=950\text{kN}\geqslant N=950\text{kN}$$

故截面是安全的。

【例 3-2】 某多层现浇框架结构第二层的中间柱，承受轴向压力 1105kN，楼层高 $H=6\text{m}$，混凝土强度等级为 C20（$f_c=9.6\text{N/mm}^2$），纵向钢筋采用 HRB335 级钢筋（$f'_y=300\text{N/mm}^2$），试设计该截面。

解：（1）根据经验初步确定柱的截面尺寸：

$$b\times h=350\text{mm}\times350\text{mm}$$

（2）计算稳定系数：

$l_0=1.25H=1.25\times6\text{m}=7.5\text{m}$，则：$\dfrac{l_0}{b}=\dfrac{7500}{350}=21.4$，由表 3-1 查得 $\varphi=0.7143$。

（3）计算 A'_s：

$$A'_s=\frac{\dfrac{N}{0.9\varphi}-f_cA}{f'_y}=\frac{\dfrac{1105\times10^3}{0.9\times0.7143}-9.6\times350\times350}{300}=1809.5\text{mm}^2$$

选用 4 Φ 25，$A'_s=1964\text{mm}^2$。

（4）验算配筋率：

$$\rho=\frac{A'_s}{bh}=\frac{1964}{350\times350}\times100\%=1.6\%>\rho_{\min}=0.6\%$$

满足要求。

【例 3-3】 已知某多层框架结构，楼盖为装配式，楼层高 $H=5.5\text{m}$，底层柱的截面尺寸为 $b\times h=400\text{mm}\times400\text{mm}$，承受轴向压力设计值 $N=2115\text{kN}$，混凝土强度等级为 C30（$f_c=14.3\text{N/mm}^2$），柱内配有 4 Φ 25 的纵向钢筋（$f'_y=300\text{N/mm}^2$，$A'_s=1964\text{mm}^2$），试校核该柱是否安全。

解：（1）计算稳定系数 φ：

$l_0=1.25H=1.25\times5.5=6.875\text{m}$，则：$\dfrac{l_0}{b}=\dfrac{6875}{400}=17.2$，由表 3-1 查得 $\varphi=0.8343$。

（2）确定混凝土截面面积：

由于 $\rho=\dfrac{A'_s}{bh}=\dfrac{1964}{400\times400}=1.2\%<3\%$，所以混凝土面积 A 不必扣除 A'_s。

（3）计算 N_u：

$$N_u = 0.9\varphi(f_c A + f'_y A'_s)$$
$$= 0.9 \times 0.8343 \times (14.3 \times 400 \times 400 + 300 \times 1964)$$
$$= 2160 \times 10^3 N = 2160kN > N = 2115kN$$

所以该柱是安全的。

【例 3-4】 截面尺寸 $b \times h = 400mm \times 400mm$ 的钢筋混凝土轴心受压柱，计算长度 $l_0 = 6m$，承受轴向力设计值 $N = 2870kN$，采用 C25 混凝土（$f_c = 11.9N/mm^2$）、HRB400 级钢作纵向受力钢筋（$f'_y = 360N/mm^2$），设计使用年限为 50 年，环境类别为一类。试求：（1）纵向受力钢筋面积并选择钢筋直径与根数；（2）选择箍筋直径与间距。

（1）求稳定系数 φ

$l_0/b = 6/0.4 = 15$。由表 3-1 可知，$l_0/b = 14$ 时，$\varphi = 0.92$；$l_0/b = 16$ 时，$\varphi = 0.87$。采用内插法，则在本题中：

$$\varphi = \frac{0.92 + 0.87}{2} = 0.895$$

（2）计算受压钢筋面积

由表 1-9 查得 $\rho'_{min} = 0.55\%$。

本例中，轴力设计值已经给出，由式（3-1）可得：

$$A'_s \geqslant \frac{\dfrac{N}{0.9\varphi} - f_c A}{f'_y} = \frac{\dfrac{2870000}{0.9 \times 0.895} - 11.9 \times 400 \times 400}{360}$$
$$= 4608mm^2$$
$$< 3\%A = 3\% \times 400 \times 400 = 4800mm^2$$
$$> 0.55\%A = 880mm^2$$

则可选 12 Φ 22（$A'_s = 4561mm^2$），沿截面周边均匀配置，每边 4 根。

（3）选择箍筋

根据纵向钢筋直径，按照箍筋配置的构造要求，可选 $\phi 8@250$ 箍筋。

3.2.2 配有螺旋箍筋的轴心受压构件承载力计算

1. 基本计算公式

轴心受压构件，当配置螺旋箍筋或焊接环式间接钢筋时，其正截面受压承载力按下式计算：

$$N \leqslant 0.9(f_c A_{cor} + f'_y A'_s + 2\alpha f_{yv} A_{ss0}) \tag{3-2}$$

$$A_{ss0} = \frac{\pi d_{cor} A_{ss1}}{s} \tag{3-3}$$

$$A_{cor} = \frac{\pi d_{cor}^2}{4} \tag{3-4}$$

式中 A_{cor}——构件的核芯截面面积；

A_{ss0}——螺旋式或焊接环式间接钢筋的换算截面面积；

d_{cor}——构件的核芯截面直径；

A_{ss1}——螺旋式或焊接环式单根间接钢筋的截面面积；

s——间接钢筋沿构件轴线方向的间距；

α——间接钢筋对混凝土约束的折减系数。当混凝土强度等级不超过 C50 时，取 1.0，当混凝土强度等级为 C80 时，取 0.85，其间按线性内插法确定。根据国内外的试验结果，当混凝土的强度等级大于 C50 时，间接钢筋对混凝土的约束作用将会降低。为此，当混凝土强度等级在 C50～C80 之间时，给出折减系数 α 值。

为了保证螺旋箍筋外面的混凝土保护层不至于过早剥落，按式（3-2）计算得出的构件承载力设计值不应大于按式（3-1）计算得出的构件承载力设计值的 1.5 倍。

2. 可不考虑间接钢筋影响的情况

当遇到下列情况之一时，可不考虑间接钢筋的影响，按式（3-1）进行计算：

（1）$l_0/d > 12$ 时；

（2）当按式（3-2）计算得出的受压承载力小于按式（3-1）计算得出的受压承载力时；

（3）当间接钢筋的换算截面面积 A_{ss0} 小于纵向钢筋的全部截面面积的 25％时。

3. 计算实例

【例 3-5】 已知某大厅的钢筋混凝土圆形截面柱，截面柱的直径 $d = 398\text{mm}$，设计使用年限为 50 年，环境类别为一类使用环境，承受轴向压力设计值 $N = 2775\text{kN}$。混凝土强度等级为 C30（$f_c = 14.3\text{N/mm}^2$），纵向受力钢筋采用 HRB335 级、螺旋箍筋采用 HPB300 级钢筋，钢筋直径为 10mm，柱混凝土保护层厚度为 20mm。试计算柱的配筋量（已知 $l_0/d = 11.5$）。

解：（1）计算构件核芯截面面积 A_{cor}：

$$d_{cor} = d - 2 \times 30 = 398 - 60 = 338\text{mm}$$

$$A_{cor} = \frac{\pi}{4}d_{cor}^2 = \frac{\pi \times 338^2}{4} = 89727\text{mm}^2$$

（2）计算螺旋式间接钢筋的换算截面面积 A_{ss0}：

选用螺旋钢筋 $\phi10$（$A_{ss1} = 78.5\text{mm}^2$），间距 $s = 60\text{mm}$，则：

$$A_{ss0} = \frac{\pi d_{cor}A_{ss1}}{s} = \frac{\pi \times 338 \times 78.5}{60} = 1389\text{mm}^2$$

（3）计算纵向受压钢筋面积 A'_s：

在本例中，轴力设计值已经给出，由式（3-2），且 $f_{yv} = 270\text{N/mm}^2$，$f'_y = 300\text{N/mm}^2$，$\alpha = 1$，则：

$$A'_s \geqslant \frac{\dfrac{N}{0.9} - f_c A_{cor} - 2\alpha f_{yv} A_{ss0}}{f'_y}$$

$$= \frac{\dfrac{2775000}{0.9} - 14.3 \times 89727 - 2 \times 1 \times 270 \times 1389}{300} = 3500\text{mm}^2$$

选用 8 Φ 25，实配 $A'_s = 3927\text{mm}^2$。

（4）验算：

$$l_0/d = 11.5 < 12$$

$$A_{ss0} = 1397\text{mm}^2 > 0.25A'_s = 0.25 \times 3927 = 982\text{mm}^2$$

1）计算构件的承载力 N_1：

$$\rho' = \frac{A_s'}{A} = \frac{4 \times 3927}{\pi \times 398^2} = 3.16\% > 3\%$$

由表 3-1 查得 $\varphi = 0.9575$。

构件的承载力为：

$$N_1 = 0.9\varphi(f_y'A_s' + f_cA_c)$$
$$= 0.9 \times 0.9575\left[300 \times 3927 + 14.3 \times \left(\frac{\pi}{4} \times 398^2 - 3927\right)\right]$$
$$= 2500\text{kN}$$

2）计算构件的承载力 N_2：

$$N_2 = 0.9(f_cA_{cor} + f_y'A_s' + 2\alpha f_{yv}A_{ss0})$$
$$= 0.9(14.3 \times 89727 + 300 \times 3927 + 2 \times 1 \times 270 \times 1389)$$
$$= 2890\text{kN}$$

由上面的计算可知：$N_2 > N_1$ 且 $N_2 < 1.5N_1 = 3773\text{kN}$。

因此，本例可以按上述结果配筋。

【例 3-6】 某门厅内底层现浇钢筋混凝土圆形截面柱，计算长度 $l_0 = 4.5\text{m}$，柱的直径为 $d = 410\text{mm}$，承受轴向压力设计值 $N = 2815\text{kN}$，混凝土强度等级 C30（$f_c = 14.3\text{N/mm}^2$），纵向钢筋采用 HRB400 级钢筋（$f_y' = 360\text{N/mm}^2$），箍筋采用 HRB335 级钢筋（$f_y = 300\text{N/mm}^2$），试设计该截面。

解：（1）确定是否考虑间接钢筋

$\dfrac{l_0}{d} = \dfrac{4500}{410} = 10.98 < 12$，所以需考虑间接钢筋，可设计成螺旋箍筋柱。

由表 3-1 查表 $\varphi = 0.93$。

（2）求 A_s'

假定纵向钢筋配筋率为 $\rho = 2.5\%$

$$A = \frac{\pi d^2}{4} = \frac{\pi \times 410^2}{4} = 131958.5\text{mm}^2$$

则

$$A_s' = 2.5\%A = 0.025 \times 131958.5 = 3299\text{mm}^2$$

选用 9 Φ 22。

（3）求 A_{ss0}

假定混凝土保护层厚度为 30mm，则混凝土核心直径为：

$$d_{cor} = 410 - 60 = 350\text{mm}$$

混凝土核心截面面积为：

$$A_{cor} = \frac{\pi d_{cor}^2}{4} = \frac{\pi \times 350^2}{4} = 96162.5\text{mm}^2$$

所需螺旋筋的面积为：

$$A_{ss0} = \frac{\dfrac{N}{0.9} - (f_cA_{cor} + f_y'A_s')}{2\alpha f_{yv}} = \frac{\dfrac{2815 \times 10^3}{0.9} - (14.3 \times 96162.5 + 360 \times 3299)}{2 \times 1.0 \times 300}$$
$$= 942\text{mm}^2 > 0.25A_s' = 0.25 \times 3299 = 825\text{mm}^2$$

满足构造要求。

（4）选择箍筋

假定箍筋直径为 8mm，则单肢箍筋截面面积 $A_{ss1} = 50.24mm^2$，则螺旋箍筋的最大间距为：

$$s = \frac{\pi d_{cor} A_{ss1}}{A_{ss0}} = \frac{\pi \times 350 \times 50.24}{942} = 59mm$$

取 $s = 500mm$，由于 $40mm < s < 80mm$，且 $s < \frac{d_{cor}}{5} = \frac{350}{5} = 70mm$，所以满足构造要求。

（5）复核柱的承载力

按以上要求配置纵筋和螺旋箍筋后，得：

$$A_{ss0} = \frac{\pi d_{cor} A_{ss1}}{s} = \frac{\pi \times 350 \times 50.24}{50} = 1104mm^2$$

$$N_u = 0.9(f_c A_{cor} + f'_y A'_s + 2\alpha f_{yv} A_{ss0})$$

$$= 0.9 \times (14.3 \times 96162.5 + 360 \times 3299 + 2 \times 1.0 \times 300 \times 1104)$$

$$= 2605 \times 10^3 N = 2605kN$$

由于

$$1.5 \times 0.9\varphi(f_c A + f'_c A'_s) = 1.5 \times 0.9 \times 0.93 \times (14.3 \times 131958.5 + 360 \times 1104)$$

$$= 2868 \times 10^3 N = 2868kN > N_u = 2605kN$$

满足要求。

【例 3-7】 已知某现浇钢筋混凝土柱，采用圆形截面，柱截面直径 $d = 2500mm$，承受轴向压力设计值 $N = 3000kN$，柱高 $H = 8.5m$，计算长度 $l_0 = 0.7H$。混凝土强度等级为 C30 级，纵筋采用 HRB335 级钢筋，箍筋采用 HPB300 级钢筋，采用螺旋箍筋。试设计该轴心受压柱。

解：（1）基本计算参数：

混凝土保护层厚度取 25mm

$$d_{cor} = (500 - 2 \times 25) = 450mm$$

$$A_{cor} = \frac{\pi d_{cor}^2}{4} \approx 159000mm^2$$

初选纵筋按配筋率 $\rho' = 1.5\% > \rho_{min} = 0.5\%$

$A'_s = \rho' A_{cor} = 1.5\% \times 159000mm^2 = 2385mm^2$，选用 8 Φ 20，$A'_s = 2513mm^2$

C30 级混凝土 $f_c = 14.3N/mm^2$，HRB335 级钢筋 $f'_y = 300N/mm^2$，HPB300 级钢筋，$f_y = 210N/mm^2$。

（2）计算螺旋箍筋：

C30 级混凝土 $\alpha = 1.0$。

$$A_{ss0} = \frac{N/0.9 - f_c A_{cor} - f'_y A'_s}{2\alpha f_{yv}}$$

$$= \frac{3000 \times 10^3/0.9 - 14.3 \times 159000 - 300 \times 2513}{2 \times 1.0 \times 210}$$

$$= 727.94mm^2 > 0.25A' = 0.25 \times 2513 = 628.25mm^2$$

满足要求。

选螺旋箍筋直径为 8mm，$A_{ss1}=50.3mm^2$，可得：

$$s = \pi d_{cor} A_{ss1}/A_{ss0} = 3.14 \times 450 \times 50.3/1389.3mm \approx 251.2mm$$

取 $s=50mm<d_{cor}/5=450/5=90mm$，及 $s<80mm$，满足要求。

且 $s=50mm>s_{min}=40mm$。

（3）按轴心受压普通钢箍柱计算承载力：

$$l_0/d=0.7 \times 8500/500=11.9<12，\varphi=0.92$$

$$N_u^{普} = 0.9\varphi(f_c A + f_y' A_s')$$

$$= 0.9 \times 0.92 \times \left(14.3 \times \frac{500^2 \pi}{4} + 300 \times 2513 \right)$$

$$= 2947.9kN > N^{间}/1.5 = 3000/1.5kN = 2000kN$$

满足要求，可考虑螺旋箍紧的间接作用。

【例 3-8】 某现浇的圆形钢筋混凝土柱，如图 3-2 所示，混凝土柱直径为 450mm，承受轴向压力设计值 $N=4680kN$，计算长度 $l_0=H=4.5m$，混凝土强度等级为 C30，环境类别为一类环境，柱中纵筋和箍筋分别采用 HRB400 和 HRB335 级钢筋，试进行该柱配筋计算。

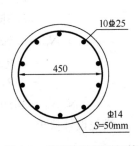

图 3-2 某现浇的圆形钢筋
混凝土柱

解：（1）先按普通箍筋柱计算：

混凝土强度等级为 C30，$f_c=14.3N/mm^2$；

HRB400 级钢筋，$f_y'=360N/mm^2$；

HRB335 级钢筋，$f_y=300N/mm^2$

由 $l_0/d=4500/450=10$，查表 3-1 得 $\varphi=0.9575$。

圆柱截面面积为：$A = \dfrac{\pi d^2}{4} = \dfrac{3.14 \times 450^2}{4} = 158962.5mm^2$

$$A_s' = \frac{\dfrac{N}{0.9\varphi} - f_c A}{f_y'} = \frac{\dfrac{4680 \times 10^3}{0.9 \times 0.9575} - 14.3 \times 158926.5}{360} = 8771.24mm^2$$

$$\rho' = A_s'/877124/158962.5 = 5.52\% > \rho_{max}' = 5\%$$

配筋率太高，因 $l_0/d=10<12$，若混凝土强度等级不再提高，则可改配螺旋箍筋，以提高柱的承载力。

（2）按配有螺旋式箍筋柱计算：

假定 $\rho'=3\%$，则 $A_s'=0.03A=0.03 \times 158962.5=4768.88mm^2$

选配纵筋为 10 Φ 25，实际 $A_s'=4909mm^2$

一类环境，$c=20mm$

假定螺旋箍筋直径为 14mm，则 $A_{ss1}=153.9mm^2$

混凝土核心截面直径为 $d_{cor}=450-2 \times (20+14)=382mm$

混凝土核心截面面积为 $A_{cor} = \dfrac{\pi d_{cor}^2}{4} = \dfrac{3.14 \times 382^2}{4} = 114550.34mm^2$

$$A_{ss0} = \frac{\frac{N}{0.9} - (f_c A_{cor} + f'_y A'_s)}{2\alpha f_{yv}}$$

$$= \frac{\frac{4680 \times 10^3}{0.9} - (14.3 \times 114550.34 + 4909)}{2 \times 1 \times 300} = 5928.4 \text{mm}^2$$

因 $A_{ss0} > 0.25 A'_s$，满足构造要求。

$$s = \frac{\pi d_{cor} A_{ss1}}{A_{ss0}} = \frac{3.14 \times 382 \times 153.9}{5928.4} = 31.14 \text{mm}$$

取 $s = 50$mm，满足 $40\text{mm} \leqslant s \leqslant 80$mm，且不超过 $0.2d_{cor} = 0.2 \times 358 = 72$mm 的要求。

则：

$$A_{ss0} = \frac{\pi d_{cor} A_{ss1}}{A_{ss0}} = \frac{3.14 \times 382 \times 153.9}{50} = 3692 \text{mm}^2$$

$$N_u = 0.9(f_c A_{cor} + f'_y A'_s + 2\alpha f_{yv} A_{ss0})$$
$$= 0.9(14.3 \times 114550.34 + 360 \times 4909 + 2 \times 1 \times 300 \times 3692)$$
$$= 5058.5 \text{kN} > N = 4680 \text{kN}$$
$$N_u = 0.9\varphi(f_c A + f'_y A'_s)$$
$$= 0.9 \times 0.9575 \times (14.3 \times 158962.5 + 360 \times 4909)$$
$$= 3481.81 \text{kN}$$
$$N/N_u = 4680/3481.8 = 1.344 < 1.5$$

满足设计要求。

3.3 偏心受压构件正截面承载力计算与实例

3.3.1 偏心受压构件正截面承载力计算一般规定

1. 基本假定

偏心受压构件正截面承载力计算采用与受弯构件正截面承载力计算相同的假定，即受压区混凝土的曲线应力图形用等效的矩形应力图形来代替。矩形应力图形的受压区高度 c 和矩形应力图的应力值 f_{ce} 分别为 $x = \beta_1 x_a$，$f_{ce} = \alpha_1 f_c$。

2. 大、小偏心受压界限破坏

大偏心受压破坏和小偏心受压破坏的破坏特征见表 3-2。

偏心受压构件破坏特征 表 3-2

类型	破 坏 特 征
大偏心受压破坏	当偏心距较大，且受拉钢筋配置不多时，将会产生受拉区钢筋先达到屈服强度的情况，使受拉区的钢筋应变急剧增加，受拉区裂缝扩展，受压区减小，最后受压区混凝土出现纵向裂缝而被压碎。这种破坏有明显的预兆，构件有较好的延性
小偏心受压破坏	当偏心距较小或很小，或者偏心距虽然较大，但配置了较多的受拉钢筋，构件截面全部或大部分受压，受压区混凝土首先被压碎，而远离纵向力一侧的钢筋，则可能受压或受拉，但均未屈服。这种破坏带有一定的脆性，破坏无明显预兆

在大偏心受压破坏和小偏心受压破坏之间存在着一种界限破坏，即在受拉区钢筋屈服的同时，受压区混凝土达极限压应变而被压碎，受拉混凝土开裂形成明显主裂缝。类似于受弯构件，其相对界限受压区高度 ξ_b 仍按式（2-10）取值。

当 $\xi \leqslant \xi_b$ 或 $x \leqslant \xi_b h_0$ 时，为大偏心受压破坏；

当 $\xi > \xi_b$ 或 $x > \xi_b h_0$ 时，为小偏心受压破坏。

3. 轴向力初始偏心距

一般轴向压力对截面重心的偏心距 $e_0 = \dfrac{M_q}{N_q}$，但由于荷载作用位置的偏差，混凝土质量的不均匀性以及施工造成的截面尺寸偏差等因素，将使轴向压力产生附加偏心距 e_a。因此，在偏心受压构件正截面承载力计算中，应计入轴向压力在偏心方向存在的附加偏心距 e_a。轴向力的初始偏心距 e_i 可按下式计算：

$$e_i = e_0 + e_a \tag{3-5}$$

其中附加偏心距 e_a 的值应取 20mm 和偏心方向截面最大尺寸的 1/30 两者中的较大值。

4. 计算长度 l_0

轴心受压和偏心受压柱的计算长度 l_0 可按下列规定采用：

①对刚性屋盖的单层房屋排架柱、露天吊车柱和栈桥柱，其计算长度 l_0 可按表 3-3 的规定取用。

采用刚性屋盖的单层房屋排架柱、露天吊车柱和栈桥柱的计算长度 l_0 表 3-3

柱的类型		l_0		
		排架方向	垂直排架方向	
			有柱间支撑	无柱间支撑
无吊车房屋柱	单跨	1.5H	1.0H	1.2H
	两跨及多跨	1.25H	1.0H	1.2H
有吊车房屋柱	上柱	2.0H_u	1.25H_u	1.5H_u
	下柱	1.0H_l	0.8H_l	1.0H_l
露天吊车柱和栈桥柱		2.0H_l	1.0H_l	—

注：1. 表中 H 为从基础顶面算起的柱子全高；H_l 为从基础顶面至装配式吊车梁底面或现浇式吊车梁顶面的柱子下部高度；H_u 为从装配式吊车梁底面或从现浇式吊车梁顶面算起的柱子上部高度。

    2. 表中有吊车房屋排架柱的计算长度，当计算中不考虑吊车荷载时，可按无吊车房屋柱的计算长度采用，但上柱的计算长度仍可按有吊车房屋采用。

    3. 表中有吊车房屋排架柱的上柱在排架方向的计算长度，仅适用于 $H_u/H_l \geqslant 0.3$ 的情况，当 $H_u/H_l < 0.3$ 时，计算长度宜采用 2.5H_u。

②一般多层房屋中梁柱为刚接的框架结构，各层柱段的计算长度 l_0 按表 3-4 的规定取用。

框架结构各层柱段的计算长度 l_0 表 3-4

楼盖类型	柱的类型	l_0	楼盖类型	柱的类型	l_0
现浇楼盖	底层柱	1.0H	装配式楼盖	底层柱	1.25H
	其余各层柱	1.25H		其余各层柱	1.5H

注：表中 H 对底层柱为从基础顶面到一层楼盖顶面的高度；对其余各层柱为上、下两层楼盖顶面之间的高度。

3.3.2 矩形截面偏心受压构件承载力计算

1. 大偏心受压构件

（1）基本计算公式。如图 3-3 所示为大偏心受压的受力图。受压钢筋与受拉钢筋均达到屈服强度，混凝土简化为矩形应力图形，且达 $\alpha_1 f_c$ 值。

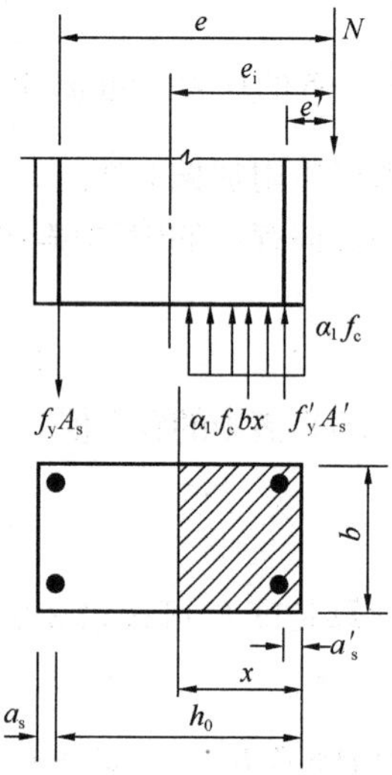

根据静力平衡条件，可得：

$$N \leqslant \alpha_1 f_c bx + f'_y A'_s - f_y A_s \tag{3-6}$$

$$Ne \leqslant \alpha_1 f_c bx\left(h_0 - \frac{x}{2}\right) + f'_y A'_s(h_0 - a'_s) \tag{3-7}$$

公式（3-7）为对受拉钢筋重心取矩。

式中 A_s、A'_s——受拉钢筋和受压钢筋的截面面积；

a'_s——受压钢筋的截面重心到相邻混凝土边缘的距离；

f_y、f'_y——受拉钢筋和受压钢筋的强度设计值；

e——偏心压力 N 的作用点到受拉钢筋重心的距离，其值可按式（3-8）求得：

$$e = e_i + \frac{h}{2} - a_s \tag{3-8}$$

e_i——初始偏心距，$e_i = e_0 + e_a$；

e_a——附加偏心距，e_a 取 20mm 和 $h/30$ 两者较大值，h 为偏心方向截面最大尺寸；

a_s——受拉钢筋的截面重心到相邻混凝土边缘的距离。

图 3-3   大偏心受压的受力图

（2）公式适用条件。

1）为保证构件破坏时，受拉钢筋达到屈服强度，应满足：$\xi \leqslant \xi_b$（或 $x \leqslant \xi_b h_0$）。

2）为保证构件破坏时，受压钢筋达到屈服强度，应满足：$x \geqslant 2a'_s$。

当 $x < 2a'_s$ 时，近似取 $x = 2a'_s$，且对 A'_s 重心取力矩平衡：

$$Ne' = f_y A_s(h_0 - a'_s) \tag{3-9}$$

$$e' = e_i - h/2 + a'_s \tag{3-10}$$

式中 e'——N 作用点到 A'_s 合力点之间距离。

2. 小偏心受压构件

如图 3-4 所示为小偏心的受力图式。

根据静力平衡条件得下列基本计算公式：

$$N \leqslant \alpha_1 f_c bx + f'_y A'_s - \sigma_s A_s \tag{3-11}$$

$$Ne \leqslant \alpha_1 f_c bx\left(h_0 - \frac{x}{2}\right) + f'_y A'_s(h_0 - a'_s) \tag{3-12}$$

若对受压钢筋 A'_s 取矩，可得：

$$Ne' = \alpha_1 f_c bx(0.5x - a'_s) - \sigma_s A_s(h_0 - a'_s) \tag{3-13}$$

$$e' = 0.5h - e_i - a'_s \tag{3-14}$$

式中 σ_s——远离轴向压力一侧的纵向钢筋的应力，应符合 $-f'_y \leqslant \sigma_s \leqslant f_y$ 要求，可近似取为：

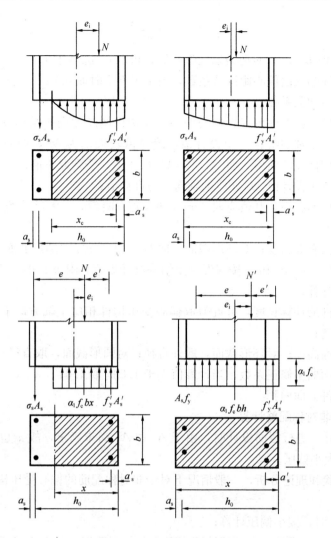

图 3-4 小偏心受压的受力图式

$$\sigma_s = \frac{f_y}{\xi_b - \beta_1}(\xi - \beta_1) \tag{3-15}$$

当混凝土强度等级不大于 C50 时，$\beta_1 = 0.8$，式（3-15）可改为：

$$\sigma_s = \frac{f_y}{\xi_b - 0.8}(\xi - 0.8) \tag{3-16}$$

3. 考虑二阶效应后偏心受压构件控制截面的弯矩设计值

除排架结构柱外，其他偏心受压构件考虑轴向压力在挠曲杆件中产生的二阶效应后控制截面弯矩设计值应按下列公式计算：

$$M = C_m \eta_{ns} M_2 \tag{3-17}$$

$$C_m = 0.7 + 0.3 \frac{M_1}{M_2} \tag{3-18}$$

$$\eta_{ns} = 1 + \frac{1}{1300(M_2/N + e_a)/h_0}\left(\frac{l_c}{h}\right)^2 \xi_c \tag{3-19}$$

$$\xi_c = \frac{0.5 f_c A}{N} \tag{3-20}$$

当 $C_m \eta_{ns}$ 小于 1.0 时取 1.0；对剪力墙及核心筒，可取 $C_m \eta_{ns}$ 等于 1.0。

式中 C_m——构件端截面偏心距调节系数，当小于 0.7 时取 0.7；

η_{ns}——弯矩增大系数；

M_1、M_2——分别为已考虑侧移影响的偏心受压构件两端截面按结构弹性分析确定的对同一主轴的组合弯矩设计值，绝对值较大端为 M_2，绝对值较小端为 M_1，当构件按单曲率弯曲时，M_1/M_2 取正值，否则取负值；

N——与弯矩设计值 M_2 相应的轴向压力设计值；

e_a——附加偏心距，其值应取 20mm 和偏心方向截面最大尺寸的 1/30 两者中的较大值；

h_0——截面有效高度；对环形截面，取 $h_0 = r_2 + r_s$；对圆形截面，取 $h_0 = r + r_s$；此处，r、r_2 和 r_s 按《混凝土结构设计规范》附录 E 第 E.0.3 条和第 E.0.4 条计算；

l_c——构件的计算长度，可近似取偏心受压构件相应主轴方向上下支撑点之间的距离；

h——截面高度；对环形截面，取外直径；对圆形截面，取直径；

ζ_c——截面曲率修正系数，当计算值大于 1.0 时取 1.0；

A——构件截面面积。

4. 受压构件非对称配筋计算

（1）截面设计。进行截面设计时，由于 A_s 和 A'_s 尚未确定，故 x 也不能确定，因此无法用 ξ 来判定大小偏压。

根据设计经验和理论分析，一般情况下对于非对称配筋的偏心受压构件，可用下式来进行判别：

当 $e_i \leqslant 0.3 h_0$ 时，按小偏压计算；

当 $e_i > 0.3 h_0$ 时，可先按大偏压计算，当求出 x 再验算其是否满足适用条件，如不满足，再按小偏压计算。

1）大偏心受压构件的计算。

① 当受拉钢筋 A_s 和受压钢筋 A'_s 均未知时，从式（3-6）和式（3-7）可以看出，两个方程共有三个未知量，即 A_s、A'_s、x 均未知。为使总用钢量（$A_s + A'_s$）最小，可补充条件 $x = \xi_b h_0$，代入式（3-7）得：

$$A'_s = \frac{Ne - \alpha_1 f_c b h_0^2 \xi_b (1 - 0.5 \xi_b)}{f'_y (h_0 - a'_s)} \tag{3-21}$$

将上式代入式（3-6），可得：

$$A_s = \frac{\alpha_1 f_c b h_0 + f'_y A'_s - N}{f_y} \tag{3-22}$$

若按式（3-21）求得的 $A'_s < \rho'_{min} bh$ 时，应取 $A'_s = \rho'_{min} bh$，再按 A'_s 为已知的情况计算 A_s。若按式（3-22）求得的 $A_s < \rho_{min} bh$ 时，应取 $A_s = \rho_{min} bh$。

② 当受压钢筋 A'_s 已知时，可以直接按基本式计算，方法如下：

由式（3-7）得混凝土受压区高度为：

$$x = h_0 - \sqrt{h_0^2 - \frac{2[Ne - f'_y A'_s(h_0 - a'_s)]}{\alpha_1 f_c b}} \tag{3-23}$$

若 $2a'_s \leqslant x \leqslant \xi_b h_0$，代入式（3-6）得：

$$A_s = \frac{\alpha_1 f_c bx + f'_y A'_s - N}{f_y} \tag{3-24}$$

若计算中出现 $x > \xi_b h_0$，则说明 A'_s 配置太少，应加大 A'_s，按 A'_s 为未知的情况重新计算；

若出现 $x < 2a'_s$，则按式（3-9）计算 A_s，得：

$$A_s = \frac{N(e_i - 0.5h + a'_s)}{f_y(h_0 - a'_s)} \tag{3-25}$$

以上求得的 A_s 应满足最小配筋率的要求。

也可以仿照双筋矩形截面受弯构件的计算方法，将式（3-6）和式（3-7）分解为两部分：

$$M_1 = f'_s A'_s(h_0 - a'_s) \tag{3-26}$$

$$A_{s1} = \frac{f'_y A'_s}{f_y} \tag{3-27}$$

则
$$M_2 = Ne - M_1 = \alpha_1 f_c bx(h_0 - 0.5x) \tag{3-28}$$

然后用与单筋矩形截面相类似的方法，用查表法得 A_{s2}，最后得：

$$A_s = A_{s1} + A_{s2} - \frac{N}{f_y} \tag{3-29}$$

2）小偏心受压构件的计算。

①计算 A_s。由于式（3-11）、式（3-12）有三个未知量，可补充一个条件进行求解。为使用钢量最少，可按最小配筋率确定 A_s，即取 $A_s = \rho_{min} bh$。

同时为了避免受压构件在离轴向压力较远一侧的混凝土先发生破坏，矩形截面非对称配筋的小偏心受压构件，当 $N > f_c bh$ 时应按下式计算 A_s，如图 3-5 所示：

$$A_s = \frac{N[0.5h - a'_s - (e_0 - e_a)] - \alpha_1 f_c bh(h'_0 - 0.5h)}{f'_y(h'_0 - a_s)} \tag{3-30}$$

在上述两者中取较大者作为 A_s 的值。

当 $N \leqslant f_c bh$ 时，按式（3-30）计算的 A_s 不起控制作用，故可不进行计算。

② 计算 A'_s。求得 A_s 后，将其代入式（3-11）、式（3-12），并取 $\sigma_s = \frac{\xi - 0.8}{\xi_b - 0.8} f_y$（当混凝土强度等级不大于 C50 时），得：

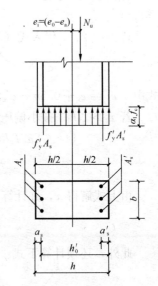

图 3-5 远离轴向压力一侧混凝土被压碎时的计算简图

$$x^2 - 2\left[a'_s - \frac{f_y A_s (h_0 - a'_s)}{\alpha_1 f_c b h_0 (0.8 - \xi_b)}\right]x - \left[\frac{2Ne'}{\alpha_1 f_c b} + \frac{1.6 f_y A_s}{\alpha_1 f_c b (0.8 - \xi_b)}(h_0 - a'_s)\right] = 0$$

(3-31)

由上式可解得 x。

若 $\xi = \dfrac{x}{h_0} \leqslant 2\beta_1 - \zeta_b$，或简化为 $\xi = \dfrac{x}{h_0} \leqslant 1.6 - \zeta_b$，则将 x 直接代入式 (3-12)，得：

$$A'_s = \frac{Ne - \alpha_1 f_c bx (h_0 - 0.5x)}{f'_y (h_0 - a'_s)}$$

(3-32)

且应满足 $A'_s \geqslant \rho_{\min} bh = 0.002bh$。

若 $1.6 - \xi_b < \zeta < h/h_0$，则取 $\sigma_s = -f'_y$ 然后由基本式求解。

若 $\xi < h/h_0$，取 $x = h$，$\sigma_s = -f'_y$，代入基本式求解。

(2) 截面复核。截面复核时，一般已知截面尺寸 b、h，混凝土和钢筋强度设计值、钢筋截面面积 A_s 和 A'_s、构件计算长度 l_0，偏心距 e_0，验算截面设计轴力 N。

通常要在弯矩作用平面和垂直于弯矩作用平面进行承载力复核。

1) 弯矩作用平面内承载力复核。先由式 (3-5) 确定初始偏心距 e_i。

当 $e_i > 0.3h_0$ 时，可先按大偏压计算。对轴向力 N 作用点取矩，得

$$\alpha_1 f_c bx (e - h_0 + 0.5x) - f_y A_s e + f'_y A'_s e' = 0$$

(3-33)

由上式解得：

$$x = \left(\frac{h}{2} - \eta e_i\right) + \sqrt{\left(\frac{h}{2} - \eta e_i\right)^2 + \frac{2(f_y A_s e - f'_y A'_s e')}{\alpha_1 f_c b}}$$

(3-34)

其中：

$$e = e_i + 0.5h - a_s$$
$$e' = e_i + 0.5h - a'_s$$

若 $x \leqslant \zeta_b h_0$。且 $x \geqslant a'_s$ 时，代入式 (3-6) 得：

$$N = \alpha_1 f_c bx + f'_y A'_s - f_y A_s$$

(3-35)

若 $x < 2a'_s$，代入式 (3-9) 得：

$$N = \frac{f_y A_s (h_0 - a'_s)}{e'}$$

(3-36)

式中 $e' = e_i + 0.5h - a'_s$。

若 $x > \zeta_b h_0$，按小偏压计算。对轴向力 N 作用点取矩，得：

$$\alpha_1 f_c bx (0.5x - e' - a'_s) - f'_y A'_s e' + \sigma_s A_s e = 0$$

(3-37)

$$\sigma_s = \frac{\xi - 0.8}{\xi_b - 0.8} f_y$$

(3-38)

由上式解得 x，并计算 ξ、σ_s，再根据式 (3-12) 求得：

$$N = \alpha_1 f_c b\xi h_0 + f'_y A'_s - \frac{\xi - 0.8}{\xi_b - 0.8} A_s$$

(3-39)

此外，还须计算下式：

$$N = \frac{\alpha_1 f_c bh \left(h'_0 - \dfrac{h}{2}\right) + f'_y A_s (h'_0 - a_s)}{\left[\dfrac{h}{2} - a'_s - (e_0 - e_a)\right]}$$

(3-40)

2）垂直于弯矩作用平面的承载力复核。当构件截面尺寸在两个方向不同时，还应校核垂直于弯矩作用平面的承载力。此时，可按轴心受压构件进行计算，不计入弯矩的作用，但应考虑稳定系数 φ 的影响

5. 受压构件对称配筋计算

在实际工程中，偏心受压构件在不同荷载效应组合作用下可能分别承受正、负弯矩的作用，为了便于设计与施工，当相反方向的弯矩相差不大时，通常采用对称配筋，即 $A_s = A'_s$，$f_y = f'_y$。

（1）截面设计。由于对称配筋时，$A_s = A'_s$，$f_y = f'_y$，则由式（3-6）得：

$$N = \alpha_1 f_c bx \tag{3-41}$$

所以 $x = \dfrac{N}{\alpha_1 f_c b}$。

当 $x \leqslant \xi_b h_0$ 时，为大偏心受压破坏；

当 $x > \xi_b h_0$ 时，为小偏心受压破坏。

1）大偏心受压构件的计算。若 $2a'_s \leqslant x \leqslant \xi_b h_0$ 时，由式（3-7）得：

$$A_s = A'_s = \frac{Ne - \alpha_1 f_c bx(h_0 - 0.5x)}{f'_y(h_0 - a'_s)} \tag{3-42}$$

$$e = e_i + 0.5h - a_s$$

若出现 $x < 2a'_s$，则按式（3-43）计算 A_s，得：

$$A_s = A'_s = \frac{Ne'}{f_y(h_0 - a'_s)} \tag{3-43}$$

$$e' = e_i + 0.5h - a'_s$$

且应满足 $A_s = A'_s \geqslant \rho_{min} bh = 0.002bh$ 的要求。

2）小偏心受压构件的计算。将 $A_s = A'_s$，$f_y = f'_y$ 代入式（3-11）、式（3-12）后，得到 ξ 的三次方程，为简化计算，可按下列近似式求解：

$$\xi = \frac{N - \xi_b \alpha_1 f_c bh_0}{\dfrac{Ne - 0.43\alpha_1 f_c bh_0^2}{(\beta_1 - \xi_b)(h_0 - a'_s)} + \alpha_1 f_c bh_0} + \xi_b \tag{3-44}$$

当混凝土强度等级小于 C50 时，$\alpha_1 = 1.0$，$\beta_1 = 0.8$，式（3-44）可简化为：

$$\xi = \frac{N - \xi_b f_c bh_0}{\dfrac{Ne - 0.43 f_c bh_0^2}{(0.8 - \xi_b)(h_0 - a'_s)} + f_c bh_0} + \xi_b \tag{3-45}$$

$$A_s = A'_s = \frac{Ne - \xi(1 - 0.5\xi)\alpha_1 f_c bh_0^2}{f'_y(h_0 - a'_s)} \tag{3-46}$$

同时应满足 $A_s = A'_s \geqslant \rho_{min} bh = 0.002bh$ 的要求。

（2）截面复核。对称配筋的截面复核，可按与非对称配筋基本相同的方法进行计算。

6. 计算实例

【例 3-9】 已知某偏心受压柱，截面尺寸为 $b \times h = 200\text{mm} \times 400\text{mm}$，轴向压力设计值 $N = 900\text{kN}$，柱两端弯矩设计值分别为 $M_1 = 400\text{kN} \cdot \text{m}$，$M_2 = 450\text{kN} \cdot \text{m}$，偏心距 $e_0 = 14\text{mm}$，$l_c/h = 20$，混凝土强度等级为 C20（$f_c = 9.6\text{N/mm}^2$），钢筋采用 HRB335 级，试计算构件弯矩增大系数 η_{ns} 值（考虑二阶效应）。

解：

$$\zeta_c = \frac{0.5 f_c A}{N} = \frac{0.5 \times 9.6 \times 200 \times 400}{900 \times 10^3} = 0.43$$

$e_a = h/30 = 400/30 = 13.33\text{mm}$，取 $e_a = 20\text{mm}$，$h_0 = 400 - 35 = 365\text{mm}$

$$\eta_{ns} = 1 + \frac{1}{1300(M_2/N + e_a)/h_0}\left(\frac{l_c}{h}\right)^2 \zeta_c$$

$$= 1 + \frac{1}{1300(450 \times 10^6/900 \times 10^3)/365} \times 20^2 \times 0.43 = 1.1$$

【例 3-10】 已知某矩形截面钢筋混凝土柱，设计使用年限为 50 年，环境类别为一类。截面柱尺寸为 $b = 400\text{mm}$，$h = 600\text{mm}$，柱的计算长度 $l_0 = 7.2\text{m}$。承受轴向压力设计值 $N = 1000\text{kN}$，弯矩设计值 $M = 492\text{kN·m}$（不考虑二阶效应）。该柱采用 HRB400 级钢筋（$f_y = f_y' = 360\text{N/mm}^2$），混凝土强度等级为 C25（$f_c = 11.9\text{N/mm}^2$，$f_t = 1.27\text{N/mm}^2$）。若采用非对称配筋，试求纵向钢筋截面面积并绘截面配筋图。

解：（1）材料强度和几何参数

C25 混凝土，$f_c = 11.9\text{N/mm}^2$

HRB400 级钢筋 $f_y = f_y' = 360\text{N/mm}^2$

HRB400 级钢筋，C25 混凝土，$\xi_b = 0.518$，$\alpha_1 = 1.0$，$\beta = 0.8$

由于构件的环境类别为一类，柱类构件及设计使用年限按 50 年考虑，构件最外层钢筋的保护层厚度为 20mm，对混凝土强度等级不超过 C25 的构件要多加 5mm，初步确定受压柱箍筋直径采用 8mm，柱受力纵筋为 20～25mm，则取 $a_s = a_s' = 20 + 5 + 8 + 12 = 45\text{mm}$。

$$h_0 = h - a_s = 600 - 45 = 555\text{mm}$$

（2）计算 e_i 判别大小偏心受压

$$e_0 = \frac{M}{N} = \frac{492 \times 10^6}{1000 \times 10^3} = 492\text{mm}$$

$$e_i = e_0 + e_a = 492 + 20 = 512\text{mm} > 0.3h_0 = 0.3 \times 555 = 166.5\text{mm}$$

可先按大偏心受压计算。

（3）计算 A_s 及 A_s'

因为 A_s 及 A_s' 均为未知，取 $\xi = \xi_b = 0.518$，且 $\alpha_1 = 1.0$

$$e = e_i + \frac{h}{2} - a_s = 512 + 300 - 45 = 767\text{mm}$$

$$A_s' = \frac{Ne - \alpha_1 f_c b h_0^2 \xi_b (1 - 0.5\xi_b)}{f_y'(h_0 - a_s)}$$

$$= \frac{1000 \times 10^3 \times 767 - 1.0 \times 11.9 \times 400 \times 555^2 \times 0.518 \times (1 - 0.5 \times 0.518)}{360 \times (555 - 45)}$$

$$= 1112\text{mm}^2 > 0.002hb = 480\text{mm}^2$$

$$A_s = \frac{\alpha_1 f_c b h_0 \xi_b + f_y' A_s' - N}{f_y}$$

$$= \frac{1.0 \times 11.9 \times 400 \times 555 \times 0.518 + 360 \times 1108.65 - 1000 \times 10^3}{360}$$

$$= 2135.48\text{mm}^2$$

（4）选择钢筋及截面配筋图

选择受压钢筋为 3 Φ 22（$A'_s = 1140\text{mm}^2$）；受拉钢筋为 3 Φ 25＋2 Φ 22（$A_s = 2233\text{mm}^2$）。

则 $A'_s + A_s = 1140 + 2233 = 3373\text{mm}^2$，全部纵向钢筋的配筋率：

$$\rho = \frac{3373}{400 \times 600} = 1.4\% > 0.55\%$$

满足要求。

箍筋按构造要求选用，配筋图如图 3-6 所示。

【例 3-11】 已知某矩形截面偏心受压柱，其截面尺寸为 $b \times h = 300\text{mm} \times 500\text{mm}$，计算长度 $l_0 = 3.5\text{m}$，$a_s = a'_s = 40\text{mm}$，承受轴向压力设计值 $N = 810\text{kN}$，弯矩设计值 $M = 160\text{kN·m}$（不考虑二阶效应），混凝土强度等级 C25（$f_c = 11.9\text{N/mm}^2$），纵向钢筋采用 HRB335 级钢筋（$f_y = f'_y = 300\text{N/mm}^2$），试计算所需钢筋截面面积 A_s 和 A'_s。

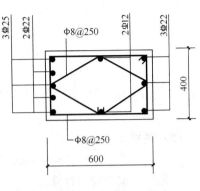

图 3-6 配筋图

解：（1）计算 e_i：

$$e_0 = \frac{M}{N} = \frac{160 \times 10^6}{810 \times 10^3} = 198\text{mm}$$

由于 $\dfrac{h}{30} = \dfrac{500}{30} = 17\text{mm} < 20\text{mm}$，所以 $e_a = 20\text{mm}$。

$$e_i = e_0 + e_a = 198 + 20 = 218\text{mm}$$

（2）判别大、小偏压：

$$e_i = 218\text{mm} > 0.3h_0 = 0.3 \times 460 = 138\text{mm}$$

可先按大偏心受压计算。

（3）计算 A'_s：

$$e = e_i + 0.5h - a_s = 218 + 0.5 \times 500 - 40 = 428\text{mm}$$

$$
\begin{aligned}
A'_s &= \frac{Ne - \alpha_1 f_c b h_0^2 \xi_b (1 - 0.5\xi_b)}{f'_y(h_0 - a'_s)} \\
&= \frac{815 \times 10^3 \times 1428 - 1.0 \times 11.9 \times 300 \times 460^2 \times 0.55 \times (1 - 0.5 \times 0.55)}{300 \times (460 - 40)} \\
&= 378\text{mm}^2 > \rho'_{min} bh = 0.002 \times 300 \times 500 = 300\text{mm}^2
\end{aligned}
$$

（4）计算 A_s：

$$
\begin{aligned}
A_s &= \frac{\alpha_1 f_c b h_0 + f'_y A'_s - N}{f_y} \\
&= \frac{1.0 \times 11.9 \times 0.55 \times 300 \times 460 + 300 \times 378 - 815 \times 10^3}{300} \\
&= 672\text{mm}^2
\end{aligned}
$$

（5）配置钢筋：

根据以上计算，实选受压钢筋 5 Φ 10（$A'_s = 393\text{mm}^2$），受拉钢筋 6 Φ 12（$A_s = 678\text{mm}^2$）。

【例3-12】 已知矩形截面偏心受压柱的截面尺寸为 $b \times h = 300mm \times 400mm$，计算长度 $l_0 = 3.0m$，$a_s = a'_s = 40mm$，承受轴向压力设计值 $N = 345kN$，弯矩设计值 $M = 205kN \cdot m$（不考虑二阶效应），混凝土强度等级 C30（$f_c = 14.3N/mm^2$），纵向钢筋采用 HRB400 级钢筋（$f_y = f'_y = 360N/mm^2$），已配置受压钢筋 4 Φ 22（$A'_s = 1520mm^2$），求所需受拉钢筋截面面积 A_s。

解：（1）计算 e_i

$$h_0 = h - a_s = 400 - 40 = 360mm$$

$$e_0 = \frac{M}{N} = \frac{205 \times 10^6}{345 \times 10^3} = 594mm$$

由于 $\frac{h}{30} = \frac{400}{300} = 13.3mm < 20mm$，故取 $e_a = 20mm$。

$$e_i = e_0 + e_a = 594 + 20 = 614mm$$

（2）判别大、小偏压

$$e_i = 614mm > 0.3h_0 = 0.3 \times 360 = 108mm$$

可先按大偏心受压计算。

（3）求 A_s

$$e = e_i + 0.5h - a_s = 614 + 0.5 \times 400 - 40 = 774mm$$

$$M_1 = f'_y A'_s (h_0 - a'_s) = 360 \times 1520 \times (360 - 40) = 175104000N \cdot mm$$

$$M_2 = Ne - M_1 = 345 \times 10^3 \times 774 - 175104000 = 91926000N \cdot mm$$

$$\alpha_s = \frac{M_2}{\alpha_1 f_c b h_0^2} = \frac{91926000}{1.0 \times 14.3 \times 300 \times 360^2} = 0.165$$

查表 2-5 得

$$\xi = 0.181 < \frac{2a'_s}{h_0} = \frac{2 \times 40}{360} = 0.222$$

表明混凝土受压区高度 $x < 2a'_s$，则

$$A_s = \frac{N(e_i - 0.5h + a'_s)}{f_y(h_0 - a'_s)} = \frac{345 \times 10^3 \times (614 - 0.5 \times 400 + 40)}{360 \times (360 - 40)} = 1360mm^2$$

（4）配置钢筋

实选受拉钢筋 2 Φ 20 + 2 Φ 22（$A_s = 1388mm^2$）。

【例3-13】 某矩形截面钢筋混凝土偏心受压柱，其截面尺寸为 $b \times h = 400mm \times 600mm$，计算长度 $l_0 = 7.0m$，$a_s = a'_s = 40mm$，承受轴向压力设计值 $N = 3000kN$，弯矩设计值 $M = 109kN \cdot m$，混凝土强度等级 C30（$f_c = 14.3N/mm^2$），纵向钢筋采用 HRB400 级钢筋（$f_y = f'_y = 360N/mm^2$），试计算所需钢筋截面面积 A_s 和 A'_s。

解：（1）计算 e_i：

$$e_0 = \frac{M}{N} = \frac{109 \times 10^6}{3000 \times 10^3} = 36mm$$

由于 $\frac{h}{30} = \frac{600}{30} = 20mm$，故取 $e_a = 20mm$。

$$e_i = e_0 + e_a = 36 + 20 = 56mm$$

$$h_0 = h - a_s = 600 - 40 = 560mm$$

（2）判别大、小偏压：

$$e_i = 56\text{mm} < 0.3h_0 = 0.3 \times 560 = 168\text{mm}$$

故按小偏心受压计算。

（3）计算 A_s：

由于 $N = 3000\text{kN} < f_c bh = 14.3 \times 400 \times 600 = 3432 \times 10^3 \text{N}$，故取

$$A_s = \rho_{min} bh = 0.002 \times 400 \times 600 = 480\text{mm}^2$$

（4）计算 A'_s：

$$x^2 - 2\left[a'_s - \frac{f_y A_s (h_0 - a'_s)}{\alpha_1 f_c bh_0 (0.8 - \xi_b)}\right]x - \left[\frac{2Ne'}{\alpha_1 f_c b} + \frac{1.6 f_y A_s}{\alpha_1 f_c b}(h_0 - a'_s)\right] = 0$$

计算 x，其中已知参数：

$$e' = 0.5h - a'_s - (e_0 - e_a) = [0.5 \times 600 - 40 - (36 - 20)] = 244\text{mm}$$

$$\frac{2Ne'}{\alpha_1 f_c b} = \frac{2 \times 3000 \times 10^3 \times 244}{1.0 \times 14.3 \times 400} = 255944$$

$$\frac{f_y A_s}{\alpha_1 f_c b}(h_0 - a'_s) = \frac{360 \times 509 \times (560 - 40)}{1.0 \times 14.3 \times 400 \times (0.8 - 0.518)} = 59072$$

代入方程中得：

$$x^2 - 2 \times \left(40 - \frac{59072}{560}\right)x - (255944 + 1.6 \times 59072) = 0$$

$$x^2 + 131x - 350459 = 0$$

解得 $x = 530\text{mm}$。

则：$\xi = \dfrac{x}{h_0} = \dfrac{530}{560} = 0.946 < 1.6 - \xi_b = 1.6 - 0.518 = 1.0820$

$$e = e_i + 0.5h - a_s = 56 + 0.5 \times 600 - 40 = 316\text{mm}$$

$$A'_s = \frac{Ne - \alpha_1 f_c bx (h_0 - 0.5x)}{f'_y (h_0 - a'_s)}$$

$$= \frac{3000 \times 10^3 \times 316 - 1.0 \times 14.3 \times 400 \times 530 \times (560 - 0.5 \times 530)}{360 \times (560 - 40)}$$

$$= 287\text{mm}^2$$

实配 6 Φ 8（$A'_s = 302\text{mm}^2$）。

【例 3-14】 已知某矩形截面偏心受压柱，其截面尺寸为 $b \times h = 300\text{mm} \times 500\text{mm}$，计算长度 $l_0 = 5.8\text{m}$，$a_s = a'_s = 40\text{mm}$，承受轴向压力设计值 $N = 600\text{kN}$，弯矩设计值 $M = 223\text{kN} \cdot \text{m}$，混凝土强度等级 C30（$f_c = 14.3\text{N/mm}^2$），纵向钢筋采用 HRB335 级钢筋（$f_y = f'_y = 300\text{N/mm}^2$），采用对称配筋，试计算所需纵向受力钢筋截面面积 A_s 和 A'_s。

解：（1）计算 e_i：

$$e_0 = \frac{M}{N} = \frac{223 \times 10^6}{600 \times 10^3} = 372\text{mm}$$

由于 $\dfrac{h}{30} = \dfrac{500}{30} = 17\text{mm} < 20\text{mm}$，故取 $e_a = 20\text{mm}$。

$$e_i = e_0 + e_a = 372 + 20 = 392\text{mm}$$

$$N = N_q = 600\text{kN}$$

（2）判别大、小偏压：

$$x=\frac{N}{\alpha_1 f_c b}=\frac{600\times10^3}{1.0\times14.3\times300}=139.86mm<\xi_b h_0=0.55\times460mm=253mm$$

故按大偏心受压计算。

（3）计算 A_s 和 A'_s：

由于 $x=139.86mm>2a'_s=2\times40mm=80mm$

$$e=e_i+0.5h-a_s=392+0.5\times500-40=602mm$$

$$A_s=A'_s=\frac{Ne-\alpha_1 f_c bx\ (h_0-0.5x)}{f'_y\ (h_0-a'_s)}$$

$$=\frac{600\times10^3\times602-1.0\times14.3\times300\times139.86\times\ (460-0.5\times139.86)}{300\times\ (460-40)}$$

$$=1009mm^2$$

A_s 和 A'_s 各选用 5 Φ 16（$A_s=A'_s=1005mm^2$）。

【例 3-15】 已知矩形截面偏心受压柱的截面尺寸为 $b\times h=300mm\times400mm$，计算长度 $l_0=3.0m$，$a_s=a'_s=40mm$，承受轴向压力设计值 $N=342kN$，弯矩设计值 $M=128kN\cdot m$，混凝土强度等级 C30（$f_c=14.3N/mm^2$），纵向钢筋采用 HRB400 级钢筋（$f_y=f'_y=360N/mm^2$），采用对称配筋，求所需纵向受力钢筋的截面面积 A_s 和 A'_s。

解：（1）计算 e_i：

$$h_0=h-a_s=400-40=360mm$$

$$e_0=\frac{M}{N}=\frac{128\times10^6}{342\times10^3}=374mm$$

由于 $\frac{h}{30}=\frac{400}{30}=13.3mm<20mm$，故取 $e_a=20mm$。

则：

$$e_i=e_0+e_a=374+20=394mm$$

（2）判别大、小偏压：

$$x=\frac{N}{\alpha_1 f_c b}=\frac{342\times10^3}{1.0\times14.3\times300}=79.7mm<\xi_b h_0=0.518\times360=186mm$$

故按大偏心受压计算。

（3）计算 A_s 和 A'_s：

由于 $x=79.7mm<2a'_s=2\times40=80mm$，则：

$$e'=e_i-0.5h+a'_s=394-0.5\times400+40=234mm$$

$$A_s=A'_s=\frac{Ne'}{f_y\ (h_0-a'_s)}=\frac{342\times10^3\times234}{360\times\ (360-40)}=695mm^2$$

A_s 和 A'_s 各选用 9 Φ 10（$A_s=A'_s=707mm^2$）。

【例 3-16】 已知某矩形截面柱子尺寸 $b\times h=400mm\times700mm$，设计使用年限为 50 年，环境类别为一类，承受轴向压力设计值 $N=1000kN$，柱两端弯矩设计值分别为 $M_1=M_2=105kN\cdot m$。采用混凝土强度等级为 C25（$f_c=11.9N/mm^2$，$\alpha_1=1.0$，$\beta=0.8$），HRB335 级纵向钢筋（$f_y=f'_y=300N/mm^2$，$\xi_b=0.55$），柱子的计算长度 $l_0=3.5m$。求对称配筋时的钢筋截面面积为 A_s、A'_s。

解：（1）计算考虑纵向弯曲影响的设计弯矩 M

取 $a_s=a_s'=45mm$，$h_0=700-45=655mm$

由于 $M_1/M_2=1$，应考虑附加弯矩的影响。

截面曲率修正系数：

$$\xi_c=\frac{0.5f_cA}{N}=\frac{0.5\times11.9\times400\times700}{1000\times10^3}=1.67>1.0，取 \xi_c=1.0，C_m=0.7+0.3\frac{M_1}{M_2}=1.0$$

附加偏心距：

$$e_a=\frac{h}{30}=\frac{700}{30}=23.3mm>20mm，$$

弯矩增大系数：

$$\eta_{ns}=1+\frac{1}{1300(M_2/N+e_a)/h_0}\left(\frac{l_0}{h}\right)^2\xi_c$$

$$=1-\frac{1}{1300(105\times10^6/1000\times10^3+23.3)/655}\left(\frac{3500}{700}\right)^2\times1.0=0.902$$

考虑纵向挠曲影响后的弯矩设计值为：

$$M=C_m\eta_{ns}M_2=1.0\times0.902\times105=94.71kN\cdot m$$

（2）计算有关数据

$$e_0=\frac{M}{N}=\frac{94.71\times10^6}{94.71\times10^3}=94.71mm$$

$$e_i=e_0+e_a=94.71+23.3=118.01mm$$

$$e_i<0.3h_0=0.3\times655=196.5mm$$

$$e=e_i+\frac{h}{2}-a_s=118.01+350-45=423.01mm$$

（3）判断偏心受压的类型

$$N_b=\alpha_1f_cbh_0\xi_b=1.0\times11.9\times400\times655\times0.55=1714.79kN>N$$

为大偏心受压。

$$\xi=\frac{N}{\alpha_1f_cbh_0}=\frac{1000\times10^3}{1.0\times11.9\times400\times655}=0.321>\frac{2a_s'}{h_0}=\frac{2\times45}{655}=0.317$$

$$A_s=A_s'=\frac{Ne-\alpha_1f_cbh_0^2\xi(1-0.5\xi)}{f_y'(h_0-a_s)}$$

$$=\frac{1000\times10^3\times423.01-1.0\times11.9\times400\times655^2\times0.321(1-0.5\times0.321)}{300(655-45)}$$

$$=-695.7<0$$

取：$A_s=A_s'=0.002bh=560mm^2$。

每边选用纵筋 3 Φ 16 对称配置（$A_s=A_s'=603mm^2$），按构造要求箍筋选用 $\phi8@250$。由于 $h>600mm$，尚应选择纵向构造钢筋。

在本例中，$\xi<\xi_b$（即 $N<N_b$），但 $e_i<0.3h_0$。这是属于截面尺寸很大、荷载相对较小且偏心距也较小的情形，只要满足 $\xi\leqslant\xi_b$，就可以按大偏心受压计算。

3.3.3 I 形截面偏心受压构件承载力计算

1. 大偏心受压构件

I 形截面大偏心受压构件在不同的截面尺寸、配筋和受力情况下，可分为中和轴通过受压翼缘和中和轴通过腹板两种情况，如图 3-7 所示。

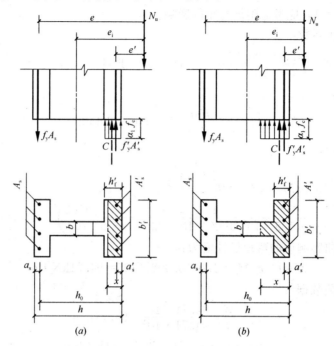

图 3-7　I 形截面大偏心受压计算应力图形

(a) 中和轴通过受压翼缘；(b) 中和轴通过腹板

(1) 中和轴通过受压翼缘，即 $x \leqslant h'_f$ 时：

1) 计算公式。应力计算图形如图 3-7 (a) 所示，这时，与截面宽度为 b'_f、高度为 h 的矩形截面完全相同。根据平衡条件可写出如下两个基本计算公式：

$$N = \alpha_1 f_c b'_f x + f'_y A'_s - f_y A_s \tag{3-47}$$

$$Ne = \alpha_1 f_c b'_f x (h_0 - 0.5x) + f'_y A'_s (h_0 - a'_s) \tag{3-48}$$

2) 适用条件：

$$2a'_s \leqslant x \leqslant h'_f \tag{3-49}$$

(2) 中和轴通过腹板，即 $x > h'_f$ 时：

1) 计算公式。应力计算图形如图 3-7 (b) 所示，这时，混凝土受压区为 T 形。根据平衡条件可得基本计算公式如下：

$$N = \alpha_1 f_c [bx + (b'_f - b) h'_f] + f'_y A'_s - f_y A_s \tag{3-50}$$

$$Ne = \alpha_1 f_c \left[bx \left(h_0 - \frac{x}{2} \right) + (b'_f - b) h'_f \left(h_0 - \frac{h'_f}{2} \right) \right] + f'_y A'_s (h_0 - a'_s) \tag{3-51}$$

2) 适用条件：

$$h'_f < x \leqslant \xi_b h_0 \tag{3-52}$$

2. 小偏心受压构件

I 形截面小偏心受压构件由于偏心距和配筋情况不同，可分为中和轴位于腹板内和中和轴位于受压较小一侧翼缘内两种情况，应力计算图形如图 3-8 所示。

(1) 中和轴通过腹板时：

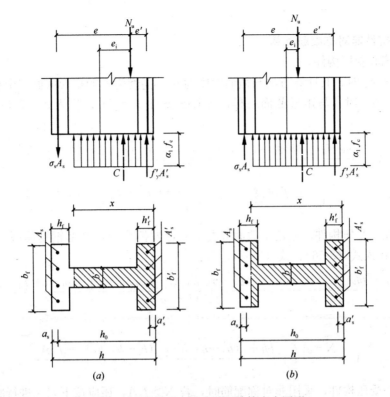

图 3-8 I 形截面小偏心受压计算应力图形

(a) 中和轴通过腹板；(b) 中和轴通过受压较小一侧翼缘

1）计算公式。应力计算图形如图 3-8 (a) 所示，根据平衡条件可写出如下两个基本计算公式：

$$N=\alpha_1 f_c\left[bx+\ (b'_f-b)\ h'_f\right]+f'_y A'_s-\sigma_s A_s \tag{3-53}$$

$$Ne=\alpha_1 f_c\left[bx\left(h_0-\frac{x}{2}\right)+\ (b'_f-b)\ h'_f\left(h_0-\frac{h'_f}{2}\right)\right]+f'_y A'_s\ (h_0-a'_s) \tag{3-54}$$

2）适用条件：

$$\xi_b h_0 < x \leqslant h-h'_f \tag{3-55}$$

（2）当中和轴通过受压较小的一侧翼缘时：

1）计算公式。应力计算图形如图 3-8 (b) 所示，由平衡条件得基本计算公式如下：

$$N=\alpha_1 f_c\left[bx+\ (b'_f-b)\ h'_f+\ (b_f-b)\ (x-h+h_f)\right]+f'_y A'_s-\sigma_s A_s \tag{3-56}$$

$$Ne=\alpha_1 f_c\left[bx\left(h_0-\frac{x}{2}\right)+\ (b'_f-b)\ h'_f\left(h_0-\frac{h'_f}{2}\right)\right]$$

$$+\alpha_1 f_c\ (b_f-b)\ (x-h+h_f)\left(\frac{h}{2}+\frac{h_f}{2}-a_s-\frac{x}{2}\right)+f'_y A'_s\ (h_0-a'_s) \tag{3-57}$$

式中 $\sigma_s=\dfrac{\dfrac{x}{h_0}-\beta_1}{\xi_b-\beta_1}f_y$ 且 $-f'_y\leqslant\sigma_s\leqslant f_y$。

2）适用条件：

$$h-h_f < x \leqslant h \tag{3-58}$$

3. 受压构件非对称配筋计算

(1) 大偏心受压构件。

1) 当 $x \leqslant h'_f$ 时，其计算方法与截面宽度为 b'_f、高度为 h 的矩形截面完全相同。

2) 当 $x > h'_f$ 时，与矩形截面一样，可补充条件 $x = \xi_b h_0$，代入式（3-6）、式（3-7）求解，得：

$$A'_s = \frac{Ne - \alpha_1 f_c b h_0^2 \xi_b (1 - 0.5\xi_b) - \alpha_1 f_c h'_f (b'_f - b)(h_0 - 0.5h'_f)}{f'_y (h_0 - a'_s)} \tag{3-59}$$

$$A_s = \frac{\alpha_1 f_c b h_0 \xi_b + \alpha_1 f_c (b'_f - b) h'_f + f'_y A'_s - N}{f_y} \tag{3-60}$$

(2) 小偏心受压构件。假定全截面混凝土充分发挥作用，全部钢筋屈服，即将 $x = h$ 和 $\sigma_s = -f'_y$ 代入式（3-56）、式（3-57），得：

$$A'_s = \frac{Ne - \alpha_1 f_c [bh(h_0 - 0.5h) + (b'_f - b) h'_f (h_0 - 0.5h'_f) + (b_f - b) h_f (0.5h_f - a_s)]}{f'_y (h_0 - a'_s)} \tag{3-61}$$

$$A_s = \frac{N - \alpha_1 f_c [bh + (b'_f - b) h'_f + (b_f - b) h_f] - f'_y A'_s}{f'_y} \tag{3-62}$$

对小偏心受压构件，采用非对称配筋时，若 $N > f_c A$，还应按下列式进行验算：

$$Ne' \leqslant \alpha_1 f_c [bh(h'_0 - 0.5h) + (b_f - b) h_f (h'_0 - 0.5h_f)$$
$$+ (b'_f - b) h'_f (0.5h'_f - a'_s)] + f'_y A_s (h'_0 - a_s) \tag{3-63}$$

$$e' = 0.5h - a' - (e_0 - e_a) \tag{3-64}$$

4. 受压构件对称配筋计算

(1) 大偏心受压构件。由于对称配筋，故 $A_s = A'_s$，$f_y = f'_y$，假定中和轴通过翼缘，则由式（3-47）得：

$$x = \frac{N}{\alpha_1 f_c b'_f} \tag{3-65}$$

当 $x \leqslant h'_f$ 时，表明中和轴通过翼缘，可按宽度为 b、高度为 h 的矩形截面进行计算。

当 $x > h'_f$ 时，由于对称配筋，$A_s = A'_s$，$f_y = f'_y$，则由式（3-50）得：

$$N = \alpha_1 f_c [bx + (b'_f - b) h'_f] \tag{3-66}$$

则

$$x = \frac{N - \alpha_1 f_c (b'_f - b) h'_f}{\alpha_1 f_c b} \tag{3-67}$$

当 $x \leqslant \xi_b h_0$ 时，表示截面为大偏心受压破坏，则：

$$A'_s = A_s = \frac{Ne - \alpha_1 f_c [bx(h_0 - 0.5x) + (b'_f - b) h'_f (h_0 - 0.5h'_f)]}{f'_y (h_0 - a'_s)} \tag{3-68}$$

(2) 小偏心受压构件。当按式（3-67）求得的 $x > \xi_b h_0$ 时，为小偏心受压破坏。可从设计内力值中将受压翼缘所承受的内力值扣除，剩下的内力由对称配筋的腹板来承受。

即令

$$N' = N - \alpha_1 f_c (b'_f - b) h'_f \tag{3-69}$$

$$(Ne)' = Ne - \alpha_1 f_c \ (b'_f - b) \ h'_f \ (h_0 - 0.5h'_f) \tag{3-70}$$

然后按式（3-44）和式（3-46）进行近似计算，得：

$$\xi = \frac{N' - \xi_b \alpha_1 f_c b h_0}{\dfrac{(Ne)' - 0.43\alpha_1 f_c b h_0^2}{(\beta_1 - \xi_b) \ (h_0 - a'_s)} + \alpha_1 f_c b h_0} + \xi_b$$

$$= \frac{N - \alpha_1 f_c \ (b'_f - b) \ h'_f - \xi_b \alpha_1 f_c b h_0}{\dfrac{Ne - \alpha_1 f_c \ (b'_f - b) \ h'_f \ (h_0 - 0.5h'_f) \ - 0.43\alpha_1 f_c b h_0^2}{(\beta_1 - \xi_b) \ (h_0 - a'_s)} + \alpha_1 f_c b h_0} + \xi_b \tag{3-71}$$

$$A_s = A'_s = \frac{(Ne)' - \xi \ (1 - 0.5\xi) \ \alpha_1 f_c b h_0^2}{f'_y \ (h_0 - a'_s)}$$

$$= \frac{Ne - \alpha_1 f_c \ (b'_f - b) \ h'_f \ (h_0 - 0.5h'_f) \ - \xi \ (1 - 0.5\xi) \ \alpha_1 f_c b h_0^2}{f'_y \ (h_0 - a'_s)} \tag{3-72}$$

5. 计算实例

【例 3-17】 已知 I 形截面偏心受压柱的截面尺寸 $b = 120\text{mm}$，$h = 700\text{mm}$，$b_f = b'_f = 400\text{mm}$，$h_f = h'_f = 120\text{mm}$，计算长度 $l_0 = 4.8\text{m}$，$a_s = a'_s = 40\text{mm}$，承受轴向压力设计值 $N = 780\text{kN}$，弯矩设计值 $M = 378\text{kN} \cdot \text{m}$，混凝土强度等级 C30（$f_c = 14.3\text{N/mm}^2$），纵向钢筋采用 HRB400 级钢筋（$f_y = f'_y = 360\text{N/mm}^2$），采用对称配筋，求所需钢筋截面面积 A_s 和 A'_s。

解：（1）计算 e_i

$$e_0 = \frac{M}{N} = \frac{378 \times 10^6}{780 \times 10^3} = 485\text{mm}$$

由于 $\dfrac{h}{30} = \dfrac{700}{30} = 23\text{mm} > 20\text{mm}$，故取 $e_a = 23\text{mm}$

则：

$$e_i = e_0 + e_a = 485 + 23 = 508\text{mm}$$

$$e = e_i + 0.5h - a_s = 508 + 0.5 \times 700 - 40 = 818\text{mm}$$

（2）判别大、小偏压

$$e_i = 508\text{mm}$$

可先按大偏心受压计算。

（3）计算受压区高度 x

$$x = \frac{N}{\alpha_1 f_c b'_f} = \frac{780 \times 10^3}{1.0 \times 14.3 \times 400} = 136\text{mm} > h'_f = 120\text{mm}$$

表明中和轴进入腹板，应按受压区为 T 形截面进行计算。

重新计算 x

$$x = \frac{N - \alpha_1 f_c \ (b'_f - b) \ h'_f}{\alpha_1 f_c b}$$

$$= \frac{780 \times 10^3 - 1.0 \times 14.3 \times (400 - 120) \times 120}{1.0 \times 14.3 \times 120}$$

$$= 174.5\text{mm} < \xi_b h_0$$

87

$$=0.518×660=341.88$$

故属于大偏心受压。

（4）计算 A_s 和 A'_s。

$$A'_s=A_s=\frac{Ne-\alpha_1 f_c\left[bx(h_0-0.5x)+(b'_f-b)h'_f(h_0-0.5h'_f)\right]}{f'_y(h_0-a'_s)}$$

$$=\frac{780×10^3×818-1.0×14.3×[120×174.5×(660-0.5×174.5)+(400-120)×120×(660-0.5×120)]}{360×(660-40)}$$

$$=799mm^2$$

A_s 和 A'_s 各选用 2 Φ 14+2 Φ 18（$A_s=A'_s=817mm^2$）。

【例 3-18】　已知某对称配筋 I 字形截面柱，$b_f=b'_f=400mm$，$b=100mm$，$h_f=h'_f=100mm$，$h=600mm$，$a_s=a'_s=40mm$，混凝土强度等级为 C35（$f_c=16.7N/mm^2$，$\alpha_1=1.0$），采用 HRB400 级钢筋混凝土，承受轴向压力设计值 $N=750kN$，弯矩设计值 $M=360kN·m$。试计算所需的钢筋截面面积 $A_s=A'_s$。

解：（1）计算 e_i：

$$h_0=600-40=560mm$$

$$e_0=\frac{M}{N}=\frac{360×10^6}{750×10^3}mm=480mm$$

$$e_a=\frac{h}{30}=\frac{600}{30}=20mm，取 e_a=20mm$$

$$e_i=e_0+e_a=480+20=500mm$$

$e_i=500mm>0.3h_0=0.3×560=168mm$，可先按大偏心受压破坏计算。

（2）计算 $A_s=A'_s$：

$$\frac{N}{\alpha_1 f_c b}=\frac{750×10^3}{1.0×16.7×100}=449mm>h'_f=100mm，中和轴通过腹板。$$

$$x=\frac{N-\alpha_1 f_c(b'_f-b)h'_f}{\alpha_1 f_c b}=\frac{750×10^3-1.0×16.7×(400-100)×100}{1.0×16.7×100}$$

$$=149.1mm<\xi_b h_0=0.518×560=290.1mm，属于大偏心受压破坏。$$

$$e=e_i+0.5h-a_s=500+0.5×700-40=810mm$$

$$A'_s=A_s=\frac{Ne-\alpha_1 f_c\left[bx(h_0-0.5x)+(b'_f-b)h'_f(h_0-0.5h'_f)\right]}{f'_y(h_0-a'_s)}$$

$$=\frac{750×10^3×810-1.0×16.7×[100×149.1(560-0.5×149.1)+(400-100)×100×(560-0.5×100)]}{360×(560-40)}$$

$$=1235mm^2$$

A_s 和 A'_s 各选用 3 Φ 16+2 Φ 20，$A_s=A'_s=1231mm^2$。

【例 3-19】　已知某对称配筋 I 字形截面柱，$b_f=b'_f=400mm$，$b=100mm$，$h_f=h'_f=100mm$，$h=600mm$，$a_s=a'_s=40mm$，柱的计算长度 $l_0=4.5m$。混凝土强度等级为 C35（$f_c=16.7N/mm^2$，$\alpha=1.0$），采用 HRB400 级钢筋配筋，承受轴向压力设计值 $N=755kN$，弯矩设计 $M=395kN·m$。试计算所需的钢筋截面面积。

解：

$$h_0 = 600 - 40 = 560mm$$

$$e_0 = M/N = 395 \times 10^6 / 755 \times 10^3 = 523.2mm$$

$$\frac{h}{30} = \frac{600}{30} = 20mm, \text{ 取 } e_a = 20mm$$

$$e_i = e_0 + e_a = 523.2 + 20 = 543.2mm$$

$$e_i = 543.2mm > 0.3h_0 = 0.3 \times 560 = 168mm$$

可先按大偏心受压破坏计算。

$$\frac{N}{\alpha_1 f_c b'_f} = \frac{755 \times 10^3}{1.0 \times 16.7 \times 400} = 113mm > h'_f = 100mm$$

表明中和轴通过腹板。

$$x = \frac{N - \alpha_1 f_c (b'_f - b) h'_f}{\alpha_1 f_c b} = \frac{755 \times 10^3 - 1.0 \times 16.7 \times (400 - 100) \times 100}{1.0 \times 16.7 \times 100} = 152.1mm$$

$$< \xi_b h_0 = 0.518 \times 560 = 290.1mm$$

属于大偏心受压破坏。

$$e = e_i + \frac{h}{2} - a_s = 543.2 + \frac{600}{2} - 40 = 803.2mm$$

$$A_s = A'_s = \frac{Ne - \alpha_1 f_c (b'_f - b) h'_f \left(h_0 - \frac{h'_f}{2}\right) - \alpha_1 f_c b x \left(h_0 - \frac{x}{2}\right)}{f'_y (h_0 - a'_s)}$$

$$= \left[755 \times 10^3 \times 803.2 - 1.0 \times 16.7 \times (400 - 100) \times 100 \times \left(560 - \frac{100}{2}\right)\right.$$

$$\left. - 1.0 \times 16.7 \times 100 \times 152.1 \times \left(560 - \frac{152.1}{2}\right)\right] \times \frac{1}{360 \times (560 - 40)}$$

$$= 1218mm^2$$

A_s 和 A'_s 各选用 3 ⏀ 16 + 2 ⏀ 20，$A_s = A'_s = 1231mm^2$。

【例 3-20】 已知 I 形截面偏心受压柱的截面尺寸 $b = 100mm$，$h = 600mm$，$b_f = b'_f = 400mm$，$h_f = h'_f = 120mm$，计算长度 $l_0 = 7.5m$，$a_s = a'_s = 40mm$，承受轴向压力设计值 $N = 1905kN$，弯矩设计值 $M = 210kN \cdot m$，混凝土强度等级 C30（$f_c = 14.3N/mm^2$），纵向钢筋采用 HRB335 级钢筋（$f_y = f'_y = 300N/mm^2$），采用对称配筋，试求纵向钢筋截面面积 A_s 和 A'_s。

解：（1）计算 e_i

$$e_0 = \frac{M}{N} = \frac{210 \times 10^6}{1905 \times 10^3} = 110mm$$

由于 $\frac{h}{30} = \frac{600}{30} = 20mm$，故取 $e_a = 20mm$。

则：$e_i = e_0 + e_a = 110 + 20 = 130mm$

（2）判别大、小偏压

$$e_i = 130mm < 0.3h_0 = 0.3 \times 560 = 168mm$$

按小偏心受压计算。

（3）计算受压区高度 x

$$x = \frac{N}{\alpha_1 f_c b'_f} = \frac{1905 \times 10^3}{1.0 \times 14.3 \times 400} = 333mm > h'_f = 120mm$$

表明中和轴进入腹板，应按受压区为 T 形截面进行计算。

重新计算 x：

$$x=\frac{N-\alpha_1 f_c\ (b'_f-b)\ h'_f}{\alpha_1 f_c b}=\frac{1905\times10^3-1.0\times14.3\times\ (400-100)\ \times120}{1.0\times14.3\times100}$$

$$=297.2\text{mm}>\xi_b h_0=0.55\times560\text{mm}=308\text{mm}$$

故属于小偏心受压。

（4）计算 A_s 和 A'_s

$$e=e_i+0.5h-a_s=130+0.5\times600-40=390\text{mm}$$

$$\xi=\frac{N-\alpha_1 f_c\ (b'_f-b)\ h'_f-\xi_b\alpha_1 f_c bh_0}{\dfrac{Ne-\alpha_1 f_c\ (b'_f-b)\ h'_f\ (h_0-0.5h'_f)\ -0.43\alpha_1 f_c bh_0^2}{(\beta_1-\xi_b)\ (h_0-a'_s)}+\alpha_1 f_c bh_0}+\xi_b$$

$$=\frac{1905\times10^3-1\times14.3\times\ (400-100)\ \times120-0.55\times1\times14.3\times100\times560}{\dfrac{1905\times10^3\times390-1\times14.3\times\ (400-100)\ \times120\times\ (560-0.5\times120)\ -0.43\times1\times14.3\times100\times560^2}{(0.8-0.55)\ \times\ (560-40)}+1\times14.3\times100\times560}+0.55$$

$$=1$$

$$A_s=A'_s=\frac{Ne-\alpha_1 f_c\ (b'_f-b)\ h'_f\ (h_0-0.5h'_f)\ -\xi\ (1-0.5\xi)\ \alpha_1 f_c bh_0^2}{f'_y\ (h_0-a'_s)}$$

$$=\frac{1905\times10^3\times390-1\times14.3\times(400-100)\times120\times(560-0.5\times120)-1\times(1-0.5\times1)\times1\times14.3\times100\times560^2}{300\times(560-40)}$$

$$=1675\text{mm}^2$$

A_s 和 A'_s 各选用 2 Φ 22＋3 Φ 20 （$A_s=A'_s=1702\text{mm}^2$）。

3.4 偏心受压构件斜截面受剪承载力计算与实例

1. 受剪截面的基本条件

为了防止斜压破坏，柱的受剪截面应符合下列条件：

（1）当 $h_w/b\leqslant4$ 时：

$$V\leqslant0.25\beta_c f_c bh_0 \tag{3-73}$$

（2）当 $h_w/b\geqslant6$ 时：

$$V\leqslant0.2\beta_c f_c bh_0 \tag{3-74}$$

（3）当 $4<h_w/b<6$ 时，按线性内插法确定。

2. 斜截面受剪承载力计算公式

斜截面受剪承载力计算公式如下：

$$V\leqslant\frac{1.75}{\lambda+1.0}f_t bh_0+f_{yv}\frac{A_{sv}}{s}h_0+0.07N \tag{3-75}$$

式中 V——剪力设计值；

λ——计算截面的剪跨比，框架柱取 $\lambda=\dfrac{H_n}{2h_0}$，当 $\lambda<1$ 时，取 $\lambda=1$；$\lambda>3$ 时，取 λ

$=3$，此处 H_n 为柱净高；

N——相应于 V 的轴力设计值；$N>0.3f_cA$ 时，取 $N=0.3f_cA$；A 为柱截面面积。

3. 不需要进行斜截面受剪承载力计算的条件

如能符合下列条件时可不进行斜截面受剪承载力验算，但应按构造要求配置箍筋。

$$V\leqslant\frac{1.75}{\lambda+1.0}f_tbh_0+0.07N \qquad (3-76)$$

4. 计算实例

【例 3-21】 已知某钢筋混凝土排架柱，净高 $H_0=6\text{m}$，上端铰接下端固接，柱的截面为矩形，截面尺寸为 $b\times h=400\text{mm}\times480\text{mm}$，混凝土强度等级为 C20，纵筋采用 HRB335 级钢筋，箍筋采用 HPB300 级（$f_{yv}=210\text{N/mm}^2$），柱顶作用有轴向力 400kN，水平力 60kN。安全等级二级，环境类别为二 a 类。纵筋配置 6 根 $d=18\text{mm}$ 的钢筋。试确定其箍筋用量。

解：（1）查表 1-4 得：保护层厚度 $c=30\text{mm}$，纵向钢筋合力点到近边距离 $a_s=40\text{mm}$。

$$h_0=h-a_s=400-40=360\text{mm}$$

（2）查附表 1-2 得：$f_c=9.6\text{N/mm}$，$f_t=1.10\text{N/mm}^2$。

（3）验算受剪截面符合条件：

$$0.25f_cbh_0=0.25\times9.6\times400\times360\text{N}=345600\text{N}=345.6\text{kN}>V=60\text{kN}$$

符合条件。

（4）判别是否需要按斜截面受剪承载力验算来确定箍筋的配置：

因为柱没有承受均布荷载仅承受水平集中荷载，所以：

$$\lambda=\frac{a}{h_0}=\frac{6000}{360}=16.7>3，取\ \lambda=3$$

$$0.3f_cA=0.3\times9.6\times400\times480\text{N}=552960\text{N}\approx552.96\text{kN}>N=400\text{kN}$$

取 $N=400\text{kN}$。

$$\frac{1.75}{\lambda+1}f_cbh_0+0.07N=\frac{1.75}{3+1}\times1.10\times400\times360+0.07\times400000$$
$$=97300\text{N}=97.3\text{kN}>V=60\text{kN}$$

不需计算，按构造要求配置箍筋。

（5）箍筋配置：

因为箍筋间距不应大于 400mm 及构件截面的短边尺寸，且不应大于 $15d$（d 为纵向受力钢筋的最小直径）

箍筋间距 $\qquad\qquad s\leqslant400\text{mm}$

$$\leqslant b=400\text{mm}$$

$$\leqslant15d=(15\times18)=270\text{mm}$$

选用 $\qquad\qquad s=200\text{mm}$

因为箍筋直径不应小于 $d/4$，且不应小于 6mm（d 为纵向钢筋的最大直径）。

箍筋的直径 $\qquad\qquad \phi\geqslant6\text{mm}$

$$\geqslant d/4=\frac{18}{4}\text{mm}=4.5\text{mm}$$

选用 $\phi = 8\text{mm}$。

【例 3-22】 某钢筋混凝土矩形截面框架柱,其截面尺寸为 $b \times h = 250\text{mm} \times 500\text{mm}$,柱的净高 $H_n = 3.2\text{m}$,柱端作用轴向压力设计值 $N = 680\text{kN}$,弯矩设计值 $M = 100\text{kN} \cdot \text{m}$,剪力设计值 $V = 160\text{kN}$,混凝土强度等级 C30 ($f_c = 14.3\text{N/mm}^2$,$f_t = 1.43\text{N/mm}^2$),纵向钢筋采用 HRB335 级钢筋 ($f_y = 300\text{N/mm}^2$),箍筋采用 HPB300 级钢筋 ($f_{yv} = 270\text{N/mm}^2$)。试计算箍筋数量。

解:(1)验算柱的截面尺寸:

$$h_0 = h - a_s = 500 - 40 = 460\text{mm}$$

$$\frac{h_w}{b} = \frac{h_0}{b} = \frac{460}{250} = 1.8 < 4$$

$$0.25\beta_c f_c b h_0 = 0.25 \times 1.0 \times 14.3 \times 250 \times 460 = 411125\text{N} = 411.125\text{kN} > V = 160\text{kN}$$

所以截面尺寸满足要求。

(2)确定是否需要按计算配置箍筋:

$$\lambda = \frac{H_n}{2h_0} = \frac{3200}{2 \times 460} = 3.48 > 3,\text{ 取 }\lambda = 3$$

因为 $N = 680000\text{N} > 0.3 f_c A = 0.3 \times 14.3 \times 250 \times 500\text{N} = 536250\text{N}$,取 $N = 0.3 f_c A = 536250\text{N}$。

$$\frac{1.75}{\lambda + 1.0} f_t b h_0 + 0.07N = \frac{1.75}{3 + 1} \times 1.43 \times 250 \times 460 + 0.07 \times 536250$$

$$= 109484\text{N} = 109.484\text{kN} < V = 160\text{kN}$$

需要按计算配置箍筋。

(3)计算箍筋数量:

$$\frac{A_{sv}}{s} = \frac{V - \left(\frac{1.75}{\lambda + 1} f_c b h_0 + 0.07N\right)}{f_{yv} h_0} = \frac{160 \times 10^3 - 109484}{270 \times 460} = 0.407$$

选取双肢箍筋 $\phi 8$ ($A_{sv1} = 50.3\text{mm}^2$),得箍筋间距:

$$s = \frac{A_{sv}}{0.407} = \frac{n A_{sv1}}{0.407} = \frac{2 \times 50.3}{0.407} = 247\text{mm}$$

取 $s = 200\text{mm}$,故选用双肢箍筋 $\phi 8@200$。

4 混凝土结构受拉和受扭构件承载力计算

4.1 受拉构件承载力计算与实例

4.1.1 轴心受拉构件正截面承载力计算

在轴心受拉构件中，混凝土开裂前，轴心拉力由钢筋和混凝土共同承担；混凝土开裂后在开裂截面处，混凝土退出工作，拉力全部由钢筋承担。当钢筋应力达到屈服强度时，构件达到其极限承载力。因此，轴心受拉构件正截面受拉承载力应按下列公式计算：

$$N \leqslant f_y A_s + f_{py} A_p \tag{4-1}$$

式中　N——轴向拉力设计值；

　　　f_y——钢筋抗拉强度设计值；

　A_s、A_p——纵向普通钢筋、预应力筋的全部截面积。

4.1.2 偏心受拉构件正截面承载力计算

按轴向拉力作用点的位置不同，可分为两种情况：

1. 小偏心受拉构件

小偏心受拉构件破坏形态表明，在纵向拉力 N 作用下，破坏时截面全部开裂，拉力完全由钢筋负担，并且钢筋应力达屈服强度 f_y，如图 4-1 所示。

小偏心受拉截面承载力计算公式可分别对钢筋 A_s 和 A'_s 重心取矩得到：

当 $\sum M_{A'_s} = 0$ 时，$Ne' \leqslant f_y A_s (h'_0 - a_s)$：

$$A_s \geqslant \frac{Ne'}{f_y (h'_0 - a_s)} \tag{4-2}$$

$$e' = \frac{h}{2} - a'_s + e_0 \tag{4-3}$$

当 $\sum M_{A_s} = 0$，$Ne \leqslant f_y A'_s (h_0 - a'_s)$：

$$A'_s \geqslant \frac{Ne}{f_y (h_0 - a'_s)} \tag{4-4}$$

$$e = \frac{h}{2} - a_s - e_0 \tag{4-5}$$

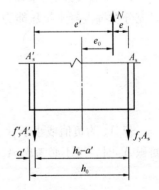

图 4-1 小偏心受拉计算图

若将 e、e' 分别代入式（4-2）及式（4-4），并令 $Ne_0 = M$，$a_s = a'_s$，可得：

$$A_s = \frac{N}{2f_y} + \frac{Ne_0}{f_y (h'_0 - a_s)} \tag{4-6}$$

$$A'_s = \frac{N}{2f_y} - \frac{Ne_0}{f_y(h_0 - a'_s)} \tag{4-7}$$

由式（4-6）、式（4-7）可知，式右部第一项代表轴心受拉所需的钢筋，第二项反映由偏心拉力所产生的弯矩对截面配筋所产生的影响。显然，M 愈大，则 A_s 用量愈多，而 A'_s 用量愈少。因此，在设计中若有不同内力组合时，应按 N_{max} 与 M_{max} 来计算 A_s 值；而按 N_{max} 与 M_{min} 来计算 A'_s 值。

在进行截面设计时，可直接由式（4-6）、式（4-7）求得 A_s 和 A'_s；在进行截面复核时，由于 A_s、A'_s 和 e_0 均为已知，故可由式（4-2）、式（4-4）分别求得截面所能负担的轴向拉力 N，取其较小者即为截面所能负担的实际轴向拉力设计值。

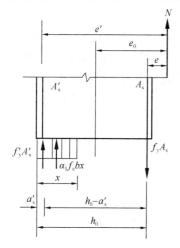

图 4-2 大偏心受拉计算图式

2. 大偏心受拉构件

大偏心受拉正截面破坏形态与大偏心受压正截面破坏形态相似，受压区混凝土取等效矩形应力图形，则大偏心受拉正截面承载力计算图式如图 4-2 所示。

根据静力平衡条件，可得出大偏心受拉正截面承载力基本计算公式：

当 $\sum N = 0$ 时，

$$N \leqslant f_y A_s - f'_y A'_s - \alpha_1 f_c b x \tag{4-8}$$

当 $M_{As} = 0$ 时，

$$Ne \leqslant \alpha_1 f_c b x \left(h_0 - \frac{x}{2} \right) + f'_y A'_s (h_0 - a'_s) \tag{4-9}$$

$$e = e_0 - \frac{h}{2} + a_s \tag{4-10}$$

（1）截面设计。截面设计可有三种情形：

1）A_s，A'_s 均为未知，且 x 也为未知数时，应使 $(A_s + A'_s)$ 为最小，故取 $x = \xi_b h_0$，以充分发挥混凝土抗压能力，则由式（4-8）、式（4-9）可得：

$$A'_s = \frac{Ne - \xi_b \alpha_1 f_c b h_0^2 (1 - 0.5\xi_b)}{f'_y (h_0 - a'_s)} \tag{4-11}$$

$$A_s = \xi_b b h_0 \frac{\alpha_1 f_c}{f_y} + A'_s \frac{f'_y}{f_y} + \frac{N}{f_y} \tag{4-12}$$

若 A'_s 为负值或小于 $\rho_{min} b h_0$ 时，则应按 $A'_s = \rho'_{min} b h$ 来确定配筋。此时，在计算钢筋面积 A_s 时，可不必考虑 A'_s 的作用，而按单筋矩形截面计算受拉钢筋面积，即先算出：

$$a_s = \frac{Ne}{a_1 f_c b h_0^2} \tag{4-13}$$

然后查得相应的 ξ 值，再由式（4-14）算得。

$$A_s = \xi b h_0 \frac{\alpha_1 f_c}{f_y} + \frac{N}{f_y} \tag{4-14}$$

2）当已知 A'_s 时，则可由已知 A'_s，算出受压钢筋所承担的弯矩，$M' = A'_s f'_y (h_0 - a'_s)$，及相应的受拉钢筋面积，$A_{s2} = A'_s f'_y / f_y$；所余的弯矩，$M_1 = Ne - M'$，由受压混凝土和部分受拉钢筋 A_{s1} 形成的抵抗弯矩所承担，可按单筋矩形截面受弯承载力计算方法进行，则可得出：

$$A_{s1} = M_1 / (\gamma_s h_0 f_y) \tag{4-15}$$

$$A_s = A_{s1} + A_{s2} + N/f_y \tag{4-16}$$

若所得 $a_s > a_{s,max}$，即 $\xi > \xi_b$，表明 A'_s 提供的抗弯能力过小，则应仍按 A'_s 未知进行计算。

3）当 $x \le 2a'_s$ 时，可近似按 $x = 2a'_s$ 计算。

$$Ne' = f_y A_s (h_0 - a'_s) \tag{4-17}$$

$$A_s = \frac{Ne'}{f_y (h_0 - a'_s)} \tag{4-18}$$

式中 $e' = e_0 + \dfrac{h}{2} - a'_s$。

大偏心受拉构件一般均为受拉破坏，因而纵向拉力及弯矩愈大，截面愈危险。因此，不利组合内力应选取以下两组：N_{max} 及相应的 $\pm M$ 与 $\pm M_{max}$ 及相应 N。

（2）截面复核。当受拉构件的 b，h，a_s，a'_s，f_c，f_y 以及 A_s，A'_s，e_0 均为已知的条件下，求出截面的极限承载力 N_u 并比较 N_u 是否大于或等于纵向拉力 N，则为截面复核问题。该类问题可由基本公式（4-8）、式（4-9）代入以上已知数据，消去 N，解得 x 值，分以下三种情况求出 N 值：

1）当 $2a'_s \le x \le \xi_b h_0$ 时，将 x 代入基本公式（4-8）即可求得截面所能承受的偏心轴向拉 N；

2）当 $x < 2a'_s$ 时，则可按式（4-18）求得 N；

3）当 $x > \xi_b h_0$ 时，表明受拉钢筋 A_s 配置过多，截面破坏时，A_s 达不到屈服强度，受压区混凝土先被压碎而破坏。受拉钢筋应力应按下式确定：

$$\sigma_s = \frac{\xi - 0.8}{\xi_b - 0.8} f_y \tag{4-19}$$

对偏心轴向力作用点取矩，得静力平衡式：

当 $\sum M_N = 0$，

$$\alpha_1 f_c bx \left(e_0 + \frac{h}{2} - \frac{x}{2} \right) + f'_y A'_s e' - \sigma_s A_s e = 0 \tag{4-20}$$

$$e' = e_0 + \frac{h}{2} - a'_s \tag{4-21}$$

$$e = e_0 + \frac{h}{2} - a_s \tag{4-22}$$

由式（4-20）重新求得 x，并代入式（4-8），即可解得 N 值。

3. 计算实例

【例 4-1】 某偏心受拉构件的截面尺寸为 $b \times h = 500mm \times 300mm$，设计使用年限为 50 年，环境类别为一类。轴向拉力设计值 $N = 198kN$，弯矩设计值 $M = 20.8kN \cdot m$。若混凝土强度等级为 C25（$f_c = 11.9N/mm^2$，$f_t = 1.27N/mm^2$），钢筋为 HRB335 级（$f_y = f'_y = 300N/mm^2$），且 $a_s = a'_s = 35mm$，试确定截面所需纵向受拉钢筋的数量，并绘截面配筋图。

解：（1）判别偏心类型

$$e_0 = \frac{M}{N} = \frac{20800}{198} = 105.1\text{mm} < \frac{h}{2} - a_s = \frac{300}{2} - 35 = 115\text{mm}$$

属小偏心受拉。

（2）计算纵筋数量

$$e' = \frac{h}{2} - a'_s + e_0 = \frac{300}{2} - 35 + 105.1 = 220.1\text{mm}$$

$$e = \frac{h}{2} - a_s + e_0 = \frac{300}{2} - 35 - 105.1 = 9.9\text{mm}$$

（3）选择钢筋

选靠近轴向拉力一侧纵筋为 $2\,\Phi\,18 + 1\,\Phi\,12$（$A_s = 622\text{mm}^2$）；远离轴向拉力一侧纵筋为 $3\,\Phi\,12$（$A'_s = 339\text{mm}^2$），配筋如图 4-3（a）所示。若采用对称配筋，则每侧均取 $2\,\Phi\,18 + 1\,\Phi\,12$，配筋如图 4-3（$b$）所示。

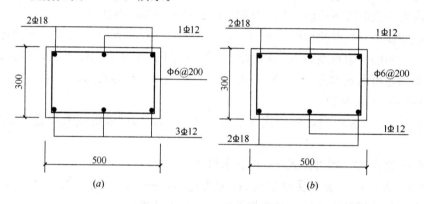

图 4-3 截面配筋图

（a）非对称配筋；（b）对称配筋

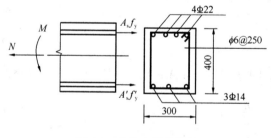

图 4-4 某偏心受拉构件

【例 4-2】 某偏心受拉构件，如图 4-4 所示，其截面尺寸 $b \times h = 300\text{mm} \times 400\text{mm}$，承受轴心拉力设计值 $N = 620\text{kN}$，弯矩设计值 $M = 55\text{kN·m}$。$a_s = a'_s = 35\text{mm}$，钢筋采用 HRB335 级，$f_y = 300\text{N/mm}^2$，混凝土强度等级为 C20，$\alpha_1 = 1.0$，$f_c = 9.6\text{N/mm}^2$。试计算钢筋面积 A_s 和 A'_s。

解：（1）判断大小偏心受拉故为小偏心受拉：

$$e_0 = \frac{M}{N} = (55 \times 10^6) / (620 \times 10^3) = 88.71\text{mm} < \frac{h}{2} - a_s = \frac{400}{2} - 35 = 165\text{mm}$$

故属于小偏心受拉。

（2）计算纵向钢筋截面面积：

$$e' = \frac{h}{2} - a'_s + e_0 = \frac{400}{2} - 35 + 88.71 = 253.71\text{mm}$$

$$e=\frac{h}{2}-a_s-e_0=\frac{400}{2}-35-88.71=76.29mm$$

$$A_s \geqslant \frac{Ne'}{f_y(h'_0-a_s)}=\frac{600\times10^3\times253.71}{300\times(365-35)}=1537.64mm^2$$

$$A'_s \geqslant \frac{Ne}{f_y(h'_0-a'_s)}=\frac{600\times10^3\times76.29}{300\times(365-35)}=462.36mm^2$$

【例 4-3】 已知一矩形截面偏心受拉构件的截面尺寸为 $b\times h=300mm\times450mm$，$a_s=a'_s=40mm$，承受轴向拉力设计值 $N=250kN$，弯矩设计值 $M=115kN\cdot m$，混凝土强度等级 C25（$f_c=11.9N/mm^2$），纵向钢筋采用 HRB335 级钢筋（$f_y=f'_y=300N/mm^2$），采用对称配筋，求纵向钢筋截面面积 A_s 和 A'_s。

解：

$$e_0=\frac{M}{N}=\frac{112\times10^6}{250\times10^3}=460mm$$

$$h_0=h-a_s=450-40=410mm$$

$$e'=0.5h+e_0-a'_s=0.5\times450+460-40=645mm$$

$$A_s=\frac{Ne'}{f_y(h'_0-a_s)}=\frac{250\times10^3\times645}{300\times(410-40)}=1453mm^2$$

选用 3 Φ 25（A_s 和 $A'_s=1473mm^2$）。

【例 4-4】 某矩形截面偏心受拉构件，其截面尺寸为 $b\times h=200mm\times400mm$，$a_s=a'_s=40mm$，承受轴向拉力设计值 $N=480kN$，弯矩设计值 $M=165kN\cdot m$，混凝土强度等级 C25（$f_c=11.9N/mm^2$），纵向钢筋采用 HRB335 级钢筋（$f_y=f'_y=300N/mm^2$），试计算纵向钢筋截面面积 A_s 和 A'_s。

解：（1）判别大、小偏心受拉：

$$e_0=\frac{M}{N}=\frac{165\times10^6}{480\times10^3}=344mm>\frac{h}{2}-a_s=\frac{400}{2}-40=160mm$$

故属于大偏心受拉。

（2）计算 A'_s：

$$h_0=h-a_s=400-40=360mm$$

$$e=e_0-0.5h+a_s=344-0.5\times400+40=184mm$$

$$A'_s=\frac{Ne-\alpha_1 f_c b h_0^2 \xi_b(1-0.5\xi_b)}{f'_y(h_0-a'_s)}$$

$$=\frac{480\times10^3\times184-1.0\times11.9\times200\times360^2\times0.55\times(1-0.5\times0.55)}{300\times(360-40)}$$

$$=-361mm^2<0$$

故 A'_s 应按最小配筋率配置。

$$A'_s=\rho_{min}bh=0.002\times200\times400=160mm^2$$

选用 2 Φ 12（$A'_s=226mm^2$）。

（3）计算 A'_s：

$$M_2 = Ne - M_1 = Ne - f'_y A'_s (h_0 - a'_s) = 480 \times 10^3 \times 184 - 300 \times 226 \times (360 - 40)$$
$$= 66624000 \text{N} \cdot \text{mm}$$

$$\alpha_s = \frac{M_2}{\alpha_1 f_c b h_0^2} = \frac{66624000}{1.0 \times 11.9 \times 200 \times 360^2} = 0.286$$

$$\xi = 0.35$$

则：$x = \xi h_0 = 0.35 \times 360 = 126 \text{mm} > 2a'_s = 2 \times 40 \text{mm} = 80 \text{mm}$

$$A_s = \frac{f'_y A'_s + \alpha_1 f_c b x + N}{f_y} = \frac{300 \times 226 + 1.0 \times 11.9 \times 200 \times 126 + 480 \times 10^3}{300} = 2825.6 \text{mm}^2$$

选用 9 Φ 20（$A_s = 2827 \text{mm}^2$）。

【例 4-5】 已知某钢筋混凝土偏心受拉构件的截面尺寸为 $b = 300 \text{mm}$，$h = 460 \text{mm}$，$a_s = a'_s = 40 \text{mm}$，混凝土强度等级 C25（$f_c = 11.9 \text{N/mm}^2$），纵向钢筋采用 HRB335 级钢筋（$f_y = f'_y = 300 \text{N/mm}^2$），已配置受拉钢筋 A_s 为 4 Φ 20（$A_s = 1256 \text{mm}^2$），受压钢筋 A'_s 为 2 Φ 14（$A'_s 308 \text{mm}^2$），$e_0 = 140 \text{mm}$，试求该构件所能承受的轴向受拉承载力设计值 N 和弯矩设计值 M。

解：（1）判别大、小偏心受拉

$$e_0 = 140 \text{mm} < \frac{h}{2} - a_s = \frac{460}{2} - 40 = 190 \text{mm}$$

属于小偏心受拉构件。

（2）求 N 和 M

$$e = 0.5h - e_0 - a_s = 0.5 \times 460 - 140 - 40 = 50 \text{mm}$$
$$e' = 0.5h + e_0 - a'_s = 0.5 \times 460 + 140 - 40 = 330 \text{mm}$$
$$h_0 = h - a_s = 460 - 40 = 420 \text{mm}$$
$$h'_0 = h - a'_s = 460 - 40 = 420 \text{mm}$$

将上述数据代入式（6-11）、式（6-12）得

$$N = \frac{f_y A'_s (h_0 - a'_s)}{e} = \frac{300 \times 308 \times (420 - 40)}{50} = 702240 \text{N}$$

$$N = \frac{f_y A_s (h'_0 - a_s)}{e'} = \frac{300 \times 1256 \times (420 - 40)}{330} = 433891 \text{N}$$

该构件所能承受的轴向受拉承载力设计值 N 取上述两值中的较小值，即

$$N = 433891 \text{N} = 433.891 \text{kN}$$

该构件所能承受的弯矩设计值为

$$M = Ne_0 = 433891 \times 140 = 60.745 \times 10^3 \text{N} \cdot \text{mm} = 60.745 \text{kN} \cdot \text{m}$$

4.1.3 偏心受拉构件斜截面承载力计算

1. 偏心受拉构件受剪截面条件

为避免斜压破坏，限制正常使用时的斜裂缝宽度，以及防止过多的配箍不能充分发挥作用，《混凝土结构设计规范》GB 50010—2010 规定矩形截面的钢筋混凝土偏心受拉构件的受剪截面应符合下列条件：

（1）当 $h_w/b \leqslant 4$ 时：

$$V \leqslant 0.25\beta_c f_c bh_0 \tag{4-23}$$

（2）当 $h_w/b \geqslant 6$ 时：

$$V \leqslant 0.2\beta_c f_c bh_0 \tag{4-24}$$

2. 偏心受拉构件斜截面承载力计算

当矩形截面偏心受拉构件同时有剪力作用时，由于截面受有轴向拉力的影响，增加了构件内的主拉应力，使斜裂缝更易出现，并使构件斜截面抗剪承载力明显降低。偏心受拉斜截面受剪承载力计算公式为：

$$V \leqslant \frac{1.75}{\lambda+1} f_t bh_0 + f_{yv} \frac{A_{sv}}{s} h_0 - 0.2N \tag{4-25}$$

式中 N——与剪力设计值 V 相应的轴向拉力设计值；

λ——计算截面的剪跨比，取 $\lambda = a/h_0$；当 $\lambda < 1.5$ 时，取 $\lambda = 1.5$；当 $\lambda > 3$ 时，取 $\lambda = 3$；

a——集中荷载至构件支承之间的距离。

其余符号意义同前。

当式右边计算结果小于 $f_{yv} \dfrac{A_{sv}}{s} h_0$ 时，取 V 等于 $f_{yv} \dfrac{A_{sv}}{s} h_0$ 且不小于 $0.36 f_t bh_0$。

3. 计算实例

【例 4-6】 某简支钢筋混凝土偏心受拉构件，如图 4-5 所示，其截面尺寸为 $b \times h = 250\text{mm} \times 400\text{mm}$，跨度 $l_0 = 4.0\text{m}$。$a_s = a_s' = 40\text{mm}$，构件承受轴向拉力设计值 $N = 108\text{kN}$，跨中承受集中荷载设计值 $P = 160\text{kN}$，混凝土强度等级 C30（$f_c = 14.5\text{N/mm}^2$，$f_t = 1.45\text{N/mm}^2$），纵向钢筋采用 HRB335 级钢筋（$f_y = 300\text{N/mm}^2$），箍筋采用 HPB300 级钢筋（$f_{yv} = 270\text{N/mm}^2$），试计算箍筋数量。

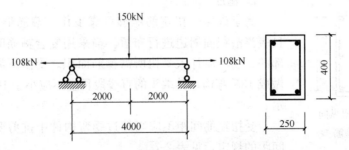

图 4-5 简支钢筋混凝土偏心受拉构件

解：（1）计算内力设计值：

支座边缘处的剪力设计值：$V = \dfrac{1}{2} P = \dfrac{1}{2} \times 150 = 75\text{kN}$

跨中弯矩设计值：$M = \dfrac{1}{4} P l_n = \dfrac{1}{4} \times 150 \times 4 = 150\text{kN} \cdot \text{m}$

（2）验算截面尺寸：

$$h_0 = h - a_s = 400 - 40 = 360\text{mm}$$

$0.25\beta_c f_c bh_0 = 0.25 \times 1.0 \times 14.5 \times 250 \times 360 = 326250\text{N} = 326.25\text{kN} > V = 75\text{kN}$

所以截面尺寸满足要求。

（3）计算箍筋数量：

$$\lambda = \frac{a}{h_0} = \frac{2000}{360} = 5.56 > 3，取 \lambda = 3$$

$$\frac{A_{sv}}{s} = \frac{V - \dfrac{1.75}{\lambda+1} f_t b h_0 + 0.2N}{f_{yv} h_0}$$

$$= \frac{70 \times 10^3 - \dfrac{1.75}{3+1} \times 1.45 \times 250 \times 360 + 0.2 \times 108 \times 10^3}{270 \times 360}$$

$$= 0.406$$

选取双肢箍筋 $\phi 8$（$A_{sv1} = 50.3mm^2$），得箍筋间距：

$$s = \frac{A_{sv}}{0.406} = \frac{n A_{sv1}}{0.406} = \frac{2 \times 50.3}{0.406} = 247.8mm$$

取 $s = 250mm$，故选用双肢箍筋 $\phi 8@250$。

4.2　受扭构件承载力计算与实例

4.2.1　受扭构件构造要求

1. 受扭纵向钢筋

在受扭构件中，受扭纵向钢筋除了设置在截面的四角外，其余的纵筋应沿截面核心周边均匀对称进行布置。纵筋的间距通常不应大于 200mm 和构件截面的短边尺寸。受扭纵向钢筋应当按受拉钢筋锚固在支座内。

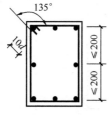

图 4-6　受扭纵向钢筋和箍筋

2. 箍筋

为了确保受扭箍筋能够可靠工作，箍筋形式应为封闭式，且应当沿截面周边进行布置。当采用复合箍筋时，位于截面内部的箍筋不应计入受扭所需箍筋面积。受扭所需箍筋末端应当做成 135° 弯钩，其端头的直线段长度不应小于 $10d$，如图 4-6 所示。

受扭箍筋间距不应当超过受弯构件中抗剪要求的最大箍筋间距的规定，见表 2-7。

4.2.2　扭曲截面承载力计算一般规定

（1）在弯矩、剪力和扭矩共同作用下，h_w/b 不大于 6 的矩形、T 形、I 形截面和 h_w/t_w 不大于 6 的箱形截面构件（如图 4-7 所示），其截面应符合下列条件：

1）当 h_w/b（或 h_w/t_w）不大于 4 时：

$$\frac{V}{b h_0} + \frac{T}{0.8 W_t} \leqslant 0.25 \beta_c f_c \tag{4-26}$$

2）当 h_w/b（或 h_w/t_w）等于 6 时：

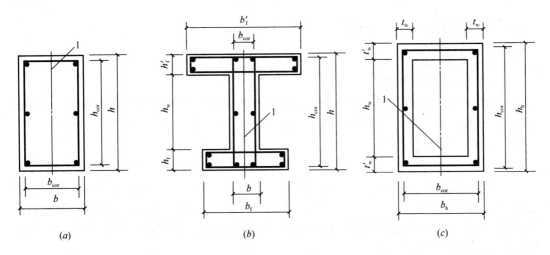

图 4-7 受扭构件截面

(*a*) 矩形截面；(*b*) T 形、I 形截面；(*c*) 箱形截面（$t_w \leqslant t'_w$）

1—弯矩、剪力作用平面

$$\frac{V}{bh_0} + \frac{T}{0.8W_t} \leqslant 0.2\beta_c f_c \tag{4-27}$$

3）当 h_w/b（或 h_w/t_w）大于 4 但小于 6 时，按线性内插法确定。

式中　T——扭矩设计值；

　　b——矩形截面的宽度，T 形或 I 形截面取腹板宽度，箱形截面取两侧壁总厚度 $2t_w$；

　　W_t——受扭构件的截面受扭塑性抵抗矩；

　　h_w——截面的腹板高度：对矩形截面，取有效高度 h_0；对 T 形截面，取有效高度减去翼缘高度；对 I 形和箱形截面，取腹板净高；

　　t_w——箱形截面壁厚，其值不应小于 $b_h/7$，此处 b_h 为箱形截面的宽度。

注：当 h_w/b 大于 6 或 h_w/t_w 大于 6 时，受扭构件的截面尺寸要求及扭曲截面承载力计算应符合专门规定。

（2）在弯矩、剪力和扭矩共同作用下的构件，当符合下列要求时，可不进行构件受剪扭承载力计算，但应按《混凝土结构设计规范》GB 50010—2010 的规定配置构件纵向钢筋和箍筋。

$$\frac{V}{bh_0} + \frac{T}{W_t} \leqslant 0.7f_t + 0.05\frac{N_{p0}}{bh_0} \tag{4-28}$$

或

$$\frac{V}{bh_0} + \frac{T}{W_t} \leqslant 0.7f_t + 0.07\frac{N}{bh_0} \tag{4-29}$$

式中　N_{p0}——计算截面上混凝土法向预应力等于零时的预加力，当 N_{p0} 大于 $0.3f_c A_0$ 时，取 $0.3f_c A_0$，此处 A_0 为构件的换算截面面积；

　　N——与剪力、扭矩设计值 V、T 相应的轴向压力设计值，当 N 大于 $0.3f_c A$ 时，取 $0.3f_c A$，此处 A 为构件的截面面积。

101

4.2.3 纯扭构件承载力计算

1. 基本计算公式

（1）矩形截面纯扭构件

1）矩形截面纯扭构件的开裂扭矩。忽略钢筋的作用，按素混凝土构件考虑，将混凝土视为理想弹塑性材料。当全截面各点的剪应力均达到混凝土抗拉强度时，截面即将开裂。按此假定计算构件的开裂扭矩为：

$$T_{cr} = f_t W_t \tag{4-30}$$

实际上，混凝土并非理想的弹塑性材料，在全截面各点剪应力均达到混凝土抗拉强度之前，构件就已开裂，而且在主拉、主压应力共同作用下，混凝土的抗拉强度低于单向受拉时的抗拉强度。故对按理想弹塑性材料计算的开裂扭矩应乘以修正系数，于是，矩形截面纯扭构件的开裂扭矩为：

$$T_{cr} = 0.7 f_t W_t \tag{4-31}$$

式中 W_t——截面受扭塑性抵抗矩，对于矩形截面可按下式计算：

$$W_t = \frac{b^2}{6}(3h - b) \tag{4-32}$$

式中 b、h——分别为矩形截面的短边、长边尺寸。

2）矩形截面纯扭构件受扭承载力。矩形截面纯扭构件受扭承载力按下式计算：

$$T \leqslant T_u = 0.35 f_t W_t + 1.2\sqrt{\zeta} f_{yv}\frac{A_{st1} A_{cor}}{s} \tag{4-33}$$

$$\zeta = \frac{f_y A_{stl} s}{f_{yv} A_{st1} u_{cor}} \tag{4-34}$$

式中 ξ——受扭的纵向钢筋与箍筋的配筋强度比值。试验表明，当 ξ 值在 $0.5 \sim 2.0$ 范围内，纵筋与箍筋基本都能够达到屈服强度，当 $\xi = 1.2$ 左右时，纵筋与箍筋配合最佳。ξ 值应符合 $0.6 \leqslant \xi \leqslant 1.7$ 的要求，当 $\xi > 1.7$ 时，取 $\xi = 1.7$；

A_{stl}——受扭计算中取对称布置的全部纵向钢筋截面面积；

A_{st1}——受扭计算中沿截面周边配置的箍筋单肢截面面积；

A_{cor}——截面核心部分的面积：$A_{cor} = b_{cor} h_{cor}$，此处，$b_{cor} h_{cor}$ 为箍筋内表面范围内截面核心部分的短边、长边尺寸；

u_{cor}——截面核心部分的周长：$u_{cor} = 2(b_{cor} + h_{cor})$；

s——箍筋间距。

（2）T 形和 I 形截面纯扭构件

1）T 形和 I 形截面纯扭构件的开裂扭矩。对于 T 形和 I 形截面纯扭构件仍可按式（4-31）计算开裂扭矩。但公式中的 W_t，按下式计算：

$$W_t = W_{tw} + W'_{tf} + W_{tf} \tag{4-35}$$

式中 W_{tw}、W'_{tf} 和 W_{tf}——腹板、受压翼缘及受拉翼缘部分的矩形截面受扭塑性抵抗矩，可按下列规定计算：

① 腹板：

$$W_{tw} = \frac{b^2}{6}(3h - b) \tag{4-36}$$

② 受压翼缘：

$$W'_{tf} = \frac{h_f'^2}{2}(b_f' - b) \tag{4-37}$$

③ 受拉翼缘：

$$W_{tf} = \frac{h_f^2}{2}(b_f - b) \tag{4-38}$$

计算时，取用的翼缘宽度尚应符合 $b_f' \leqslant b + h_f'$ 及 $b_f \leqslant b + 6h_f$ 的规定。

2）T 形和 I 形截面纯扭构件受扭承载力。T 形和 I 形截面纯扭构件可按如图 4-8 所示将其截面划分为腹板、受压翼缘和受拉翼缘三个矩形截面，分别按式（4-33）进行受扭承载力计算。试验证明，I 形截面整体受扭承载力大于分块计算受扭承载力之和，故分块计算偏于安全。

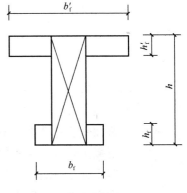

图 4-8　T 形和 I 形截面的分块

每个矩形截面的扭矩设计值可按下列规定计算：

① 腹板：

$$T_w = \frac{W_{tw}}{W_t}T \tag{4-39}$$

② 受压翼缘：

$$T_f' = \frac{W'_{tf}}{W_t}T \tag{4-40}$$

③ 受拉翼缘：

$$T_f = \frac{W_{tf}}{W_t} = T \tag{4-41}$$

（3）箱形截面纯扭构件

1）箱形截面纯扭构件的开裂扭矩。箱形截面纯扭构件仍可按式（4-30）计算开裂扭矩。公式中的 W_t 按下式计算

$$W_t = \frac{b_h^2}{6}(3h_h - b_h) - \frac{(b_h - 2t_w)^2}{6}[3h_w - (b_h - 2t_w)] \tag{4-42}$$

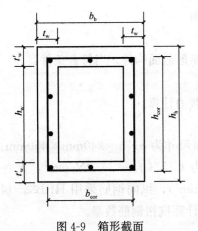

图 4-9　箱形截面

公式中各符号所表示的含义如图 4-9 所示，式中，b_h、h_h 分别为箱形截面的短边、长边尺寸。

2）箱形截面纯扭构件受扭承载力。箱形截面纯扭构件受扭承载力按下式计算：

$$T \leqslant T_u = 0.35\alpha_h f_t W_t + 1.2\sqrt{\zeta}f_{yv}\frac{A_{st1}A_{cor}}{s} \tag{4-43}$$

其中，$a_h = 2.5t_w/b_h$，当 $a_h > 1.0$ 时，取 $a_h = 1.0$

此处，ξ 值应按式（4-34）计算，且应符合 $0.6 \leqslant \xi \leqslant 1.7$ 的要求；当 $\xi > 1.7$ 时，取 $\xi = 1.7$。

2. 公式适用范围

（1）防止超筋破坏。为了防止配筋过多，构件受扭

时混凝土首先被压碎，应对截面尺寸加以控制。对 $h_w/b \leqslant 6$ 的矩形、T 形和 I 形截面以及 $h_w/t_w \leqslant 6$ 的箱形截面构件，其截面尺寸应符合以下条件：

当 h_w/b（或 h_w/t_w）$\leqslant 4$ 时

$$\frac{T}{0.8W_t} \leqslant 0.25\beta_c f_c \tag{4-44}$$

当 h_w/b（或 h_w/t_w）$= 6$ 时

$$\frac{T}{0.8W_t} \leqslant 0.2\beta_c f_c \tag{4-45}$$

当 $4 < h_w/b$（或 h_w/t_w）< 6 时，按线性内插法确定。

式中　T——扭矩设计值；

$\quad\quad W_t$——截面受扭塑性抵抗矩；

$\quad\quad \beta_c$——混凝土强度影响系数：当混凝土强度等级不超过 C50 时，取 $\beta_c = 1.0$；当混凝土强度等级为 C80 时，取 $\beta_c = 0.8$；其间按线性内插进行确定；

$\quad\quad f_c$——混凝土轴心抗压强度设计值；

$\quad\quad b$——矩形截面的宽度，T 形或 I 形截面的腹板宽度，箱形截面的侧壁总厚度 $2t_w$；

$\quad\quad h_w$——截面的腹板高度：对矩形截面，取有效高度 h_0；对 T 形截面，取有效高度减去翼缘高度；对 I 形和箱形截面，取腹板净高；

$\quad\quad t_w$——箱形截面壁厚，其值不应小于 $b_h/7$，此处，b_h 为箱形截面的宽度。

（2）防止少筋破坏。对少筋破坏应用限制最小配筋率来防止，纯扭构件的最小配箍率和纵向受力钢筋的最小配筋率按以下公式计算：

箍筋：

$$\rho_{sv} = \frac{nA_{sv1}}{bs} \geqslant \rho_{sv,min} = 0.28\frac{f_t}{f_{yv}} \tag{4-46}$$

纵向钢筋：

$$\rho_{tl} = \frac{A_{stl}}{bh} \geqslant \rho_{t1,min} = 0.28\sqrt{\frac{T}{Vb}}\frac{f_t}{f_{yv}} \tag{4-47}$$

当 $T/(Vb) > 2.0$ 时，取 $T/(Vb) = 2.0$。

式中　ρ_{tl}——受扭纵向钢筋的配筋率；

$\quad\quad A_{stl}$——沿截面周边布置的受扭纵向钢筋总截面面积。

3. 按构造配筋的条件

对 $h_w/b \leqslant 6$ 的矩形、T 形、I 形截面和 $h_w/t_w \leqslant 6$ 的箱形截面构件，当符合条件：

$$T \leqslant 0.7f_t W_t$$

可仅按构造要求配置钢筋，而不必进行构件受扭承载力计算。

4. 计算实例

【例 4-7】 某钢筋混凝土矩形截面受扭构件，其截面尺寸为 $b \times h = 240\text{mm} \times 450\text{mm}$。承受扭矩设计值 $T = 20\text{kN·m}$，混凝土强度等级为 C25（$f_c = 11.9\text{N/mm}^2$，$f_t = 1.27\text{N/mm}^2$），箍筋采用 HPB300 级钢筋（$f_{yv} = 270\text{N/mm}^2$），纵向钢筋采用 HRB335 级钢筋（$f_y = 300\text{N/mm}^2$），环境类别为一类使用环境，试计算抗扭钢筋数量。

解：（1）验算截面尺寸：

$$W_t = \frac{b^2}{6}(3h - b) = \frac{240^2}{6}(3 \times 450 - 240) = 106.56 \times 10^5 \text{mm}^3$$

$$\frac{T}{0.8W_t} = \frac{20 \times 10^6}{0.8 \times 106.56 \times 10^5}$$

$$= 2.35 \text{N/mm}^2 < 0.25\beta_c f_c = 0.25 \times 1.0 \times 11.9 = 2.975 \text{N/mm}^2$$

故截面尺寸满足要求。

（2）验算是否需要按计算配筋：

$0.7f_t W_t = 0.7 \times 1.27 \times 106.56 \times 10^5 = 9.5 \times 10^6 \text{N} \cdot \text{mm} = 9.5 \text{kN} \cdot \text{m} < T = 20 \text{kN} \cdot \text{m}$

需要按计算配筋。

（3）计算箍筋：

截面核心尺寸计算如下：

$$b_{cor} = 240 - 50 = 190 \text{mm}$$

$$h_{cor} = 450 - 50 = 400 \text{mm}$$

$$u_{cor} = 2(b_{cor} + h_{cor}) = 2 \times (190 + 400) = 1180 \text{mm}$$

$$A_{cor} = b_{cor}h_{cor} = 190 \times 400 = 76000 \text{mm}^2$$

取 $\xi = 1.2$

$$\frac{A_{st1}}{s} = \frac{T - 0.35f_t w_t}{1.2\sqrt{\xi}f_{yv}A_{cor}} = \frac{20 \times 10^6 - 0.35 \times 1.27 \times 106.56 \times 10^5}{1.2 \times \sqrt{1.2} \times 270 \times 76000} = 0.566 \text{mm}$$

选用 $\phi 10$，$A_{st1} = 78.5 \text{mm}^2$，则：

$$s = \frac{A_{st1}}{0.566} = \frac{78.5}{0.566} = 138.7 \text{mm}, \text{ 取 } s = 100 \text{mm}$$

验算配箍率：

$$\rho_{sv} = \frac{nA_{st1}}{bs} = \frac{2 \times 78.5}{240 \times 100} = 0.654\% > \rho_{sv,min} = 0.28\frac{f_t}{f_{yv}} = 0.28 \times \frac{1.27}{270} = 0.13\%$$

故满足要求。

（4）计算纵向钢筋：

$$A_{stl} = \zeta\frac{f_{yv}A_{st1}u_{cor}}{f_y s} = 1.2 \times \frac{270 \times 78.5 \times 1180}{300 \times 100} = 1000 \text{mm}^2$$

选用 5 Φ 16（$A_{stl} = 1005 \text{mm}^2$）。

验算配筋率：

$$\rho_{tl} = \frac{A_{stl}}{bh} = \frac{1005}{240 \times 450} = 0.931\% > \rho_{tl,min} = 0.6\sqrt{2}\frac{f_t}{f_{yv}}$$

$$= 0.6\sqrt{2} \times \frac{1.27}{300} \times 100\% = 0.36\%$$

满足要求。

【例 4-8】 某矩形截面构件，其截面尺寸 $b \times h = 260 \text{mm} \times 480 \text{mm}$，混凝土强度等级为 C25，纵筋采用 HRB335 级，配置 6 Φ 12 的抗扭纵筋，截面面积 $A_{stl} = 678 \text{mm}^2$，箍筋采用 HPB300 级，直径为 $\phi 8 \text{mm}$，间距为 100 mm。环境类别为三 a 类。试确定该构件能够承担多大的扭矩设计值。

解：（1）由已知条件可知，该构件的纵筋保护层厚度为 30mm，设 a_s 取 40mm。

（2）确定材料强度等级：

混凝土强度等级为 C25，$f_t=1.27 \text{mm}^2$，$f_c=11.9 \text{N/mm}^2$

箍筋采用 HPB300 级，$f_{yv}=210 \text{N/mm}^2$

纵筋采用 HRB335 级，$f_y=300 \text{N/mm}^2$

（3）计算 W_t：

$$W_t=\frac{260^2}{6}(3\times 480-250)=1.34\times 10^7 \text{mm}^3$$

（4）计算 u_{cor}、A_{cor}：

$$b_{cor}=b-2c=260-2\times 30=200 \text{mm}$$

$$h_{cor}=h-2c=480-2\times 30=420 \text{mm}$$

$$A_{cor}=b_{cor}\times h_{cor}=200\times 420=84000 \text{mm}^2$$

$$u_{cor}=2\times(b_{cor}+h_{cor})=2\times(200+420)=1240 \text{mm}$$

（5）复核最小配筋率：

受扭纵向钢筋的配筋率为：

$$\rho_{tl}=\frac{A_{stl}}{bh}=\frac{678}{260\times 480}=0.54\%$$

最小配筋率为：

当 $\frac{T}{Vb}>2.0$ 时，取 $\frac{T}{Vb}=2.0$。在本题中，$V=0$，所以取 $\frac{T}{Vb}=2.0$

$$\rho_{tl,min}=0.6\sqrt{\frac{T}{Vb}\frac{f_t}{f_y}}=0.6\times\sqrt{2}\times\frac{1.27}{300}=0.36\%$$

$$\rho_{tl}=0.54\%>\rho_{tl,min}=0.36\%$$

符合要求。

（6）复核最小配箍率：

根据附表 5-1 得，$A_{st1}=50.3 \text{mm}^2$。

受扭箍筋的配筋率为：

$$\rho_{sv}=\frac{S_{sv}}{bs}=\frac{2\times 50.3}{260\times 100}=0.39\%$$

$$\rho_{sv,min}=0.28\frac{f_t}{f_{yv}}=0.28\times\frac{1.27}{210}=0.17\%$$

$$\rho_{sv}=0.39\%>\rho_{sv,min}=0.17\%$$

符合要求。

（7）计算 ξ：

$$A_{st1}=50.3 \text{mm}^2，A_{stl}=678 \text{mm}^2。$$

$$\zeta=\frac{f_y A_{stl} s}{f_{yv} A_{st1} u_{cor}}=\frac{300\times 678\times 100}{210\times 50.3\times 1240}=1.553$$

ξ 介于 $0.6\sim 1.7$ 之间，符合要求。

（8）计算扭矩设计值 T：

$$T=0.35 f_t W_t+1.2\sqrt{\zeta}f_{yv}\frac{A_{st1}A_{cor}}{s}$$

$$= 0.35 \times 1.27 \times 1.34 \times 10^7 + 1.2 \times \sqrt{1.553} \times 210 \times \frac{50.3 \times 84000}{100}$$

$$= 19.3 \times 10^6 \text{N} \cdot \text{mm} = 19.3 \text{kN} \cdot \text{m}$$

（9）检查截面尺寸：

$$h_w = h_0 = 480 - 40 = 440 \text{mm}$$

$$\frac{h_w}{b} = \frac{440}{260} = 1.69 < 4$$

混凝土强度等级为 C25，取 $\rho_c = 1.0$

$$T = 0.25 \beta_c f_c \times (0.8 W_t) = 0.25 \times 1.0 \times 11.9 \times 0.8 \times 1.34 \times 10^7$$

$$= 31.89 \text{kN} \cdot \text{m} > 19.3 \text{kN} \cdot \text{m}$$

截面尺寸满足要求。

所以该构件能够承担最大的扭矩设计值为 19.3kN·m。

【例 4-9】 钢筋混凝土 T 形截面受扭构件，截面尺寸为 $b = 250 \text{mm}$，$h = 450 \text{mm}$，$b'_f = 450 \text{mm}$，$b'_f = 120 \text{mm}$，承受扭矩设计值 $T = 21.5 \text{kN} \cdot \text{m}$，混凝土强度等级为 C30（$f_c = 14.3 \text{N/mm}^2$，$f_t = 1.43 \text{N/mm}^2$），箍筋采用 HPB300 级钢筋（$f_{yv} = 270 \text{N/mm}^2$），纵向钢筋采用 HRB335 级钢筋（$f_y = 300 \text{N/mm}^2$），一类使用环境，试计算抗扭钢筋数量。

解：（1）验算截面尺寸

$$W_{tw} = \frac{b^2}{6}(3h - b) = \frac{250^2}{6}(3 \times 450 - 250) = 114.58 \times 10^5 \text{mm}^3$$

$$W'_{th} = \frac{h'^2_f}{2}(b'_f - b) = \frac{120^2}{6} \times (450 - 250) = 14.4 \times 10^5 \text{mm}^3$$

$$W_t = W_{tw} + W'_{tf} = (114.58 + 14.4) \times 10^5 = 128.98 \times 10^5 \text{mm}^3$$

$$\frac{T}{0.8 W_t} = \frac{21.5 \times 10^6}{0.8 \times 128.98 \times 10^5} = 2.08 \text{N/mm}^3 < 0.25 \beta_c f_c$$

$$= 0.25 \times 1.0 \times 14.3 = 3.575 \text{N/mm}^3$$

故截面尺寸满足要求。

（2）验算是否需要按计算配筋

$0.7 f_t W_t = 0.7 \times 1.43 \times 128.98 \times 10^5 = 12.91 \times 10^6 \text{N/mm}^3 = 12.91 \text{kN} \cdot \text{m} < T = 22.0 \text{kN} \cdot \text{m}$

需要按计算配筋。

（3）扭矩分配

腹板：

$$T_w = \frac{W_{tw}}{W_t} T = \frac{114.58 \times 10^5}{128.98 \times 10^5} \times 21.5 = 19.1 \text{kN} \cdot \text{m}$$

上翼缘：

$$T'_f = \frac{W'_{tf}}{W_{tf}} T = \frac{14.4 \times 10^5}{128.98 \times 10^5} \times 21.5 = 2.4 \text{kN} \cdot \text{m}$$

（4）腹板配筋计算

1）计算箍筋

$$b_{cor} = 250 - 50 = 200 \text{mm}$$

$$h_{cor} = 450 - 50 = 400 \text{mm}$$

$$u_{cor} = 2(b_{cor} + h_{cor}) = 2 \times (200 + 400) = 1200 mm$$

$$A_{cor} = b_{cor}h_{cor} = 200 \times 400 = 80000 mm^2$$

取 $\xi = 1.0$，则

$$\frac{A_{st1}}{s} = \frac{T_w - 0.35 f_t W_{tw}}{1.2\sqrt{\xi} f_{yv} A_{cor}} = \frac{19.1 \times 10^6 - 0.35 \times 1.43 \times 114.58 \times 10^5}{1.2 \times 1.0 \times 270 \times 80000} = 0.516 mm$$

选用 $\phi 10$，$A_{st1} = 78.5 mm^2$，则：

$$s = \frac{A_{st1}}{0.516} = \frac{78.5}{0.516} = 152 mm，取 s = 100 mm$$

验算配箍率：

$$\rho_{sv} = \frac{nA_{sv1}}{bs} = \frac{2 \times 78.5}{250 \times 100} \times 100\% = 0.628\% > \rho_{sv,min} = 0.28 \frac{f_t}{f_{yv}}$$

$$= 0.28 \times \frac{1.43}{210} \times 100\% = 0.149\%$$

满足要求。

2）计算纵向钢筋

$$A_{stl} = \xi \frac{f_{yv} A_{st1} u_{cor}}{f_y s} = 1.0 \times \frac{270 \times 78.5 \times 1200}{300 \times 100} = 847 mm^2$$

选用 6 **Φ** 14（$A_{stl} = 923 mm^2$）。

验算配筋率：

$$\rho_{tl} = \frac{A_{stl}}{bh} = \frac{923}{250 \times 450} \times 100\% = 0.821\% >$$

$$\rho_{tl,min} = 0.6\sqrt{2} \frac{f_t}{f_y} = 0.6\sqrt{2} \times \frac{1.43}{300} \times 100\% = 0.404\%$$

满足要求。

（5）上翼缘配筋计算

1）计算箍筋

$$b'_{f,cor} = b'_f - b - 2 \times 25 = 450 - 250 - 50 = 150 mm$$

$$h'_{f,cor} = h'_f - 2 \times 25 = 120 - 50 = 70 mm$$

$$u'_{f,cor} = 2(b'_{f,cor} + h'_{f,cor}) = 2 \times (150 + 70) = 440 mm$$

$$A'_{f,cor} = b'_{f,cor} h'_{f,cor} = 150 \times 70 = 10500 mm^2$$

取 $\xi = 1.2$，则

$$\frac{A_{st1}}{s} = \frac{T'_f - 0.35 f_t W'_{tf}}{1.2\sqrt{\xi} f_{yv} A'_{f,cor}} = \frac{2.4 \times 10^6 - 0.35 \times 1.43 \times 14.4 \times 10^5}{1.2 \times \sqrt{1.2} \times 270 \times 10500} = 0.45 mm$$

选用中 $\phi 10$，$A_{st1} = 78.5 mm^2$

则间距 $s = \frac{A_{st1}}{0.45} = \frac{78.5}{0.45} = 174 mm，取 s = 150 mm$

验算配箍率：

$$\rho_{sv} = \frac{nA_{sv1}}{bs} = \frac{2 \times 78.5}{250 \times 150} = 0.419\% > \rho_{sv,min} = 0.149\%$$

满足要求。

2）计算纵向钢筋

$$A_{stl} = \xi \frac{f_{yv} A_{st1} u'_{f,cor}}{f_y s}$$

$$= 1.2 \times \frac{270 \times 78.5 \times 440}{300 \times 150} = 248.5 \text{mm}^2$$

纵向钢筋选用 4 Φ 10 ($A_{stl} = 314 \text{mm}^2$)，配置在翼缘四角。

验算配筋率：

$$\rho_{tl} = \frac{A_{stl}}{bh} = \frac{314}{120 \times 200} \times 100\%$$

$$= 1.308\% > \rho_{tl,\min} = 0.404\%$$

满足要求。

截面配筋图如图 4-10 所示。

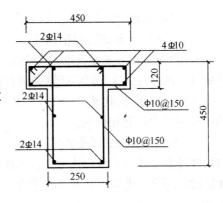

图 4-10 截面配筋图

4.2.4 剪扭构件承载力计算

1. 基本计算公式

(1) 一般剪扭构件

1) 受剪承载力。受剪承载力按下列公式计算：

$$V \leqslant (1.5 - \beta_t)(0.7 f_t bh_0 + 0.5 N_{p0}) + f_{yv} \frac{A_{sv}}{s} h_0 \qquad (4\text{-}48)$$

2) 受扭承载力。受扭承载力按下列公式计算：

$$T \leqslant \beta_t \left(0.35 f_t + 0.05 \frac{N_{p0}}{A_0}\right) W_t + 1.2 \sqrt{\zeta} f_{yv} \frac{A_{st1} A_{cor}}{s} \qquad (4\text{-}49)$$

$$\beta_t = \frac{1.5}{1 + 0.5 \dfrac{V W_t}{T bh_0}} \qquad (4\text{-}50)$$

式中　β_t——一般剪扭构件混凝土受扭承载力降低系数：当 $\beta_t < 0.5$ 时，取 $\beta_t = 0.5$；当 $\beta_t > 1$ 时，取 $\beta_t = 1$。

此处，ξ 值应按式 (4-34) 计算，且应符合 $0.6 \leqslant \xi \leqslant 1.7$ 的要求；当 $\xi > 1.7$ 时，取 $\xi = 1.7$。

(2) 集中荷载作用下的独立剪扭构件

1) 受剪承载力：

$$V \leqslant (1.5 - \beta_t)\left(\frac{1.75}{\lambda + 1} f_t bh_0 + 0.05 N_{p0}\right) + f_{yv} \frac{A_{sv}}{s} h_0 \qquad (4\text{-}51)$$

$$\beta_t = \frac{1.5}{1 + 0.2(\lambda + 1) \dfrac{V W_t}{T bh_0}} \qquad (4\text{-}52)$$

式中　β_t——集中荷载作用下剪扭构件混凝土受扭承载力降低系数：当 $\beta_t < 0.5$ 时，取 $\beta_t = 0.5$；当 $\beta_t > 1$ 时，取 $\beta_t = 1$。

　　λ——计算截面的剪跨比，可取 $\lambda = \dfrac{a}{h_0}$，a 为集中荷载作用点至支座或节点边缘的距离；当 $\lambda < 1.5$ 时，取 $\lambda = 1.5$；当 $\lambda > 3$ 时，取 $\lambda = 3$。

2）受扭承载力：仍按式（4-49）计算，但式中的 β_t 应按式（4-52）计算。

（3）T 形、I 形截面剪扭构件

1）腹板。腹板承受截面的全部剪力和按式（4-39）分配给腹板的扭矩，按剪扭构件公式（4-48）～式（4-52）计算受剪和受扭承载力。

计算时应用 T_w 代替 T，用 W_{tw} 代替 W_t。规定腹板承受截面的全部剪力可与受弯构件的受剪承载力计算相协调。

2）翼缘。翼缘只承受按式（4-40）或式（4-41）所分配的扭矩，不承受剪力，按纯扭构件计算公式（4-34）计算受扭承载力。翼缘中配置的箍筋应贯穿整个翼缘。受压翼缘计算时应用 T'_f 代替 T，用 W'_{tf} 代替 W_t；受拉翼缘计算时应用 T_f，代替 T，用 W_{tf} 代替 W_t。

（4）箱形截面剪扭构件

1）一般剪扭构件。

①受剪承载力：

$$V \leqslant (1.5 - \beta_t)0.7 f_t bh_0 + f_{yv}\frac{A_{sv}}{s}h_0 \tag{4-53}$$

②受扭承载力：

$$T \leqslant 0.35 a_h f_t W_t + 1.2\sqrt{\xi}f_{yv}\frac{A_{st1}A_{cor}}{s} \tag{4-54}$$

2）集中荷载作用下的独立剪扭构件。

①受剪承载力：

$$V \leqslant (1.5 - \beta_t)\frac{1.75}{\lambda + 1}f_t bh_0 + f_{yv}\frac{A_{sv}}{s}h_0 \tag{4-55}$$

②受扭承载力仍按式（4-54）计算。受剪、受扭承载力计算时应按式（4-52）计算 β_t，β_t 公式中的 W_t 应用 $a_h W_t$ 代替。

2. 公式适用范围

（1）避免超筋破坏。为了避免超筋破坏，应对构件截面尺寸加以限制。

对于 $h_w/b \leqslant 6$ 的矩形、T 形、I 形截面和 $h_w/t_w \leqslant 6$ 的箱形截面构件，其截面尺寸应符合以下条件：

当 h_w/b（或 h_w/t_w）$\leqslant 4$ 时

$$\frac{V}{bh_0} + \frac{T}{0.8W_t} \leqslant 0.25\beta_c f_c \tag{4-56}$$

当 h_w/b（或 h_w/t_w）$= 6$ 时

$$\frac{V}{bh_0} + \frac{T}{0.8W_t} \leqslant 0.2\beta_c f_c \tag{4-57}$$

当 h_w/b（或 h_w/t_w）< 6 时，按线性内插法确定。

式中的符号规定与前面相同。

（2）避免少筋破坏。剪扭构件的最小配箍率和纵向受力钢筋的最小配筋率按以下公式计算：

箍筋：

$$\rho_{sv} = \frac{nA_{sv1}}{bs} \geqslant \rho_{sv,min} = 0.28\frac{f_t}{f_{yv}} \tag{4-58}$$

纵向钢筋：

$$\rho_{tl} = \frac{nA_{stl}}{bh} \geqslant \rho_{tl,min} = 0.6\sqrt{\frac{T}{Vb}}\frac{f_t}{f_y} \tag{4-59}$$

3. 按构造配筋的条件

当剪扭构件符合以下条件时，可仅按构造要求配置钢筋，而不进行构件受扭承载力计算：

$$\frac{V}{bh_0} + \frac{T}{W_t} \leqslant 0.7f_t \tag{4-60}$$

4. 计算实例

【例 4-10】 已知在均布荷载作用下的某钢筋混凝土矩形截面剪扭构件，其截面尺寸为 $b=200\text{mm}$，$h=450\text{mm}$，剪力设计值 $V=60\text{kN}$，扭矩设计值 $T=10\text{kN}\cdot\text{m}$，混凝土强度等级为 C20（$f_c=9.6\text{N/mm}^2$，$f_t=1.1\text{N/mm}^2$），箍筋采用 HPB300 级钢筋（$f_{yv}=270\text{N/mm}^2$），纵向钢筋采用 HRB335 级钢筋（$f_y=300\text{N/mm}^2$），环境类别为一类使用环境，试计算钢筋数量。

解：（1）验算截面尺寸：

$$h_0 = 450 - 40 = 410\text{mm}$$

$$W_t = \frac{b^2}{6}(3h - b) = \frac{200^2}{6}(3\times450 - 200) = 76.7\times10^5\text{mm}^3$$

$$\frac{V}{bh_0} + \frac{T}{0.8W_t} = \left(\frac{60\times10^3}{200\times410} + \frac{10\times10^6}{0.8\times76.7\times10^5}\right) = 2.36 < 0.25\beta_c f_c$$
$$= 0.25\times1.0\times9.6 = 2.4\text{N/mm}^2$$

故截面尺寸满足要求。

（2）验算是否需要按计算配筋：

$$\frac{V}{bh_0} + \frac{T}{W_t} = \left(\frac{60\times10^3}{200\times410} + \frac{10\times10^6}{76.7\times10^5}\right) = 2.04 > 0.7f_c = 0.7\times1.1 = 0.77\text{N/mm}^2$$

需要按计算配筋。

（3）计算受扭钢筋：

①受扭箍筋：

受扭承载力降低系数为：

$$\beta_t = \frac{1.5}{1 + 0.5\dfrac{VW_t}{Tbh_0}} = \frac{1.5}{1 + 0.5\times\dfrac{60\times10^3\times76.6\times10^5}{10\times10^6\times200\times410}} = 1.17 > 1，取\ \beta_t = 1。$$

截面核心尺寸计算如下：

$$b_{cor} = 200 - 50 = 150\text{mm}$$

$$h_{cor} = 450 - 50 = 400\text{mm}$$

$$u_{cor} = 2(b_{cor} + h_{cor}) = 2\times(150 + 400) = 1100\text{mm}$$

$$A_{cor} = b_{cor}h_{cor} = 150\times400 = 60000\text{mm}^2$$

取 $\xi = 1.2$，

$$\frac{A_{stl}}{s} = \frac{T - 0.35\beta_t f_t W_t}{1.2\sqrt{\xi}f_{yv}A_{cor}} = \frac{10\times10^6 - 0.35\times1.0\times1.1\times76.7\times10^5}{1.2\sqrt{1.2}\times270\times60000} = 0.33\text{mm}$$

②受扭纵向钢筋：

$$A_{st l} = \frac{\zeta f_{yv} u_{cor} A_{st1}}{f_y s} = \frac{1.2 \times 270 \times 1100 \times 0.33}{300} = 392 mm^2$$

（4）计算受剪箍筋：

$$\frac{A_{sv}}{s} = \frac{V - 0.7(1.5 - \beta_t) f_t b h_0}{f_{yv} h_0} = \frac{60 \times 10^3 - 0.7 \times (1.5 - 1) \times 1.1 \times 200 \times 410}{270 \times 410}$$

$$= 0.257 mm$$

$$\frac{A_{sv1}}{s} = \frac{A_{sv}}{2s} = 0.128$$

（5）计算钢筋总用量：

箍筋单肢总用量为：

$$\frac{A_{st1}}{s} = \frac{A_{sv1}}{s} = 0.33 + 0.128 = 0.458$$

选用 $\phi 10$，单肢面积 $78.5 mm^2$。

间距 $s = \frac{78.5}{0.458} mm = 171 mm$，取 $s = 150 mm$。

验算配箍率：

$$\rho_{sv} = \frac{n A_{sv1}}{bs} = \frac{2 \times 78.5}{200 \times 150} \times 100\% = 0.52\% > \rho_{sv,min} = 0.28 \frac{f_t}{f_{yv}}$$

$$= 0.28 \times \frac{1.1}{270} \times 100\% = 0.114\%$$

满足要求。

（6）计算纵向钢筋：

选用 6 Φ 10 （$A_{st l} = 471 mm^2$）。

验算配筋率：

$$\rho_{tl} = \frac{A_{st l}}{bh} = \frac{471}{200 \times 450} \times 100\% = 0.52\%$$

$$> \rho_{tl,min} = 0.6 \sqrt{\frac{T}{Vb}} \frac{f_t}{f_y} = 0.6 \sqrt{\frac{10 \times 10^6}{60 \times 10^3 \times 200}} \times \frac{1.27}{300} \times 100\% = 0.23\%$$

满足要求。

4.2.5 弯剪扭构件承载力计算

1. 计算一般规定

矩形、T 形、I 形和箱形截面弯剪扭构件，其承载力计算按下列规定执行：

（1）纵向钢筋截面面积应分别按受弯构件的正截面受弯承载力和剪扭构件的受扭承载力计算确定，并在相应的位置进行配置。

（2）箍筋截面面积应分别按剪扭构件的受剪承载力和受扭承载力计算确定，并在相应的位置进行配置。

2. 不考虑剪力影响的条件

当符合下列条件时，可不考虑剪力的影响，仅按受弯构件的正截面受弯承载力和纯扭构件的受扭承载力分别进行计算，即剪力设计值 $V \leqslant 0.35 f_t b h_0$。

对于集中荷载作用下的构件，剪力设计值 $V \leqslant \dfrac{0.875}{\lambda+1} f_t b h_0$。

3. 不考虑扭矩影响的条件

当符合下列条件时，可不考虑扭矩的影响，仅按受弯构件的正截面受弯承载力和斜截面受剪承载力分别进行计算，即扭矩设计值 $T \leqslant 0.175 f_t W_t$。

对于箱形截面构件，扭矩设计值 $T \leqslant 0.175 a_h f_t W_t$。

4. 计算实例

【例 4-11】 在均布荷载作用下的钢筋混凝土矩形截面构件，截面尺寸为 $b=250\text{mm}$，$h=500\text{mm}$，承受弯剪扭的综合作用，弯矩设计值 $M=66\text{kN} \cdot \text{m}$，剪力设计值 $V=70\text{kN}$，扭矩设计值 $T=15\text{kN} \cdot \text{m}$，混凝土强度等级为 C25（$f_c=11.9\text{N/mm}^2$，$f_t=1.27\text{N/mm}^2$），箍筋采用 HPB300 级钢筋（$f_{yv}=270\text{N/mm}^2$），纵向钢筋采用 HRB335 级钢筋（$f_y=300\text{N/mm}^2$），一类使用环境，试计算所需箍筋和纵向钢筋的数量。

解：（1）验算截面尺寸

$$h_0 = 500 - 40 = 460\text{mm}$$

$$W_t = \frac{b^2}{6}(3h-b) = \frac{250^2}{6}(3 \times 500 - 250) = 130.21 \times 10^5 \text{mm}^3$$

$$\frac{V}{bh_0} + \frac{T}{0.8W_t} = \frac{70 \times 10^3}{250 \times 460} + \frac{15 \times 10^6}{0.8 \times 130.21 \times 10^5} = 2.05\text{N/mm}^2$$

$$< 0.25\beta_c f_c = 0.25 \times 1.0 \times 11.9 = 2.975\text{N/mm}^2$$

故截面尺寸满足要求。

（2）验算是否需要按计算进行剪扭配筋

$$\frac{V}{bh_0} + \frac{T}{W_t} = \frac{70 \times 10^3}{250 \times 460} + \frac{15 \times 10^6}{130.21 \times 10^5} = 1.76\text{N/mm}^2 > 0.7f_t$$

$$= 0.7 \times 1.27 = 0.889\text{N/mm}^2$$

需要计算剪扭配筋。

（3）验算是否考虑剪力作用

$$0.35f_t bh_0 = 0.35 \times 1.27 \times 250 \times 460 = 51118\text{N} < V = 70000\text{N}$$

所以需要考虑剪力计算。

（4）验算是否考虑扭矩作用

$$0.175f_t W_t = 0.175 \times 1.27 \times 130.21 \times 10^5 = 2.89 \times 10^6 \text{N} \cdot \text{mm} = 2.89\text{kN} \cdot \text{m} < T = 15\text{kN} \cdot \text{m}$$

所以需要考虑扭矩计算。

（5）计算抗弯纵向钢筋

$$\alpha_s = \frac{M}{\alpha_1 f_c bh_0^2} = \frac{66 \times 10^6}{1.0 \times 11.9 \times 250 \times 460^2} = 0.105$$

查表 2-5，得 $\gamma_s = 0.946$，则

$$A_s = \frac{M}{f_y \gamma_s h_0} = \frac{66 \times 10^6}{300 \times 0.946 \times 460} = 506\text{mm}^2$$

（6）计算受扭钢筋

1）受扭箍筋。截面核心尺寸计算如下：

$$b_{cor} = 250 - 50 = 200\text{mm}$$

$$h_{cor} = 500 - 50 = 450mm$$

$$u_{cor} = 2(b_{cor} + h_{cor}) = 2 \times (200 + 450) = 1300mm$$

$$A_{cor} = b_{cor}h_{cor} = 200 \times 450 = 90000mm^2$$

$$\beta_t = \frac{1.5}{1 + 1.5\dfrac{VW_t}{Tbh_0}} = \frac{1.5}{1 + 0.5 \times \dfrac{70 \times 10^3 \times 130.21 \times 10^5}{15 \times 10^6 \times 250 \times 460}} = 1.19 > 1, 取\beta_t = 1$$

取 $\xi = 1.2$，得：

$$\frac{A_{st1}}{s} = \frac{T - 0.35\beta_t f_t W_t}{1.2\sqrt{\xi}f_{yv}A_{cor}} = \frac{1.5 \times 10^6 - 0.35 \times 1.0 \times 1.27 \times 130.21 \times 10^5}{1.2\sqrt{1.2} \times 270 \times 90000} = 0.289mm$$

2）受扭纵向钢筋

$$A_{stl} = \frac{\zeta f_{yv}u_{cor}}{f_y}\frac{A_{st1}}{s} = \frac{1.2 \times 270 \times 1300}{300} \times 0.289 = 405.6mm^2$$

（7）计算受剪箍筋

$$\frac{A_{sv}}{s} = \frac{V - 0.7(1.5 - \beta_t)f_t bh_0}{f_{yv}h_0}$$

$$= \frac{70 \times 10^3 - 0.7 \times (1.5 - 1) \times 1.27 \times 250 \times 460}{270 \times 460} = 0.152mm$$

$$\frac{A_{sv1}}{s} = \frac{A_{sv}}{2s} = 0.076mm$$

（8）计算钢筋总用量

1）箍筋。箍筋单肢总用量为

$$\frac{A_{st1}}{s} = \frac{A_{sv1}}{s} = 0.289 + 0.076 = 0.365mm$$

选用 $\phi8$，单肢面积 $50.3mm^2$，则间距 $s = \dfrac{50.3}{0.365} = 137.8mm$，取 $s = 100mm$。

验算配箍率

$$\rho_{sv} = \frac{n(A_{st1} - A_{sv1})}{bs} = \frac{2 \times 50.3}{250 \times 100} \times 100\% = 0.402\% > \rho_{sv,min} = 0.28\frac{f_t}{f_{yv}}$$

$$= 0.28 \times \frac{1.27}{270} \times 100\% = 0.131\%$$

满足要求。

2）纵向钢筋

受拉区总配筋：

$$A_s + \frac{A_{stl}}{3} = 506 + \frac{405.6}{3} = 641.2mm^2$$

选用 4 Φ 14（$A_s = 615mm^2$）。

受压区和腹部配筋：

$$\frac{2A_{stl}}{3} = \frac{2}{3} \times 405.6 = 270.4mm^2$$

选用 6 Φ 10（$A_s = 471mm^2$）。

5 混凝土结构受冲切和局部受压承载力计算

5.1 受冲切承载力计算与实例

1. 不配置箍筋或弯起钢筋时受冲切承载力计算

《混凝土结构设计规范》GB 50010—2010 在建立受冲切承载力计算公式时，假定破坏锥体的侧表面与板的平面成 45°角，近似认为沿锥体侧表面的混凝土应力达到极限抗拉强度。在局部荷载或集中反力作用下不配置箍筋或弯起钢筋的板，其受冲切承载力（如图 5-1 所示）应按下列公式计算：

$$F_l \leqslant (0.7\beta_h f_t + 0.25\sigma_{pc,m})\eta u_m h_0 \tag{5-1}$$

式（6-1）中的系数 η，应按下列两个公式计算，并取其中的较小值：

$$\eta_1 = 0.4 + \frac{1.2}{\beta_s} \tag{5-2}$$

$$\eta_2 = 0.5 + \frac{a_s h_0}{4u_m} \tag{5-3}$$

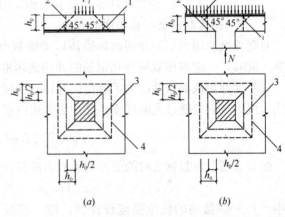

图 5-1 板受冲切承载力计算

(a) 局部荷载作用下；(b) 集中反力作用下

1—冲切破坏锥体的斜截面；2—计算截面；

3—计算截面的周长；4—冲切破坏锥体的底面线

式中　F_l——局部荷载设计值或集中反力设计值；对板柱结构的节点，取柱所承受的轴向压力设计值的层间差值减去柱顶冲切破坏锥体范围内板所承受的荷载设计值；当有不平衡弯矩时，应按《混凝土结构设计规范》GB 50010—2010 第 6.5.6 条确定；

　　　β_h——截面高度影响系数，当 $h \leqslant 800$mm 时，取 $\beta_h = 1.0$；当 $h \geqslant 2000$mm 时，取 $\beta_h = 0.9$，其间按线性内插法取用；

　　　$\sigma_{pc,m}$——计算截面周长上两个方向混凝土有效预压应力按长度的加权平均值，其值宜控制在 $1.0 \sim 3.5$N/mm² 范围内；

　　　u_m——计算截面的周长，取距离局部荷载或集中反力作用面积周边 $h_0/2$ 处板垂直截面的最不利周长；

　　　h_0——截面有效高度，取两个方向配筋的截面有效高度平均值；

　　　η_1——局部荷载或集中反力作用面积形状的影响系数；

　　　η_2——计算截面周长与板截面有效高度之比的影响系数；

β_s——局部荷载或集中反力作用面积为矩形时的长边与短边尺寸的比值，β_s 不宜大于 4；当 $\beta_s < 2$ 时，取 $\beta_s = 2$；当面积为圆形时，取 $\beta_s = 2$；

α_s——柱位置影响系数：对中柱，取 $\alpha_s = 40$；对边柱，取 $\alpha_s = 30$；对角柱，取 $\alpha_s = 20$。

2. 配置箍筋或弯起钢筋时受冲切承载力计算

（1）受冲切承载力计算公式。在局部荷载或集中反力作用下，当受冲切承载力不满足式（5-1）的要求且板厚受到限制时，可配置箍筋或弯起钢筋。此时，其受冲切承载力应按下列公式计算：

1）当配置箍筋时：

$$F_l \leqslant 0.5 f_t \eta u_m h_0 + 0.8 f_{yv} A_{svu} \tag{5-4}$$

2）当配置弯起钢筋时：

$$F_l \leqslant 0.5 f_t \eta u_m h_0 + 0.8 f_y A_{sbu} \sin\alpha \tag{5-5}$$

式中 A_{svu}——与呈 45°冲切破坏锥体斜截面相交的全部箍筋截面面积；

A_{sbu}——与呈 45°冲切破坏锥体斜截面相交的全部弯起钢筋截面面积；

α——弯起钢筋与板底面的夹角。

对配置抗冲切钢筋的冲切破坏锥体以外的截面，还应按式（5-1）进行受冲切承载力计算，此时，u_m 应取配置抗冲切钢筋的冲切破坏锥体以外 $0.5h_0$ 处的最不利周长。

（2）受冲切截面条件。为了避免抗冲切钢筋配置过多不能充分利用，以及避免构件在使用阶段出现斜裂缝过大的现象，受冲切截面应符合下列要求：

$$F_l \leqslant 1.2 f_t \eta u_m h_0 \tag{5-6}$$

配置箍筋、弯起钢筋时的受冲切承载力应符合：

$$F_l \leqslant (0.5 f_t + 0.25 \sigma_{pc,m}) \eta u_m h_0 + 0.8 f_{yv} A_{svu} + 0.8 f_y A_{sbu} \sin\alpha \tag{5-7}$$

式中 f_{yv}——箍筋的抗拉强度设计值，按《混凝土结构设计规范》GB 50010—2010 第 4.2.3 条的规定采用；

A_{svu}——与呈 45°冲切破坏锥体斜截面相交的全部箍筋截面面积；

A_{sbu}——与呈 45°冲切破坏锥体斜截面相交的全部弯起钢筋截面面积；

α——弯起钢筋与板底面的夹角。

注：当有条件时，可采取配置栓钉、型钢剪力架等形式的抗冲切措施。

3. 阶形基础受冲切承载力计算

对矩形截面柱的阶形基础，受冲切承载力截面位置如图 5-2 所示。

对矩形截面柱的阶形基础，在柱与基础交接处及基础变阶处的受冲切承载力可按下列公式计算：

$$F_l \leqslant 0.7 \beta_h f_t b_m h_0 \tag{5-8}$$

$$F_l = p_s A \tag{5-9}$$

$$b_m = \frac{b_t + b_b}{2} \tag{5-10}$$

式中 h_0——柱与基础交接处或基础变阶处的截面有效高度，取两个方向配筋的截面有效高度平均值；

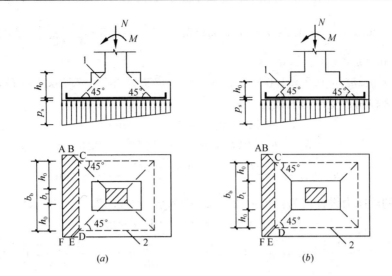

图 5-2 计算阶形基础的受冲切承载力截面位置
1—冲切破坏锥体最不利一侧的斜截面；2—冲切破坏锥体的底面线
(a）柱与基础交接处；（b）基础变阶处

p_s——按荷载效应基本组合计算并考虑结构重要性系数的基础底面地基反力设计值（可扣除基础自重及其上的土重），当基础偏心受力时，可取用最大的地基反力设计值；

A——考虑冲切荷载时取用的多边形面积（图 5-2 中的阴影 ABCDEF）；

b_t——冲切破坏锥体最不利一侧斜截面的上边长；当计算柱与基础交接处的受冲切承载力时，取柱宽；当计算基础变阶处的受冲切承载力时，取上阶宽；

b_b——柱与基础交接处或基础变阶处的冲切破坏锥体最不利一侧斜截面的下边长，$b_b = b_t + 2h_0$。

4. 计算实例

【例 5-1】 某钢筋混凝土楼盖的柱网尺寸 6m×6m，中柱截面尺寸为 400mm×400mm，楼盖承受的荷载设计值（包括自重）为 20kN/m²，柱帽尺寸如图 5-3 所示，混凝土强度等级为 C30。试验算受冲切承载力。

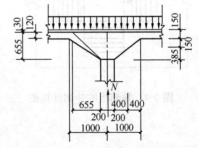

图 5-3 柱帽尺寸图

解：（1）验算柱边受冲切承载力

$$h_0 = 655\text{mm}$$

$$b_b = h_b = b_t + 2h_0 = 400 + 2 \times 655 = 1710\text{mm}$$

$$u_m = 4 \times \frac{b_t + b_b}{2} = 4 \times \frac{400 + 1710}{2} = 4220\text{mm}$$

柱承受的轴向力设计值为：$N = 20 \times 6 \times 6 = 720\text{kN}$；$F_l = 720 - 20 \times (0.4 + 2 \times 0.655)^2 = 685.8\text{kN}$

$$\beta_s = 400/400 = 1 < 2.0，取 \beta_s = 2.0$$

$$\eta_l = 0.4 + \frac{1.2}{\beta_s} = 1.0; \quad \alpha_s = 40, \quad \eta_2 = 0.5 + \frac{\alpha_s h_0}{4 u_m} = 0.5 + \frac{40 \times 655}{4 \times 4220} = 2.05$$

取 $\eta = \min(\eta_l, \eta_2) = 1.0$

$F_{lu} = 0.7 \beta_h f_t \eta u_m h_0 = 0.7 \times 1.0 \times 1.43 \times 1.0 \times 4220 \times 655 = 2778\text{kN} > F_l$，满足要求。

（2）验算柱帽边受冲切承载力

$$h_0 = 120\text{mm}; b_t = h_t = 2000\text{mm}$$

$$b_b = h_b = b_t + 2h_0 = 2000 + 2 \times 120 = 2240\text{mm}$$

$$u_m = 4 \times \frac{b_t + b_b}{2} = 4 \times \frac{2000 + 2240}{2} = 8480\text{mm}$$

柱承受的轴向力设计值为：$F_l = 720 - 20 \times (2.0 + 2 \times 0.12)^2 = 620.0\text{kN}$

$$\beta_s = 2000/2000 = 1 < 2.0 \text{ 取 } \beta_s = 2.0$$

$$\eta_l = 0.4 + \frac{1.2}{\beta_s} = 1.0; \quad \alpha_s = 40, \quad \eta_2 = 0.5 + \frac{\alpha_s h_0}{4 u_m} = 0.5 + \frac{40 \times 120}{4 \times 8480} = 0.642$$

取 $\eta = \min(\eta_l, \eta_2) = 0.642$

$F_{lu} = 0.7 \beta_h f_t \eta u_m h_0 = 0.7 \times 1.0 \times 1.43 \times 0.642 \times 8480 \times 120 = 653.9\text{kN} > F_l$，满足要求。

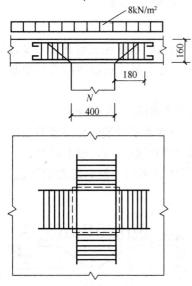

图5-4　箍筋板的冲切计算图

【例5-2】　已知某钢筋混凝土无柱帽无梁楼盖，柱网尺寸为5.5m×5.5m，楼板厚度160mm，中柱截面尺寸400mm×400mm，混凝土强度等级为C20，箍筋HPB300级，楼面荷载设计值8kN/m²，箍筋板的冲切计算图如图5-4所示。试计算箍筋截面面积。

解：（1）验算混凝土受冲切承载力：

$$h_0 = 160 - 30 = 130\text{mm}$$

$$b_t = 400\text{mm}$$

$$b_b = b_t + 2h_0 = 400 + 2 \times 130 = 660\text{mm}$$

$$u_m = 4 \times \frac{b_t + b_b}{2} = 4 \times \frac{440 + 660}{2} = 2120\text{mm}$$

1）计算柱承受的轴向力设计值：

$$N = 8 \times 5.5 \times 5.5 = 242\text{kN}$$

2）计算柱边冲切破坏锥体承受的冲切设计值：

$$F_t = 242 - 8 \times (0.4 + 2 \times 0.13)^2 = 238.52\text{kN}$$

$$\eta_l = 0.4 + \frac{1.2}{\beta_s} = 0.4 + \frac{1.2}{2} = 1.0$$

$$\eta_2 = 0.5 + \frac{\alpha_s h_0}{4 u_m} = 0.5 + \frac{40 \times 130}{4 \times 2120} = 1.11$$

取两者中的较小值，故取1.0

3）计算混凝土板的抗冲切承载力：

$$0.7 \beta_h f_t \eta u_m h_0 = 0.7 \times 0.1 \times 1.10 \times 1.0 \times 2120 \times 130 = 212\text{kN} < 238.52\text{kN}$$

说明应配置箍筋。

（2）验算截面尺寸：

$$1.05 f_t \eta u_m h_0 = 1.05 \times 1.10 \times 1.0 \times 2120 \times 130 = 318.3\text{kN} > 238.52\text{kN}$$

说明截面尺寸符合要求。

（3）计算箍筋截面面积：

$$A_{svu} = \frac{F_l - 0.35 f_t \eta u_m h_0}{0.8 f_{yv}}$$

$$= \frac{238520 - 0.35 \times 1.10 \times 1.0 \times 2120 \times 130}{0.8 \times 210} = 788.2 \text{mm}^2$$

【例 5-3】 某钢筋混凝土无梁楼盖，无柱帽，柱网尺寸为 6m×6m，中柱的截面尺寸为 420mm×400mm，楼板厚度 $h=150$mm，楼板上作用有荷载设计值 10kN/m²（包括自重），混凝土强度等级为 C25（$f_t = 1.27$N/mm²），箍筋采用 HPB300 级钢筋（$f_{yv} = 270$N/mm²），弯起钢筋采用 HRB335 级钢筋（$f_y = 300$N/mm²），$a_s = 30$mm。试计算配置箍筋的截面面积和配置弯起钢筋的截面面积。

解：（1）验算混凝土受冲切承载力：

$$h_0 = 150 - 30 = 120 \text{mm}$$

$$b_t = 420 \text{mm}, \quad b_b = b_t + 2h_0 = 420 + 2 \times 120 = 660 \text{mm}$$

$$u_m = 4 \times \frac{b_t + b_b}{2} = 4 \times (420 + 660)/2 = 2120 \text{mm}$$

柱子承受的轴向力设计值为：

$$N = 6 \times 6 \times 10 \text{kN} = 360 \text{kN}$$

无梁楼板承受的集中反力设计值为：

$$F_l = 360 - 10 \times (0.4 + 2 \times 0.13)^2 = 355.64 \text{kN}$$

由题意知，$\beta_s = 2$，$\alpha_s = 40$，则：

$$\eta_1 = 0.4 + \frac{1.2}{\beta_s} = 0.4 + \frac{1.2}{2} = 1.0$$

$$\eta_2 = 0.5 + \frac{\alpha_s h_0}{4 u_m} = 0.5 + \frac{40 \times 120}{4 \times 2120} = 1.07$$

取 $\eta = 1.0$

$0.7 \beta_h f_t \eta u_m h_0 = 0.7 \times 1.0 \times 1.27 \times 1.0 \times 2120 \times 120 = 226262.6 \text{N} = 226 \text{kN} < F_l = 355.64 \text{kN}$
故需要配置抗冲切钢筋。

（2）验算受冲切截面尺寸：

$1.2 f_t \eta u_m h_0 = 1.2 \times 1.27 \times 1.0 \times 2120 \times 120 = 387705.6 \text{N} = 388 \text{kN} > F_l = 355.64 \text{kN}$
故板厚度符合要求。

（3）计算配置箍筋时的截面面积：

$$A_{svu} = \frac{F_l - 0.5 f_t \eta u_m h_0}{0.8 f_{yv}} = \frac{355.64 \times 10^3 - 0.5 \times 1.27 \times 1.0 \times 2120 \times 120}{0.8 \times 270} = 898.6 \text{mm}^2$$

选用双肢箍筋 2ϕ8，$A_{svul} = 50.3$mm²，每一方向的箍筋间距为：

$$s = \frac{4 h_0 n A_{svul}}{A_{svu}} = \frac{4 \times 120 \times 2 \times 50.3}{898.6} = 53.74 \text{mm}$$

取 $s = 40 \text{mm} < \frac{h_0}{3} = 43.3 \text{mm}$，符合要求。

（4）计算配置弯起钢筋时的截面面积：

$$A_{\text{sbu}}=\frac{F_l-0.5f_t\eta u_m h_0}{0.8f_y\sin\alpha}=\frac{355.64\times10^3-0.5\times1.27\times1.0\times2120\times120}{0.8\times300\times\sin45°}=1143.9\text{mm}^2$$

（5）验算抗冲切钢筋的冲切破坏锥体以外截面的受冲切承载力：

$$1.5h_0=1.5\times120=180\text{mm}$$

$$b_t=420+2\times180=780\text{mm}$$

$$b_b=b_t+2h_0=780+2\times120=1020\text{mm}$$

$$u_m=4\times\frac{b_t+b_b}{2}=4\times\frac{780+1020}{2}=3600\text{mm}$$

无梁楼板承受的集中反力设计值为：

取 $\eta=0.85$

$0.7\beta_h f_t\eta u_m h_0=0.7\times1.0\times1.27\times0.85\times3600\times120=326440.8\text{N}=326.4\text{kN}>F_l=355.64\text{kN}$
满足要求。

5.2　局部受压承载力计算与实例

局部受压一般是对结构承压部位，为防止局部混凝土受压开裂或产生过大下沉而对其局部受压进行验算，以确定其受压区平面尺寸要求。而局部受压区的承载力则由局部受压区的混凝土和间接钢筋共同承担。

1. 局部受压区的截面尺寸

配置间接钢筋的混凝土结构构件，其局部受压区的截面尺寸应符合下列要求：

$$F_l\leqslant1.35\beta_c\beta_l f_c A_{ln}\tag{5-11}$$

$$\beta_l=\sqrt{\frac{A_b}{A_l}}\tag{5-12}$$

式中　F_l——局部受压面上作用的局部荷载或局部压力设计值；在后张法预应力混凝土构件中的锚头局压区，应取 1.2 倍张拉控制力；

f_c——混凝土轴心抗压强度设计值；

β_c——混凝土强度影响系数；

β_l——混凝土局部受压时的强度提高系数；

A_l——混凝土局部受压面积；

A_{ln}——混凝土局部受压净面积；对后张法构件，应在混凝土局部受压面积中扣除孔道、凹槽部分的面积；

A_b——局部受压的计算底面积。

局部受压的计算底面积 A_b，可由局部受压面积与计算底面积按同心、对称的原则确定；对常用情况，可按图 5-5 取用。

2. 局部受压承载力计算

局部受压区的间接钢筋布置如图 5-6 所示。

当配置方格网式或螺旋式间接钢筋且其核心面积 $A_{cor}\geqslant A_l$ 时，局部受压承载力应按下式计算：

$$F_l\leqslant0.9(\beta_c\beta_l f_c+2\alpha\rho_v\beta_{cor}f_y)A_{ln}\tag{5-13}$$

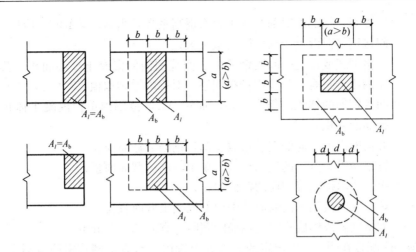

图 5-5 局部受压的计算底面积

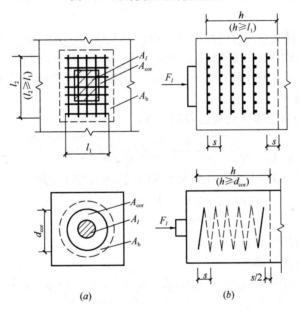

(a)　　　　　　(b)

图 5-6 局部受压区的间接钢筋

(a) 方格网式配筋；(b) 螺旋式配筋

$$\beta_{cor} = \sqrt{\frac{A_{cor}}{A_l}} \tag{5-14}$$

当为方格网式配筋时，如图 5-6（a）所示，其体积配筋率 ρ_v 应按下式计算：

$$\rho_v = \frac{n_1 A_{s1} l_1 + n_2 A_{s2} l_2}{A_{cor} s} \tag{5-15}$$

此时，钢筋网两个方向上单位长度内钢筋截面面积的比值不宜大于 1.5。这条规定是为了避免长、短两个方向配筋相差过大而导致钢筋不能充分发挥强度。

当为螺旋式配筋时，如图 5-6（b）所示，其体积配筋率 ρ_v 应按下列公式计算：

$$\rho_v = \frac{4 A_{ss1}}{d_{cor} s} \tag{5-16}$$

121

式中 β_{cor}——配置间接钢筋的局部受压承载力提高系数，当 $A_{cor} > A_b$ 时，应取 $A_{cor} = A_b$；

    α——间接钢筋对混凝土约束的折减系数；

    A_{cor}——方格网式或螺旋式间接钢筋内表面范围内的混凝土核心面积，其重心应与 A_l 的重心重合，计算中仍按同心、对称的原则取值；

    ρ_v——间接钢筋的体积配筋率（核心面积 A_{cor}，范围内单位混凝土体积所含间接钢筋的体积）；

n_1、A_{s1}——方格网沿 l_1 方向的钢筋根数、单根钢筋的截面面积；

n_2、A_{s2}——方格网沿 l_2 方向的钢筋根数、单根钢筋的截面面积；

    A_{ss1}——螺旋式单根间接钢筋的截面面积；

    d_{cor}——螺旋式间接钢筋内表面范围内的混凝土截面直径；

    s——方格网式或螺旋式间接钢筋的间距，宜取 30~80mm。

间接钢筋应配置在图 5-6 所规定的高度 h 范围内，对方格网式钢筋，不应少于 4 片；对螺旋式钢筋，不应少于 4 圈。对柱接头，还不应小于 $15d$，d 为柱的纵向钢筋直径。

3. 计算实例

【例 5-4】 已知混凝土构件的局部受压面积为 250mm×300mm，承受局部压力设计值为 $F_l = 3330$kN，布置焊接钢筋网片 500mm×600mm，两个方向的钢筋（采用 HPB300 级）分别为 6ϕ8 和 7ϕ8，网片间距为 $s = 62$mm，混凝土强度等级 C25（$f_c = 11.9$N/mm²），试验算局部受压承载力。

解：（1）验算局部受压区的截面限制条件：

$$\beta_l = \sqrt{\frac{A_b}{A_l}} = \sqrt{\frac{(250 + 2 \times 250) \times (300 + 2 \times 250)}{250 \times 300}} = 2.83$$

$$1.35\beta_c\beta_l f_c A_{ln} = 1.35 \times 1.0 \times 2.83 \times 11.9 \times 250 \times 300 = 3409796\text{N}$$
$$= 3409.796\text{kN} > F_l = 3330\text{kN}$$

故满足要求。

（2）验算局部受压承载力：

方格网配筋的体积配筋率 ρ_v：

$$\rho_v = \frac{n_1 A_{s1} l_1 + n_2 A_{s2} l_2}{A_{cor} s} = \frac{6 \times 50.3 \times 500 + 7 \times 50.3 \times 600}{500 \times 600 \times 62} = 0.0195$$

局部受压承载力提高系数：

$$0.9(\beta_c\beta_l f_c + 2\alpha\rho_v\beta_{cor} f_y)A_{ln} = 0.9 \times (1.0 \times 2.83 \times 11.9 + 2 \times 1.0 \times 0.0195$$
$$\times 2.0 \times 270) \times 250 \times 300$$
$$= 3694747.5\text{N} = 3694.748\text{kN} > F_l = 3330\text{kN}$$

故满足要求。

【例 5-5】 已知混凝土构件局部受压直径为 $d = 360$mm，承受局部压力设计值为 $F_l = 3510$kN，螺旋式间接钢筋直径为 8mm，采用 HPB300 级钢筋，螺旋式间接钢筋内表面范围以内的混凝土截面直径 $d_{cor} = 505$mm，间接钢筋的间距为 $s = 60$mm，混凝土强度等级 C25（$f_c = 11.9$N/mm²），试验算局部受压承载力。

解：（1）验算局部受压区的截面限制条件

$$\beta_l = \sqrt{\frac{A_b}{A_l}} = \sqrt{\frac{\pi(3d)^2/4}{\pi d^2/4}} = 3$$

$$1.35\beta_c\beta_l f_c A_{ln} = 1.35 \times 1.0 \times 3 \times 11.9 \times \frac{\pi \times 360^2}{4} = 4905653\text{N}$$

$$= 4905.653\text{kN} > F_l = 3500\text{kN}$$

故截面尺寸满足要求。

（2）验算局部受压承载力

螺旋式配筋的体积配筋率：

$$\rho_v = \frac{4A_{ss1}}{d_{cor}s} = \frac{4 \times 50.3}{505 \times 60} = 0.0066$$

局部受压承载力提高系数：

$$\beta_{cor} = \sqrt{\frac{A_{cor}}{A_l}} = \sqrt{\frac{\pi d_{cor}^2/4}{\pi d^2/4}} = \sqrt{\frac{505^2}{360^2}} = 1.4$$

$$0.9(\beta_c\beta_l f_c + 2\alpha\rho_v\beta_{cor}f_y)A_{ln} = 0.9 \times (1.0 \times 3 \times 11.9 + 2 \times 1.0$$

$$\times 0.0066 \times 1.4 \times 270) \times \frac{\pi \times 360^2}{4}$$

$$= 4139.6\text{kN} > F_l = 3510\text{kN}$$

故满足要求。

【例 5-6】 某混凝土构件，其局部受压面积为 230mm×220mm，焊接钢筋网片为 480mm×420mm，钢筋直径为 $\phi8$，两方向的钢筋分别为 10 根和 8 根（$f_y = 270\text{N/mm}^2$），网片间距 $s=50\text{mm}$，混凝土强度等级为 C35（$f_c = 16.7\text{N/mm}^2$），承受轴向力设计值 $F_l = 2200\text{kN}$。请验算局部受压承载力。

解：（1）计算受压面积：

1）计算混凝土局部受压面积

$$A_l = A_{ln} = 230 \times 220 = 50600\text{mm}^2$$

2）计算方格网式钢筋范围内的混凝土核心面积

$$A_{cor} = 480 \times 420 = 201600\text{mm}^2$$

3）根据图 5-5 的规定，计算局部受压的计算面积

$$A_b = (3 \times 220) \times (2 \times 220 + 230) = 660 \times 670 = 442200\text{mm}^2$$

（2）计算 β_c、α、β_l、β_{cor}：

因混凝土强度等级小于 C50，取混凝土强度影响系数 $\beta_c = 1.0$

$$\beta_l = \sqrt{\frac{A_b}{A_l}} = \sqrt{\frac{442200}{50600}} = 2.96$$

$$\beta_{cor} = \sqrt{\frac{A_{cor}}{A_l}} = \sqrt{\frac{201600}{50600}} = 1.996$$

（3）计算间接钢筋体积配筋率 ρ_v：

$$\rho_v = \frac{n_1 A_{s1} l_1 + n_2 A_{s2} l_2}{A_{cor}s} = \frac{8 \times 28.3 \times 420 + 10 \times 28.3 \times 480}{480 \times 420 \times 50} = 0.0229$$

（4）验算截面限制条件：

$$1.35\beta_c\beta_l f_c A_{ln} = 1.35 \times 1.0 \times 2.96 \times 16.7 \times 50600 = 3376699.92\text{N}$$

$$= 3377\text{kN} > F_l = 2200\text{kN}$$

故满足要求。

（5）验算局部受压承载力：

$$0.9(\beta_c\beta_l f_c + 2\alpha\rho_v\beta_{cor}f_y)A_{ln} = 0.9 \times (1.0 \times 2.96 \times 16.7 + 2$$
$$\times 1.0 \times 0.0229 \times 1.996 \times 210) \times 50600$$
$$= 3125388.7\mathrm{N} = 3125\mathrm{kN} > F_l = 2200\mathrm{kN}$$

故满足要求。

6 混凝土结构其他构件计算

6.1 梁内的附加钢筋计算与实例

1. 梁内纵向钢筋的净间距

钢筋混凝土梁纵向受力钢筋的直径，当梁高 $h \geqslant 300\text{mm}$ 时，不应小于 10mm；当梁高 $h < 300\text{mm}$ 时，不应小于 8mm。梁上部纵向钢筋水平方向的净间距（钢筋外边缘之间的最小距离）不应小于 30mm 和 $1.5d$（d 为钢筋的最大直径）；下部纵向钢筋水平方向的净间距不应小于 25mm 和 d。梁的下部纵向钢筋配置多于两层时；两层以上钢筋水平方向的中距应比下面两层的中距增大一倍。各层钢筋之间的净间距不应小于 25mm 和 d。

伸入梁支座范围内的纵向受力钢筋根数不应少于两根。

2. 集中荷载作用点的附加钢筋计算

位于梁下部或梁截面高度范围内的集中荷载，应全部由附加横向钢筋（箍筋、吊筋）承担，附加横向钢筋宜采用箍筋。箍筋应布置在长度为 s 的范围内，此处，$s = 2h_1 + 3b$（如图 6-1 所示）。

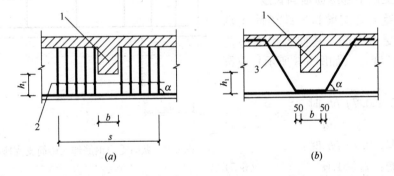

图 6-1　梁截面高度范围内有集中荷载作用时附加横向钢筋的位置
1—传递集中荷载的位置；2—附加箍筋；3—附加吊筋
（a）附加箍筋；（b）附加吊筋

附加横向钢筋所需的总截面面积应符合下列规定：

$$A_{sv} = \frac{F}{f_{yv}\sin\alpha} \tag{6-1}$$

式中　A_{sv}——承受集中荷载所需的附加横向钢筋总截面面面积；当采用附加吊筋时，A_{sv} 应为左、右弯起段截面面积之和；

F——作用在梁的下部或梁截面高度范围内的集中荷载设计值；

α——附加横向钢筋与梁轴线间的夹角。

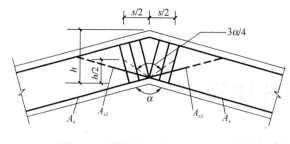

图 6-2 钢筋混凝土梁内折角处配筋

3. 梁内弯折处附加钢筋计算

当构件的内折角处于受拉区时，应增设箍筋（如图 6-2 所示）。该箍筋应能承受未在受压区锚固的纵向受拉钢筋的合力，且在任何情况下不应小于全部纵向钢筋合力的 35%。由箍筋承受的纵向受拉钢筋的合力可按下列公式计算：

（1）未在受压区锚固的纵向受拉钢筋的合力 N_{s1} 为：

$$N_{s1} = 2f_y A_{s1} \cos \frac{\alpha}{2} \tag{6-2}$$

（2）全部纵向受拉钢筋合力 N_{s2} 的 35% 为：

$$N_{s2} = 0.7 f_y A_s \cos \frac{\alpha}{2} \tag{6-3}$$

式中　A_s——全部纵向受拉钢筋的截面面积；

　　　A_{s1}——未在受压区锚固的纵向受拉钢筋的截面面积；

　　　α——构件的内折角。

按上述条件求得的箍筋应设置在长度 s 范围内，此处，$s = h \tan (3\alpha/8)$。

4. 梁简支端下部纵筋锚固长度

钢筋混凝土简支梁和连续梁简支端的下部纵向受力钢筋，其伸入梁支座范围内的锚固长度 l_{as}（如图 6-3 所示）应符合下列规定：

（1）当 $V \leqslant 0.7 f_t b h_0$ 时：

$$l_{as} \geqslant 5d \tag{6-4}$$

（2）当 $V > 0.7 f_t b h_0$ 时：

带肋钢筋：$l_{as} \geqslant 12d \tag{6-5}$

光面钢筋：　　　　　　　　$l_{as} \geqslant 15d \tag{6-6}$

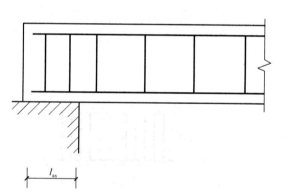

图 6-3　纵向受力钢筋伸入梁简支支座的锚固

此处，d——纵向受力钢筋的最大直径。

如纵向受力钢筋伸入梁支座范围内的锚固长度不符合上述要求时，应采取在钢筋上加焊锚固钢板，或将钢筋端部焊接在梁端预埋件上等有效锚固措施。

支承在砌体结构上的钢筋混凝土独立梁，在纵向受力钢筋的锚固长度 l_{as} 范围内应配置不少于两根箍筋，其直径不宜小于纵向受力钢筋最大直径的 0.25 倍，间距不宜大于纵向受力钢筋最小直径的 10 倍；当采取机械锚固措施时，箍筋间距尚不宜大于纵向受力钢筋最小直径的 5 倍。

注：对混凝土强度等级为 C25 及以下的简支梁和连续梁的简支端，当距支座边 1.5h 范围内作用有集中荷载，且 $y > 0.7 f_t b h_0$ 时，对带肋钢筋宜采取附加锚固措施，或取锚固长度 $l_{as} \geqslant 15d$。

5. 纵向受拉钢筋截断时的延伸长度

钢筋混凝土梁支座截面负弯矩纵向受拉钢筋不宜在受拉区截断。当必须截断时，应符合以下规定：

（1）当 $V \leqslant 0.7 f_t b h_0$ 时，应延伸至按正截面受弯承载力计算不需要该钢筋的截面以外不小于 $20d$ 处截断，且从该钢筋强度充分利用截面伸出的长度不应小于 $1.2 l_a$。

（2）当 $V > 0.7 f_t b h_0$ 时，应延伸至按正截面受弯承载力计算不需要该钢筋的截面以外不小于 h_0 且不小于 $20d$ 处截断，且从该钢筋强度充分利用截面伸出的长度不应小于 $1.2 l_a + h_0$。

（3）若按上述规定确定的截断点仍位于负弯矩受拉区内，则应延伸至按正截面受弯承载力计算不需要该钢筋的截面以外不小于 $1.3 h_0$ 且不小于 $20d$ 处截断，且从该钢筋强度充分利用截面伸出的延伸长度不应小于 $1.2 l_a + 1.7 h_0$。

6. 梁的构造钢筋

（1）梁内架立钢筋的直径，当梁的跨度小于 4m 时，不宜小于 8mm；当梁的跨度为 4～6m 时，不宜小于 10m；当梁的跨度大于 6m 时，不宜小于 12mm。

（2）当梁的腹板高度 $h_w > 450$mm 时，在梁的两个侧面应沿高度配置纵向构造钢筋，每侧纵向构造钢筋（不包括梁上、下部受力钢筋及架立钢筋）的截面面积不应小于腹板截面面积 $b h_w$ 的 0.1%，且其间距不宜大于 200mm。此处，腹板高度 h_w 按"对矩形截面，取有效高度，对 T 形截面，取有效高度减去翼缘高度；对 I 形截面，取腹板净高"。

（3）对钢筋混凝土薄腹梁或需作疲劳验算的钢筋混凝土梁，应在下部二分之一梁高的腹板内沿两侧配置直径为 8～14mm、间距为 100～150mm 的纵向构造钢筋，并应按下密上疏的方式布置。在上部二分之一梁高的腹板内，纵向构造钢筋可按上述（2）的规定配置。

7. 计算实例

【例 6-1】 已知某梁板结构，经过计算得出次梁传给主梁的全部集中力设计值 $F = 191.4$kN，吊筋采用 HRB335 级钢筋，试计算其吊筋。

解： 由 $A_{sv} = \dfrac{F}{2 f_y \sin\alpha} = \dfrac{191400}{2 \times 300 \times 0.707} = 451.2 \text{mm}^2$

吊筋采用 $2 \Phi 18$，$A_{sv} = 509 \text{mm}^2 > 451.2 \text{mm}^2$。

【例 6-2】 已知某折梁的截面尺寸为 $b \times h = 250 \text{mm} \times 500 \text{mm}$，内折角 $\alpha = 170°$，混凝土强度等级为 C20，纵向受拉钢筋为 HRB335 级，$4 \Phi 20$，拟采用 HPB300 级钢筋增设箍筋（$f_{yv} = 270 \text{N/mm}^2$），试问如何选取？

解：（1）计算参数

$$h_0 = 500 - 50 = 450 \text{mm}$$

查附表 3-3 得，$f_y = 300 \text{N/mm}^2$。

（2）全部纵向受拉筋合力的 35% 为：

$$N_{s2} = 0.7 f_y A_s \cos \frac{\alpha}{2} = 0.7 \times 300 \times 1256 \times \cos \frac{170°}{2} = 22988.199 \text{N}$$

$$\frac{A_{sv}}{s} = \frac{n A_{sv1}}{s} = \frac{N_{s2} - 0.7 f_t b h_0}{1.25 f_{yv} h_0} = \frac{22988.199 - 0.7 \times 1.1 \times 250 \times 450}{1.25 \times 270 \times 450} = -0.42 < 0$$

所以只须按构造配筋。

$$s = h \tan(3\alpha/8) = 500 \times \tan(3 \times 170°/8) = 1013.9 \text{mm}$$

而 $\dfrac{1013.9}{5} = 202.78mm$，故取用为 $6\phi8@150$。

6.2 梁柱节点计算与实例

框架梁顶层边节点配筋率的限制：框架梁顶层边节点梁端负弯矩钢筋与柱外侧受拉钢筋处于平衡受力状态。当梁上端节点配筋率过高时将引起顶层端节点核心区混凝土的斜压破坏。故框架顶层端节点处梁上部纵向钢筋的截面面积 A_s 应按式（6-7）计算：

$$A_s \leqslant \frac{0.35\beta_c f_c b_b h_0}{f_y} \tag{6-7}$$

式中　b_b——梁腹板宽度；

　　　h_0——梁截面有效高度。

（1）梁纵向钢筋在框架中间层端节点的锚固应符合下列要求：

1）梁上部纵向钢筋伸入节点的锚固：

①当采用直线锚固形式时，锚固长度不应小于 l_a，且应伸过柱中心线，伸过的长度不宜小于 $5d$，d 为梁上部纵向钢筋的直径。

②当柱截面尺寸不满足直线锚固要求时，梁上部纵向钢筋可采用钢筋端部加机械锚头的锚固方式。梁上部纵向钢筋宜伸至柱外侧纵向钢筋内边，包括机械锚头在内的水平投影锚固长度不应小于 $0.4l_{ab}$，如图 6-4（a）所示。

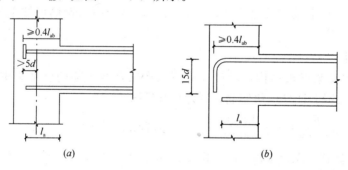

图 6-4　梁上部纵向钢筋在中间层端节点内的锚固
（a）钢筋端部加锚头锚固；（b）钢筋末端 90°弯折锚固

梁上部纵向钢筋也可采用 90°弯折锚固的方式，此时梁上部纵向钢筋应伸至柱外侧纵向钢筋内边并向节点内弯折，其包含弯弧在内的水平投影长度不应小于 $0.4l_{ab}$，弯折钢筋在弯折平面内包含弯弧段的投影长度不应小于 $15d$，如图 6-4（b）所示。

2）框架梁下部纵向钢筋伸入端节点的锚固：

①当计算中充分利用该钢筋的抗拉强度时，钢筋的锚固方式及长度应与上部钢筋的规定相同。

②当计算中不利用该钢筋的强度或仅利用该钢筋的抗压强度时，伸入节点的锚固长度应分别符合下述（2）中间节点梁下部纵向钢筋锚固的规定。

（2）框架中间层中间节点或连续梁中间支座，梁的上部纵向钢筋应贯穿节点或支座。梁的下部纵向钢筋宜贯穿节点或支座。当必须锚固时，应符合下列锚固要求：

1）当计算中不利用该钢筋的强度时，其伸入节点或支座的锚固长度对带肋钢筋不小于 $12d$，对光面钢筋不小于 $15d$，d 为钢筋的最大直径。

2）当计算中充分利用钢筋的抗压强度时，钢筋应按受压钢筋锚固在中间节点或中间支座内，其直线锚固长度不应小于 $0.7l_a$。

3）当计算中充分利用钢筋的抗拉强度时，钢筋可采用直线方式锚固在节点或支座内，锚固长度不应小于钢筋的受拉锚固长度 l_a，如图 6-5（a）所示。

4）当柱截面尺寸不足时，宜按上述（1）中的规定采用钢筋端部加锚头的机械锚固措施，也可采用 90°弯折锚固的方式。

5）钢筋可在节点或支座外梁中弯矩较小处设置搭接接头，搭接长度的起始点至节点或支座边缘的距离不应小于 $1.5h_0$，如图 6-5（b）所示。

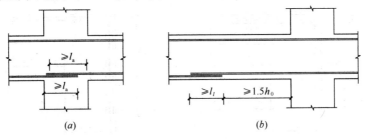

(a) (b)

图 6-5   梁下部纵向钢筋在中间节点或中间支座范围的锚固与搭接

（a）下部纵向钢筋在节点中直线锚固；（b）下部纵向钢筋在节点或支座范围外的搭接

（3）柱纵向钢筋应贯穿中间层的中间节点或端节点，接头应设在节点区以外。柱纵向钢筋在顶层中节点的锚固应符合下列要求：

1）柱纵向钢筋应伸至柱顶，且自梁底算起的锚固长度不应小于 l_a。

2）当截面尺寸不满足直线锚固要求时，可以采用 90°弯折锚固措施。此时，包括弯弧在内的钢筋垂直投影锚固长度不应小于 $0.5l_{ab}$，在弯折平面内包含弯弧段的水平投影长度不宜小于 $12d$，如图 6-6（a）所示。

3）当截面尺寸不足时，也可采用带锚头的机械锚固措施。此时，包含锚头在内的竖向锚固长度不应小于 $0.5l_{ab}$，如图 6-6（b）所示。

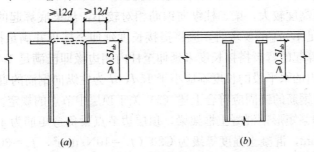

(a) (b)

图 6-6   顶层节点中柱纵向钢筋在节点内的锚固

（a）柱纵向钢筋 90°弯折锚固；（b）柱纵向钢筋端头加锚板锚固

4）当柱顶有现浇楼板且板厚不小于 100mm 时，柱纵向钢筋也可向外弯折，弯折后的水平投影长度不宜小于 $12d$。

（4）顶层端节点柱外侧纵向钢筋可弯入梁内作梁上部纵向钢筋；也可将梁上部纵向钢筋与柱外侧纵向钢筋在节点及附近部位搭接，搭接可采用下列方式：

1）搭接接头可沿顶层端节点外侧及梁端顶部布置，搭接长度不应小于 $1.5l_{ab}$，如图 6-7（a）所示。其中，伸入梁内的柱外侧钢筋截面面积不宜小于其全部截面面积的 65%；梁宽范围以外的柱外侧钢筋宜沿节点顶部伸至柱内边锚固。当柱外侧纵向钢筋位于柱顶第一层时，钢筋伸至柱内边后宜向下弯折小于 $8d$ 后截断，如图 6-7（a）所示，d 为柱纵向钢筋的直径；当柱外侧纵向钢筋位于柱顶第二层时，可不向下弯折。当现浇板厚度不小于 100mm 时，梁宽范围以外的柱外侧纵向钢筋也可伸入现浇板内，其长度与伸入梁内的柱纵向钢筋相同。

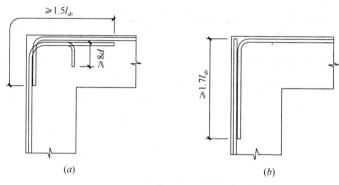

图 6-7　顶层端节点梁、柱纵向钢筋在节点内的锚固与搭接
（a）搭接接头沿顶层端节点外侧及梁端顶部布置；（b）搭接接头沿节点外侧直线布置

2）当柱外侧纵向钢筋配筋率大于 1.2% 时，伸入梁内的柱纵向钢筋应满足上述第 1）款规定且宜分两批截断，截断点之间的距离不宜小于 $20d$，d 为柱外侧纵向钢筋的直径。梁上部纵向钢筋应伸至节点外侧并向下弯至梁下边缘高度位置截断。

3）纵向钢筋搭接接头也可沿节点柱顶外侧直线布置，如图 6-7（b）所示，此时，搭接长度自柱顶算起不应小于 $1.7l_{ab}$。当梁上部纵向钢筋的配筋率大于 1.2% 时，弯入柱外侧的梁上部纵向钢筋应满足上述第 1）款规定的搭接长度，且宜分两批截断，其截断点之间的距离不宜小于 $20d$，d 为梁上部纵向钢筋的直径。

4）当梁的截面高度较大，梁、柱纵向钢筋相对较小，从梁底算起的直线搭接长度未延伸至柱顶即已满足 $1.5l_{ab}$ 的要求时，应将搭接长度延伸至柱顶并满足搭接长度 $1.7l_{ab}$ 的要求；或者从梁底算起的弯折搭接长度未延伸至柱内侧边缘即已满足 $1.5l_{ab}$ 的要求时，其弯折后包括弯弧在内的水平段的长度不应小于 $15d$，d 为柱纵向钢筋的直径。

5）柱内侧纵向钢筋的锚固应符合上述（3）关于顶层中节点的规定。

【例 6-3】　已知某矩形钢混凝土框架梁，顶层边节点梁负弯矩筋为 4 Φ 22，梁截面尺寸为 250mm×500mm，混凝土强度等级为 C20（$f_c=10\text{N/mm}^2$，$f_y=300\text{N/mm}^2$）。请校核其端节点是否超筋。

解：顶层边节点梁负弯矩筋为 4 Φ 22，$A_s=1520\text{mm}^2$

$$A_s \leqslant \frac{0.35\beta_c f_c b_b h_0}{f_y} = \frac{0.35 \times 1 \times 10 \times 250 \times 450}{300} = 1312.5\text{mm}^2$$

$1520\text{mm}^2 > 1312.5\text{mm}^2$，所以超筋。而 3 Φ 22，$A_s=1140\text{mm}^2 < 1312.5\text{mm}^2$，所以

锚入柱中的应为 3Φ22，1Φ22 在梁端截断。

6.3 钢筋混凝土剪力墙结构计算与实例

6.3.1 剪力墙结构一般规定

1. 结构布置

（1）剪力墙结构平面应当布置得简单、规则、拉通、对直，不应存在过多的凹凸，结构平面与刚度分布应当尽量均匀对称，结构的刚度中心与水平荷载的合力作用线接近或重合。竖向应当贯通建筑物全高，不宜中断或突然取消。

（2）剪力墙上的门窗洞口应当上下对齐，成列布置，形成明确的墙肢和连梁，尽量避免洞口引起的墙肢刚度相差悬殊。当抗震设计或非抗震设计时，不宜采用叠合错洞墙。在必须采用时，应当在洞周边增设暗框架钢筋骨架，如图 6-8 所示。

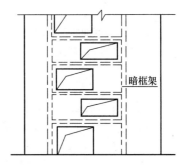

图 6-8 错洞剪力墙增设暗框架

2. 一般规定

（1）按照剪力墙进行截面设计和配筋的条件。当构件截面的长度大于其厚度的 4 倍时，宜按照钢筋混凝土剪力墙的要求进行设计，否则应当按照钢筋混凝土柱进行截面设计。

（2）剪力墙的混凝土强度等级。剪力墙的混凝土强度等级不宜低于 C25。

（3）剪力墙的最小厚度。钢筋混凝土剪力墙的厚度不应小于 140mm；对剪力墙结构，墙的厚度尚不宜小于楼层高度的 1/25；对框架-剪力墙结构，墙的厚度尚不宜小于楼层高度的 1/20。

在采用预制楼板时，墙的厚度还应考虑预制板在墙上的搁置长度以及墙内竖向钢筋贯通的要求。

（4）配筋构造：

1）钢筋混凝土剪力墙墙肢两端应配置竖向受力钢筋，每端的竖向受力钢筋不宜少于 4 根直径为 12mm 的钢筋或者 2 根直径为 16mm 的钢筋；且沿竖向受力钢筋方向宜配置直径不小于 6mm、间距是 250mm 的拉筋。

2）水平及竖向分布钢筋的直径不宜小于 8mm，间距不应大于 300mm。

3）厚度大于 160mm 的剪力墙应当配置双排分布钢筋网；结构中重要部位的剪力墙，其厚度不大于 160mm 时，也宜配置双排分布钢筋网。双排分布钢筋网应当沿墙的两个侧面布置，且应采用拉筋连接；拉筋直径不宜小于 6mm，间距不宜大于 600mm；对于重要部位的剪力墙，宜适当增加拉筋的数量。

4）剪力墙的水平和竖向分布钢筋的配筋率 ρ_{sh} 和 ρ_{sv}（$\rho_{sh}=\dfrac{A_{sh}}{bs_v}$，$\rho_{sv}=\dfrac{A_{sv}}{bs_h}$，$s_v$、$s_h$ 分别是水平分布钢筋和竖向分布钢筋的间距）不宜小于 0.2%。

结构中处于重要部位的剪力墙，其水平分布钢筋和竖向分布钢筋的配筋率宜适当提高。

6.3.2 剪力墙正截面承载力计算

（1）在承载力计算中，剪力墙的翼缘计算宽度可以取剪力墙的间距、门窗洞间翼墙的宽度、剪力墙厚度加两侧各 6 倍翼墙厚度、剪力墙墙肢总高度的 1/10 四者中的最小值。

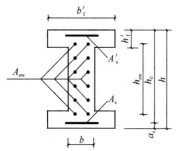

图 6-9　沿截面腹部均匀配筋的 I 形截面

（2）当截面腹部均匀配置的纵向钢筋的数量每侧不少于 4 根时，截面对称并沿高度均匀配置纵向钢筋的钢筋混凝土剪力墙，如图 6-9 所示，在偏心受压情况下，其正截面承载力计算宜按下式进行：

1）当 $x \geqslant 2a'_s$ 时，$\xi \geqslant 2a'_s/h_0$ 时：

$$N \leqslant \alpha_1 f_c[\xi bh_0 + (b'_f - b)h'_f] + f'_y A'_s - \sigma_s A_s + N_{sw} \tag{6-8}$$

$$Ne \leqslant \alpha_1 f_c\left[\xi(1-0.5\xi)bh_0^2 + (b'_f - b)h'_f\left(h_0 - \frac{h'_f}{2}\right)\right] + f'_y A'_s(h_0 - a'_s) + M_{sw} \tag{6-9}$$

$$N_{sw} = \left(1 + \frac{\xi - \beta_1}{0.5\beta_1\omega}\right)f_{yw}A_{sw} \tag{6-10}$$

$$M_{sw} = \left[0.5 - \left(\frac{\xi - \beta_1}{\beta_1\omega}\right)^2\right]f_{yw}A_{sw}h_{sw} \tag{6-11}$$

$$e = \eta e_i + 0.5h - a_s \tag{6-12}$$

式中　A_{sw}——沿截面腹部均匀配置的全部纵向钢筋的截面面积；

f_{yw}——沿截面腹部均匀配置的纵向钢筋强度设计值；

N_{sw}——沿截面腹部均匀配置的纵向钢筋所承担的轴向压力，当 $\xi > \beta_1$ 时，取 $\xi = \beta_1$ 计算，即 $N_{sw} = f_{yw}A_{sw}$；

M_{sw}——沿截面腹部均匀配置的纵向钢筋的内力对 A_s 重心的力矩，当 $\xi > \beta_1$ 时，取 $\xi = \beta_1$ 计算，即 $M_{sw} = 0.5 f_{yw}A_{sw}h_{sw}$；

ω——均匀配置纵向钢筋区段的高度 h_{sw} 与截面有效高度 h_0 的比值，即 $\omega = h_{sw}/h_0$，$h_{sw} = h_0 - a'_s$。

在上述计算中，σ_s 按下列情况计算：

当 $\xi \leqslant \xi_b$ 时，为大偏心受压破坏，取 $\sigma_s = f_y$；

矩形截面大偏心受压构件，若采用对称配筋时，$f_y = f'_y$，$A_s = A'_s$，此时由式（6-8）、式（6-10）可得

$$\xi = \frac{N - \left(1 - \frac{2}{\omega}\right)f_{yw}A_{sw}}{\frac{f_{yw}A_{sw}}{0.5\beta_1\omega} + \alpha_1 f_c bh_0} \tag{6-13}$$

当 $\xi > \xi_b$ 时，为偏小受压破坏，取 $\sigma_s = \frac{\xi - \beta_1}{\xi_b - \beta_1}f_y$。

2）当 $x < 2a'_s$，即 $\xi < 2a'_s/h_0$ 时取 $x = 2a'_s$ 计算，得：

$$Ne' = f_y A_s(h_0 - a'_s) + M'_{sw} \tag{6-14}$$

$$e' = \eta e_i - 0.5h + a'_s \tag{6-15}$$

$$M'_{sw} = \left[0.5 - 2.25 \left(\frac{1-\omega}{\omega} \right)^2 \right] f_{yw} A_{sw} h_{sw} \tag{6-16}$$

式中 M'_{sw}——沿截面腹部均匀配置的纵向钢筋的内力对 A'_s 重心的力矩。

（3）截面对称并沿高度均匀配置纵向钢筋的钢筋混凝土剪力墙，在偏心受拉情况下，其正截面承载力计算宜按下式进行：

$$N \leqslant \frac{1}{\dfrac{1}{N_{u0}} + \dfrac{e_0}{M_u}} \tag{6-17}$$

式中 N_{u0}——剪力墙的轴心受拉承载力设计值；

e_0——轴向拉力作用点至截面重心的距离；

M_u——剪力墙的正截面受弯承载力设计值，按下式计算：

$$\alpha_1 f_c \left[\xi b h_0 + (b'_f - b) h'_f \right] + f'_y A'_s - \sigma_s A_s + N_{sw} = 0 \tag{6-18}$$

$$M_u = \alpha_1 f_c \left[\xi(1 - 0.5\xi) b h_0^2 + (b'_f - b) h'_f \left(h_0 - \frac{h'_f}{2} \right) \right] + f'_y A'_s (h_0 - a'_s) + M_{sw} \tag{6-19}$$

6.3.3 剪力墙斜截面承载力计算

（1）截面限制条件。钢筋混凝土剪力墙的受剪截面应符合下列条件：

$$V \leqslant 0.25\beta_c f_c b h \tag{6-20}$$

式中 V——剪力设计值；

β_c——混凝土强度影响系数，当混凝土强度等级不超过 C50 时，取 $\beta_c = 1.0$；当混凝土强度等级为 C80 时，取 $\beta_c = 0.8$；其间按线性内插法确定；

b——矩形截面的宽度或 T 形、I 形截面的腹板宽度（墙的厚度）；

h——截面高度（墙的长度）。

（2）偏心受压时斜截面受剪承载力计算。钢筋混凝土剪力墙在偏心受压时的斜截面受剪承载力应按下式计算：

$$V \leqslant \frac{1}{\lambda - 0.5} \left(0.5 f_t b h_0 + 0.13 N \frac{A_w}{A} \right) + f_{yv} \frac{A_{sh}}{s_v} h_0 \tag{6-21}$$

式中 N——与剪力设计值 y 相应的轴向压力设计值，当 $N > 0.2 f_c b h$ 时，取 $N = 0.2 f_c b h$；

λ——计算截面的剪跨比：$\lambda = M/(Vh_0)$；当 $\lambda < 1.5$ 时，取 $\lambda = 1.5$；当 $\lambda > 2.2$ 时，取 $\lambda = 2.2$；此处，M 为与剪力设计值相应的弯矩设计值；当计算截面与墙底之间的距离小于 $h_0/2$ 时，λ 应按距墙底 $h_0/2$ 处的弯矩值与剪力值计算；

A——剪力墙的截面面积；

A_w——T 形、I 形截面剪力墙腹板的截面面积，对矩形截面剪力墙，取 $A_w = A$；

A_{sh}——配置在同一水平截面内的水平分布钢筋的全部截面面积；

s_v——水平分布钢筋的竖向间距。

当剪力设计值 V 不大于 $\dfrac{1}{\lambda - 0.5} \left(0.5 f_t b h_0 - 0.13 N \dfrac{A_w}{A} \right)$ 时，水平分布钢筋应按构造要求配置。

（3）偏心受拉时斜截面受剪承载力计算。钢筋混凝土剪力墙在偏心受拉时的斜截面受剪承载力应按下式计算：

$$V = \frac{1}{\lambda - 0.5}\left(0.5f_t b h_0 - 0.13N\frac{A_w}{A}\right) + f_{yv}\frac{A_{sh}}{s_v}h_0 \tag{6-22}$$

当上式右边的计算值小于 $f_{yv}\dfrac{A_{sh}}{s_v}h_0$ 时，取等于 $f_{yv}\dfrac{A_{sh}}{s_v}h_0$。

式中　λ——计算截面的剪跨比，按上述规定取用；

　　　N——与剪力设计值 V 相应的轴向拉力设计值。

（4）钢筋混凝土剪力墙中的连梁斜截面受剪承载力计算。当跨高比 $l_0/h > 2.5$ 时，其斜截面受剪承载力宜按下式计算：

$$V = 0.7f_t b h_0 + f_{yv}\frac{A_{sh}}{s_v}h_0 \tag{6-23}$$

【例 6-4】　已知剪力墙 $b = 180$mm，$h = 3400$mm，假设墙高 3.0m。混凝土强度等级为 C25，配置 HPB300 的竖向分布钢筋 $2\phi8@250$mm。墙肢两端 200mm 范围内配置纵向钢筋，采用 HRB335 钢筋，作用在墙肢计算截面上的内力设计值为 $M = 2030$kN·m，$N = 5000$kN。试确定墙肢的纵向钢筋截面面积 A_s、A'_s。

解：（1）基本计算数据：

设纵向钢筋集中配置在两端 200mm 范围内，则钢筋合力点至截面近边的距离为：$a = a' = 100$mm，则截面有效高度：$h_0 = h - a = 3400 - 100 = 3300$mm。

沿截面腹部均匀配置竖向分布钢筋区段的高度为：

$$h_{sw} = h_0 - a'_s = 3300 - 100 = 3200\text{mm}$$

则

$$\omega = \frac{h_{sw}}{h_0} = 3200/3300 = 0.970$$

竖向钢筋的层数 $n = \dfrac{3400 - 2\times200}{250} + 1 = 13$，则：

$$A_{sw} = 2\times13\times50.3\text{mm}^2 = 1308\text{mm}^2$$

竖向钢筋的配筋率为：$\rho = \dfrac{A_{sw}}{bh_{sw}} = \dfrac{1308}{180\times3200} = 0.23\% > 0.2\%$，满足构造要求。

（2）计算偏心距：

$$e_0 = \frac{M}{N} = \frac{2030\times10^6}{5000\times10^3} = 406\text{mm}$$

$$e_a = \frac{h}{30} = \frac{3400}{30} = 113\text{mm}$$

$$e_i = e_0 + e_a = 519\text{mm}$$

取 $\eta = 1.0$

$$e = \eta e_i + 0.5h - a_s = 1.0\times519 + 0.5\times3400 - 100 = 2119\text{mm}$$

（3）判断大小偏心受压：

采用对称配筋，先假设构件为大偏心受压且受压区进入腹板，得混凝土相对受压区高度为：

$$\xi = \frac{N - \left(1 - \dfrac{2}{\omega}\right)f_{yw}A_{sw}}{\dfrac{f_{yw}A_{sw}}{0.5\beta_1\omega} + \alpha_1 f_c b h_0} = \frac{5000000 - \left(1 - \dfrac{2}{0.97}\right)\times210\times1308}{\dfrac{210\times1308}{0.5\times0.8\times0.97} + 1\times11.9\times180\times3300} = 0.68 > \xi_b =$$

0.55，构件是小偏心受压。

（4）计算 A_s、A_s'：

采用迭代法计算，令：

$$x_1 = \frac{(\xi + \xi_b)h_0}{2} = \frac{(0.68 + 0.55) \times 3300}{2} = 2029.5\text{mm}$$

则

$$\xi_1 = x_1/h_0 = 2029.5/3300 = 0.615$$

$$M_{sw} = \left[0.5 - \left(\frac{\xi - \beta_1}{\beta_1 \omega}\right)^2\right]f_{yw}A_{sw}h_{sw} = \left[0.5 - \left(\frac{0.615 - 0.8}{0.8 \times 0.97}\right)^2\right] \times 300 \times 1308 \times 3200$$

$$= 556.5 \times 10^6 \text{N} \cdot \text{mm}$$

计算受压钢筋面积：

$$A_s = A_s' = \frac{Ne - \alpha_1 f_c \xi(1 - 0.5\xi)bh_0^2 - M_{sw}}{f_y'(h_0 - a_s')}$$

$$= \frac{5000000 \times 2119 - 1 \times 11.9 \times 180 \times 3300^2 \times 0.615 \times (1 - 0.5 \times 0.615) - 556.5 \times 10^6}{300 \times (3300 - 100)}$$

$$= -108.4\text{mm}^2$$

计算出新的混凝土受压区高度：

$$x_2 = \frac{N - \dfrac{\xi_b}{\xi_b - \beta_1}f_y A_s' - \left(1 - \dfrac{2}{\omega}\right)f_{yw}A_{sw}}{\alpha_1 f_c b h_0 + \dfrac{f_{yw}A_{sw}}{0.5\beta_1 \omega} - \dfrac{1}{\xi_b - \beta_1}f_y A_s'}h_0 = \frac{5000000 - \dfrac{0.55 \times 300 \times 108.4}{0.55 - 0.8} + 297671}{7068600 + 707938 - \dfrac{300 \times 108.4}{0.55 - 0.8}} \times 3300$$

$$= 2241\text{mm}$$

重复上述迭代过程，最后求得的混凝土受压区高度及受压钢筋面积：

$x = 2262.9\text{mm}$，$A_s = A_s' < 0$

按构造配筋即可。

【例 6-5】 某钢筋混凝土剪力墙，其截面尺寸为 $b = 180\text{mm}$，$h = 3700\text{mm}$，混凝土强度等级为 C25，$f_c = 11.9\text{N/mm}^2$，$f_t = 1.27\text{N/mm}^2$，作用在墙肢上的弯矩设计值 $M = 2020\text{kN} \cdot \text{m}$，压力设计值 $N = 3450\text{kN}$，剪力设计值 $V = 354\text{kN}$，配置有纵向分布钢筋为 $2\phi8@250$，$f_{yw} = 210\text{N/mm}^2$，墙肢两端 200mm 范围内配置 HRB335 级纵向钢筋 $f_y = 300\text{N/mm}^2$。试计算墙肢内的纵向钢筋截面面积 A_s、A_s' 和水平分布钢筋的数量。

解：

（1）计算 A_s 和 A_s'：

1）计算 A_{sw}：

由于墙肢两端 200mm 范围内配置纵向钢筋，则合力中心点到边缘的距离为 $a_s = a_s' = 100\text{mm}$

$$h_0 = h - a_s = 3700 - 100 = 3600\text{mm}$$

均匀配置纵向钢筋区段的高度 h_{sw} 为：

$$h_{sw} = h_0 - a_s' = 3600 - 100 = 3500\text{mm}$$

则

$$\omega = \frac{h_{sw}}{h_0} = 3500/3600 = 0.972$$

竖向钢筋的层数 $n = \dfrac{3700 - 2 \times 200}{250} - 1 = 12.2$，取 13 层，墙肢箍筋截面面积取

50.3mm²，则：

$$A_{sw} = 2 \times 13 \times 50.3mm^2 = 1308mm^2$$

竖向钢筋的配筋率为：$\rho = \dfrac{A_{sw}}{bh_{sw}} = \dfrac{1308}{180 \times 3500} = 0.208\% > 0.2\%$，满足构造要求。

2）计算偏心距：

$$e_0 = \frac{M}{N} = \frac{2020 \times 10^6}{3450 \times 10^3} = 586mm$$

$$e_a = \frac{h}{30} = \frac{3700}{30} = 123mm$$

$$e_i = e_0 + e_a = (586 + 123) = 709mm$$

取　　　$\eta = 1.0$

$$e = \eta e_i + 0.5h - a_s = 1.0 \times 709 + 0.5 \times 3700 - 100 = 2459mm$$

3）判别大小偏压：

$$\xi = \frac{N - \left(1 - \dfrac{2}{\omega}\right)f_{yw}A_{sw}}{\dfrac{f_{yw}A_{sw}}{0.5\beta_1\omega} + \alpha_1 f_c bh_0} = \frac{3450 \times 10^3 - \left(1 - \dfrac{2}{0.972}\right) \times 210 \times 1308}{\dfrac{210 \times 1308}{0.5 \times 0.8 \times 0.972} + 1.0 \times 11.9 \times 180 \times 3600} = 0.375 <$$

$\xi_b = 0.55$，故为大偏心受压破坏。

且 $\xi = 0.375 > \dfrac{2a_s'}{h_0} = \dfrac{2 \times 100}{3600} = 0.056$

4）计算 M_{sw}：

$$M_{sw} = \left[0.5 - \left(\frac{\xi - \beta_1}{\beta_1\omega}\right)^2\right]f_{yw}A_{sw}h_{sw} = \left[0.5 - \left(\frac{0.375 - 0.8}{0.8 \times 0.972}\right)^2\right] \times 210 \times 1308 \times 3500$$

$$= 193.2 \times 10^6 N \cdot mm$$

5）计算 A_s 和 A_s'：

$$Ne = \alpha_1 f_c[\xi(1 - 0.5\xi)bh_0^2] + f_y'A_s'(h_0 - a_s') + M_{sw}$$

则：

$$A_s = A_s' = \frac{Ne - \alpha_1 f_c \xi(1 - 0.5\xi)bh_0^2 - M_{sw}}{f_y'(h_0 - a_s')}$$

$$= \frac{3450 \times 10^3 \times 2459 - 1.0 \times 11.9 \times 0.375 \times (1 - 0.5 \times 0.375) \times 180 \times 3600^2 - 193.2 \times 10^6}{300 \times (3600 - 100)}$$

$$= -159.88mm^2 < 0$$

采用构造配筋。选用 4 Φ 12，$A_s = A_s' = 452mm^2$

（2）确定水平分布钢筋的数量：

1）验算截面尺寸：

$$V \leqslant 0.25\beta_c f_c bh = 0.25 \times 1.0 \times 11.9 \times 180 \times 3700 = 1981.4kN > 354kN$$

故满足要求。

2）计算水平分布钢筋的数量：

$$\lambda = \frac{M}{Vh_0} = \frac{2020 \times 10^6}{354 \times 10^3 \times 3600} = 1.59$$

由于矩形截面$\dfrac{A_w}{A}=1$

$$\dfrac{1}{\lambda-0.5}\left(0.5f_tbh_0+0.13N\dfrac{A_w}{A}\right)$$

$$=\dfrac{1}{1.59-0.5}\times(0.5\times1.27\times180\times3600+0.13\times3450\times10^3\times1)$$

$$=788602\text{N}=788.602\text{kN}>354\text{kN}$$

则水平分布钢筋应按构造要求配置。

选用$\phi8@250$，$A_{sv}=101\text{mm}^2$

$$\rho_{sv}=\dfrac{A_{sv}}{bs_h}=\dfrac{101}{180\times250}=0.22\%>\rho_{min}=0.2\%$$

故满足要求。

6.4　钢筋混凝土叠合式受弯构件计算与实例

6.4.1　叠合构件一般规定

（1）如图6-10所示，叠合构件是由预制梁（或板）与其上的现浇混凝土叠合层共同组成的构件。

（2）叠合梁除应当符合普通钢筋混凝土梁的构造要求外，还应当满足下列要求：

1）叠合层的混凝土强度等级不宜低于C30，厚度不宜小于100mm。

2）预制梁的箍筋应全部伸入叠合层内，且各肢的伸入长度（直线段）不宜小于10倍箍筋直径。

3）叠合梁的预制底梁顶面，应当做成凹凸差不小于6mm的粗糙面。

（3）叠合板的叠合层混凝土强度等级不宜低于C25，厚度不宜小于50mm；承受较大荷载的叠合板，宜在预制板内设置

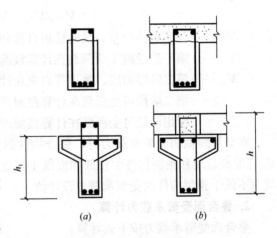

图6-10　叠合构件
(a) 叠合前；(b) 叠合后

伸入叠合层内的构造钢筋；预制板表面应做成人工粗糙面，表面凹凸不小于4mm。

6.4.2　叠合式受弯构件计算

1. 叠合式受弯构件受弯承载力计算

（1）正截面受弯承载力计算。预制构件和叠合构件的正截面受弯承载力，按与一般受弯构件正截面承载力计算相同的方法进行计算。其中弯矩设计值的取用应按符合下列规定：

对预制构件：

$$M_1 = M_{1G} + M_{1Q} \tag{6-24}$$

对叠合构件的正弯矩区段：

$$M = M_{1G} + M_{2G} + M_{2Q} \tag{6-25}$$

对叠合构件的负弯矩区段：

$$M = M_{2G} + M_{2Q} \tag{6-26}$$

式中　M_{1G}——预制构件自重、预制楼板自重和叠合层自重在计算截面产生的弯矩设计值；

M_{1Q}——第一阶段施工活荷载在计算截面产生的弯矩设计值；

M_{2G}——第二阶段面层、吊顶等自重在计算截面产生的弯矩设计值；

M_{2Q}——第二阶段可变荷载在计算截面产生的弯矩设计值，取本阶段施工活荷载和使用阶段可变荷载在计算截面产生的弯矩设计值中的较大值。

在计算正截面受弯承载力时，在正弯矩区段的混凝土强度等级，按叠合层取用；在负弯矩区段的混凝土强度等级，按计算截面受压区的实际情况取用。

（2）斜截面受弯承载力计算。预制构件和叠合构件的斜截面受剪承载力按一般受弯构件斜截面承载力的规定和计算式进行计算。其中剪力设计值的取用应符合下列规定：

预制构件：

$$V_1 = V_{1G} + V_{1Q} \tag{6-27}$$

叠合构件：

$$V = V_{1G} + V_{2G} + V_{2Q} \tag{6-28}$$

式中　V_{1G}——预制构件自重、预制楼板自重和叠合层自重在计算截面产生的剪力设计值；

V_{1Q}——第一阶段施工活荷载在计算截面产生的剪力设计值；

V_{2G}——第二阶段面层、吊顶等自重在计算截面产生的剪力设计值；

V_{2Q}——第二阶段可变荷载在计算截面产生的剪力设计值，取本阶段施工活荷载和使用阶段可变荷载在计算截面产生的剪力设计值中的较大值。

在计算斜截面受剪承载力时，叠合构件斜截面上混凝土和箍筋的受剪承载力设计值 V_{cs} 应取叠合层和预制构件中较低的混凝土强度等级进行计算，且叠合梁的斜截面受剪承载力不低于预制构件的受剪承载力设计值。

2. 叠合面受剪承载力计算

叠合面受剪承载力按下式计算：

$$V \leqslant 1.2 f_t b h_0 + 0.85 f_{yv} \frac{A_{sv}}{s} h_0 \tag{6-29}$$

此处，混凝土的抗拉强度设计值，取叠合层和预制构件中的较低值。

对不配箍筋的叠合板，其叠合面的受剪强度应符合公式（6-30）的要求：

$$\frac{V}{b h_0} \leqslant 0.4 \ (\text{N/mm}^2) \tag{6-30}$$

3. 叠合式受弯构件纵向受拉钢筋应力计算

钢筋混凝土叠合式受弯构件在荷载效应的标准组合下，其纵向受拉钢筋的应力应符合下列要求：

$$\sigma_{sk} = \sigma_{s1k} + \sigma_{s2q} \leqslant 0.9 f_y \tag{6-31}$$

在弯矩 M_{1Gk} 作用下，预制构件纵向受拉钢筋的应力 σ_{s1k} 可按式（6-32）计算：

$$\sigma_{s1k} = \frac{M_{1Gk}}{0.87A_s h_{01}}$$ (6-32)

式中 h_{01}——预制构件截面有效高度。

在弯矩 M_{2q} 作用下，叠合构件纵向受拉钢筋中的应力增量 σ_{s2q} 可按式（6-33）计算：

$$\sigma_{s2q} = \frac{0.5\left(1 + \dfrac{h_1}{h}\right)M_{2q}}{0.87A_s h_0}$$ (6-33)

当 $M_{1Gk} < 0.35M_{1u}$ 时，σ_{s2q} 可按式（6-34）计算：

$$\sigma_{s2q} = \frac{M_{2q}}{0.87A_s h_0}$$ (6-34)

式中 M_{1Gk}——预制构件自重、预制楼板自重和叠合层自重标准值在计算截面产生的弯矩值；

$\quad M_{1u}$——预制构件正截面受弯承载力设计值；

$\quad M_{2q}$——荷载准永久组合相应的弯矩值；

$\quad M_{2q}$——第二阶段荷载效应标准组合下在计算截面上的弯矩值，按式（6-35）计算：

$$M_{2q} = M_{2Gk} + M_{2Qk}$$ (6-35)

$\quad M_{2Gk}$——面层吊顶等自重标准值在计算截面产生的弯矩值；

$\quad M_{2Qk}$——使用阶段可变荷载标准值在计算截面产生的弯矩值。

4. 叠合式受弯构件裂缝宽度与挠度计算

（1）裂缝宽度计算。钢筋混凝土叠合构件应验算裂缝宽度，按荷载准永久组合或标准组合并考虑长期利用影响的最大裂缝宽度 ω_{max} 按下式计算：

1）钢筋混凝土构件：

$$\omega_{max} = 2\frac{\psi(\sigma_{s1k} + \sigma_{s2q})}{E_s}\left(1.9c + 0.08\frac{d_{eq}}{\rho_{tel}}\right)$$ (6-36)

$$\psi = 1.1 - \frac{0.65f_{tkl}}{\rho_{tel}\sigma_{s1k} + \rho_{te}\sigma_{s2q}}$$ (6-37)

2）预应力混凝土构件：

$$\omega_{max} = 1.6\frac{\psi(\sigma_{s1k} + \sigma_{s2q})}{E_s}\left(1.9c + 0.08\frac{d_{eq}}{\rho_{tel}}\right)$$ (6-38)

$$\psi = 1.1 - \frac{0.65f_{tkl}}{\rho_{tel}\sigma_{s1k} + \rho_{te}\sigma_{s2q}}$$ (6-39)

式中 d_{eq}——受拉区纵向钢筋的等效直径；

$\quad \rho_{tel}、\rho_{te}$——按预制构件、叠合构件的有效受拉混凝土截面面积计算的纵向受拉钢筋配筋率；

$\quad f_{tkl}$——预制构件的混凝土抗拉强度标准值。

（2）挠度计算。钢筋混凝土受弯构件挠度计算式为：

$$\Delta = \alpha\frac{M_k l_0^2}{B}$$ (6-40)

式中　α——挠度系数，与荷载形式、支承条件有关，均布荷载作用下的简支梁，取

$\qquad \alpha = \dfrac{5}{48}$；

$\qquad l_0$——梁的计算跨度；

$\qquad M_k$——叠合构件按荷载效应标准组合计算的弯矩值，按下式计算：

$$M_k = M_{1Gk} + M_{2Gk} + M_{2Qk} \tag{6-41}$$

$\qquad B$——叠合构件按荷载效应标准组合并考虑荷载长期作用影响的刚度。

5. 叠合式受弯构件刚度计算

（1）长期刚度。叠合式受弯构件按荷载准永久组合或标准组合并考虑荷载长期作用影响的刚度可按下列公式计算：

1）钢筋混凝土构件：

$$B = \dfrac{M_q}{\left(\dfrac{B_{s2}}{B_{s1}} - 1\right)M_{1Gk} + \theta M_q} B_{s2} \tag{6-42}$$

2）预应力混凝土构件：

$$B = \dfrac{M_k}{\left(\dfrac{B_{s2}}{B_{s1}} - 1\right)M_{1Gk} + (\theta - 1)M_q + M_k} B_{s2} \tag{6-43}$$

$$M_k = M_{1Gk} + M_{2q} \tag{6-44}$$

$$M_q = M_{1Gk} + M_{2Gk} + \psi_q M_{2Qk} \tag{6-45}$$

式中　θ——考虑荷载长期作用对挠度增大的影响系数；

$\qquad M_k$——叠合构件按荷载效应标准组合计算的弯矩值；

$\qquad M_q$——叠合构件按荷载效应准永久组合计算的弯矩值；

$\qquad B_{s1}$——预制构件的短期刚度；

$\qquad B_{s2}$——叠合构件第二阶段的短期刚度；

$\qquad \psi_q$——第二阶段可变荷载的准永久值系数。

（2）短期刚度。荷载准永久组合或标准组合下叠合式受弯构件正弯矩区段内的短期刚度，可按下列公式计算：

1）钢筋混凝土叠合构件：

① 预制构件的短期刚度 B_{s1} 可按下列公式计算：

$$B_{s1} = \dfrac{E_s A_s h_0^2}{1.15\psi + 0.2 + \dfrac{6\alpha_E \rho}{1 + 3.5\gamma_f'}} \tag{6-46}$$

② 叠合构件第二阶段的短期刚度可按下列公式计算：

$$B_{s2} = \dfrac{E_s A_s h_0^2}{0.7 + 0.6\dfrac{h_1}{h} + \dfrac{45\alpha_E \rho}{1 + 3.5\gamma_f'}} \tag{6-47}$$

式中　α_E——钢筋弹性模量与叠合层混凝土弹性模量的比值：$\alpha_E = E_s/E_{c2}$。

2）预应力混凝土叠合构件：

① 预制构件的短期刚度 B_{s1}，可按下列公式计算：

$$B_{s1} = 0.85 E_c I_0 \tag{6-48}$$

② 叠合构件第二阶段的短期刚度可按下列公式计算：

$$B_{s2} = 0.7E_{c1}I_0 \qquad (6-49)$$

式中　E_{c1}——预制构件的混凝土弹性模量；

　　　I_0——叠合构件换算截面的惯性矩，此时，叠合层的混凝土截面面积应按弹性模量比换算成预制构件混凝土的截面面积。

6. 计算实例

【例6-6】 已知钢筋混凝土叠合梁，如图6-11所示，其计算跨度 $l_0=6m$；预制梁截面尺寸为 $b=250mm$，$h_1=600mm$（$h_0=560mm$），$b'_f=450mm$，$h'_f=100mm$，叠合梁截面高度 $h=800mm$（$h_0=760mm$）。

叠合前，承受预制梁自重、预制板自重和后浇混凝土自重等恒荷载 $g_{1k}=19kN/m$，施工活荷载 $q_{1k}=11kN/m$。叠合后，承受的恒荷载除 g_{1k} 外，还增加面层自重等恒荷载 $g_{2k}=4.5kN/m$；在施工阶段，承受的活荷载与叠合前相同；在使用阶段，承受活荷载 $q_{1k}=42kN/m$，准永久系数 $\psi_q=0.5$，裂缝宽度限值 $\omega_{max}=0.3mm$，挠度限值 $\Delta_{lim}=\dfrac{l_0}{200}$。混凝土强度等级均为C25（$f_c=11.9N/mm^2$，$f_t=1.27N/mm^2$，$f_{tk}=1.78N/mm^2$），纵向钢筋采用HRB335级钢筋。试对该叠合梁进行挠度验算。

解：（1）叠合构件横截面受弯承载力计算：

由于施工活荷载比使用活荷载小很多，所以只须按使用阶段进行计算。

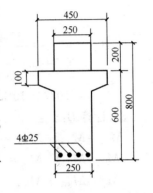

图6-11　钢筋混凝土叠合梁

$$M_{1Gk}=\frac{1}{8}\times 19\times 6^2=85.5kN\cdot m$$

$$M_{2Gk}=\frac{1}{8}\times 4.5\times 6^2=20.25kN\cdot m$$

$$M_{2Qk}=\frac{1}{8}\times 42\times 6^2=189kN\cdot m$$

$$M_{1G}=1.2\times 85.5=102.6kN\cdot m$$

$$M_{2G}=1.2\times 20.25=24.3kN\cdot m$$

$$M_{2Q}=1.4\times 189=264.6kN\cdot m$$

$$M=M_{1G}+M_{2G}+M_{2Q}=102.6+24.3+264.6=391.5kN\cdot m$$

$$\alpha_s=\frac{391.5\times 10^6}{11.9\times 250\times 760^2}=0.2278$$

查表2-5得，$\gamma_s=0.869$，则：

$$A_s=\frac{391.5\times 10^6}{300\times 0.869\times 760}=1976mm^2$$

选用 4 Φ 25（$A_s=1964mm^2$）。

（2）挠度验算：

1）计算 B_{s1}：

$$E_c=2.8\times 10^4N/mm^2$$

141

$$\alpha_{\mathrm{E}} = \frac{2.0 \times 10^5}{2.8 \times 10^4} = 7.143$$

$$\psi_1 = 1.1 - \frac{0.65 f_{\mathrm{tk1}}}{\rho_{\mathrm{te1}} \sigma_{\mathrm{s1k}}} = 1.1 - \frac{0.65 \times 1.78}{0.0262 \times 94.1} = 0.631$$

$$B_{\mathrm{s1}} = \frac{E_{\mathrm{s}} A_{\mathrm{s}} h_0^2}{1.15\psi_1 + 0.2 + \dfrac{6\alpha_{\mathrm{E}} \cdot \rho}{1 + 3.5\gamma_{\mathrm{f}}'}} = \frac{2.0 \times 10^5 \times 1964 \times 560^2}{1.15 \times 0.631 + 0.2 + \dfrac{6 \times 7.143 \times 0.014}{1+0}}$$

$$= 8.074 \times 10^{13} \mathrm{N} \cdot \mathrm{mm}^2 = 8.074 \times 10^4 \mathrm{kN} \cdot \mathrm{m}^2$$

2）计算 B_{s2}：

$$\rho = \frac{1964}{250 \times 760} = 0.0103$$

$$B_{\mathrm{s2}} = \frac{E_{\mathrm{s}} A_{\mathrm{s}} h_0^2}{0.7 + 0.6 \dfrac{h_1}{h} + \dfrac{45\alpha_{\mathrm{E}}\rho}{1 + 3.5\gamma_{\mathrm{f}}'}} = \frac{2.0 \times 10^5 \times 1964 \times 760^2}{0.7 + 0.6 \times \dfrac{600}{800} + \dfrac{45 \times 7.143 \times 0.0103}{1+0}}$$

$$= 5.087 \times 10^4 \mathrm{kN} \cdot \mathrm{m}^2$$

3）计算 B：

$$M_{\mathrm{2q}} = M_{\mathrm{2Gk}} + M_{\mathrm{2Qk}} = 20.25 + 189 = 209.25 \mathrm{kN} \cdot \mathrm{m}$$

$$M_{\mathrm{k}} = M_{\mathrm{1Gk}} + M_{\mathrm{2k}} = 85.5 + 209.25 = 294.75 \mathrm{kN} \cdot \mathrm{m}$$

$$M_{\mathrm{q}} = M_{\mathrm{1Gk}} + M_{\mathrm{2Gk}} + 0.5 \times M_{\mathrm{2Qk}} = 85.5 + 20.25 + 0.5 \times 189 = 200.25 \mathrm{kN} \cdot \mathrm{m}$$

$$\theta = 2.0$$

$$B = \frac{M_{\mathrm{k}}}{M_{\mathrm{q}}(\theta - 1) + M_{\mathrm{k}} + \left(\dfrac{B_{\mathrm{s2}}}{B_{\mathrm{s1}}} - 1\right) M_{\mathrm{1Gk}}} B_{\mathrm{s2}}$$

$$= \frac{294.75}{200.25 \times (2-1) + 294.75 + \left(\dfrac{5.087 \times 10^4}{8.074 \times 10^4} - 1\right) \times 85.5} \times 5.087 \times 10^4$$

$$= 3.23 \times 10^4 \mathrm{kN} \cdot \mathrm{m}^2$$

4）计算 Δ：

$$\Delta = \frac{5 M_{\mathrm{k}} l_0^2}{48 B} = \frac{5 \times 294.75 \times 6^2}{48 \times 3.23 \times 10^4} = 0.034 \mathrm{m} = 34 \mathrm{mm}$$

$\dfrac{\Delta}{l_0} = \dfrac{34}{6000} = \dfrac{1}{176} > \dfrac{1}{200}$，不满足要求，故应对此叠合梁进行调整。

【例 6-7】 某施工阶段有可靠支撑的叠合式钢筋混凝土矩形截面简支梁，梁宽 $b = 200 \mathrm{mm}$，预制梁高度 $h_1 = 250 \mathrm{mm}$，混凝土强度等级为 C25（$f_{\mathrm{t}} = 1.27 \mathrm{N/mm}^2$），叠合梁的总高度 $h = 650 \mathrm{mm}$，叠合层的混凝土强度等级为 C20（$f_{\mathrm{c}} = 9.6 \mathrm{N/mm}^2$，$f_{\mathrm{t}} = 1.10 \mathrm{N/mm}^2$），纵向受拉钢筋为 HRB335 级（$f_{\mathrm{y}} = 300 \mathrm{N/mm}^2$），箍筋采用 HPB300 级（$f_{\mathrm{yv}} = 270 \mathrm{N/mm}^2$），承受跨中弯矩设计值为 $M = 197 \mathrm{kN} \cdot \mathrm{m}$，支座剪力设计值 $V = 138 \mathrm{kN}$，$a_{\mathrm{s}} = 35 \mathrm{mm}$。请进行正截面受弯、斜截面受剪承载力计算及叠合面受剪承载力计算。

解：（1）正截面受弯承载力计算：

计算时取叠合层和预制梁中较低的混凝土强度等级 C20 进行：

a_{s} 取 35mm，$h_0 = h - a_{\mathrm{s}} = 650 - 35 = 615 \mathrm{mm}$

$$\alpha_s = \frac{M}{\alpha_1 f_c b h_0^2} = \frac{197 \times 10^6}{1.0 \times 9.6 \times 200 \times 615^2} = 0.271$$

查表 2-5 得，$\xi = 0.323 < \xi_b = 0.55$

$$A_s = \xi b h_0 \frac{\alpha_1 f_c}{f_y} = 0.323 \times 200 \times 615 \times \frac{1.0 \times 9.6}{300} = 1271 \text{mm}^2$$

选用 4 Φ 20 （$A_s = 1256 \text{mm}^2$）

验算配筋率：

$$\rho = \frac{A_s}{bh} = \frac{1256}{200 \times 650} \times 100\% = 0.966\% > \rho_{\min} = 0.2\%$$

所以满足要求。

（2）斜截面受剪承载力计算：

混凝土强度等级取 C20，验算叠合梁的截面尺寸：

$$0.25\beta_c f_c b h_0 = 0.25 \times 1.0 \times 9.6 \times 200 \times 615 = 295200 \text{N} = 295.2 \text{kN} > V = 138 \text{kN}$$

所以截面尺寸满足要求。

确定是否需要按计算配置腹筋：

$$0.7 f_t b h_0 = 0.7 \times 1.10 \times 200 \times 615 = 94710 \text{N} = 94.71 \text{kN} < V = 138 \text{kN}$$

需要按计算配置腹筋。

计算箍筋数量：

$$\frac{A_{sv}}{s} = \frac{V - 0.7 f_t b h_0}{f_{yv} h_0} = \frac{138 \times 10^3 - 94710}{270 \times 615} = 0.26$$

选取双肢箍筋 $\phi 6$（$A_{sv1} = 28.3 \text{mm}^2$），得箍筋间距：

$$s = \frac{n A_{sv1}}{0.26} = \frac{2 \times 28.3}{0.26} = 217.7 \text{mm}, \text{ 取 } s = 200 \text{mm}, \text{ 故选用双肢 } \phi 6@200。$$

$$\rho_{sv} = \frac{n A_{sv1}}{bs} = \frac{2 \times 28.3}{200 \times 200} = 0.14\% > \rho_{sv,\min}$$

$$= 0.24 \frac{f_t}{f_{yv}} = 0.24 \times \frac{1.10}{270} = 0.098\%$$

所以满足最小配筋率要求。

（3）验算预制梁的受剪承载力：

$$h_{01} = h_1 - a_s = 250 - 35 = 215 \text{mm}$$

$$V_{cs} = 0.7 f_t b h_0 + f_{yv} \frac{A_{sv}}{s} h_0$$

$$= 0.7 \times 1.27 \times 200 \times 215 + 270 \times \frac{2 \times 28.3}{200} \times 215$$

$$= 54655 \text{N} = 54.7 \text{kN} < V = 138 \text{kN}$$

所以满足要求。

混凝土强度等级取 C20：

$$1.2 f_t b h_0 + 0.85 f_{yv} \frac{A_{sv}}{s} h_0 = 1.2 \times 1.10 \times 200 \times 615 + 0.85 \times 270 \times \frac{2 \times 28.3}{200} \times 615$$

$$= 202303 \text{N} = 202.3 \text{kN} > V = 138 \text{kN}$$

所以满足要求。

【例 6-8】 已知某施工阶段不加支撑的叠合式钢筋混凝土简支梁,计算跨度 $l_0 = 5\mathrm{m}$, 截面尺寸如图 6-12 所示。$b = 300\mathrm{mm}$,$b'_f = 600\mathrm{mm}$,$h'_f = 150\mathrm{mm}$,预制梁高度 $h_1 = 600\mathrm{mm}$,混凝土强度等级为 C25($f_c = 11.9\mathrm{N/mm^2}$,$f_t = 1.27\mathrm{N/mm^2}$);叠合梁的总高度 $h = 750\mathrm{mm}$,叠合层的混凝土强度等级为 C20($f_c = 9.6\mathrm{N/mm^2}$,$f_t = 1.10\mathrm{N/mm^2}$)。纵向受拉钢筋为 HRB335 级($f_y = 300\mathrm{N/mm^2}$),箍筋采用 HPB300 级($f_{yv} = 270\mathrm{N/mm^2}$)。第一阶段预制梁承受永久荷载(预制构件、叠合层)标准值 $P_{1Gk} = 14\mathrm{kN/m}$,可变荷载(施工阶段)标准值 $P_{1Qk} = 12\mathrm{kN/m}$;第二阶段叠合构件承受永久荷载(面层、吊顶自重等)标准值 $P_{2Gk} = 12\mathrm{kN/m}$,可变荷载(使用阶段)标准值 $P_{2Qk} = 20\mathrm{kN/m}$。永久荷载分项系数 $\gamma_G = 1.2$,可变荷载分项系数 $\gamma_Q = 1.4$,可变荷载准永久系数 $\psi_q = 0.4$。叠合前预制构件的挠度限值为 $l_0/250$,最大裂缝宽度限值 $w_{1,\mathrm{lim}} = 0.2\mathrm{mm}$,叠合后叠合构件的挠度限值为 $l_0/200$,最大裂缝宽度限值 $w_{\mathrm{lim}} = 0.3\mathrm{mm}$,试对该叠合构件进行正截面受弯、斜截面受剪承载力计算以及钢筋应力、挠度、裂缝宽度的验算。

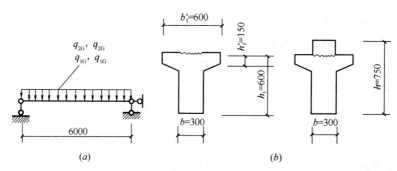

图 6-12 计算简图
(a) 叠合前;(b) 叠合后

解: (1) 内力计算

1) 内力设计值

① 第一阶段:

均布荷载设计值:$p_1 = 14 \times 1.2 + 12 \times 1.4 = 33.6\mathrm{kN/m}$

跨中弯矩设计值:$M_1 = \dfrac{1}{8}p_1 l_0^2 = \dfrac{1}{8} \times 33.6 \times 5^2 = 105\mathrm{kN \cdot m}$

支座剪力设计值:$V_1 = \dfrac{1}{2}p_1 l_0 = \dfrac{1}{2} \times 33.6 \times 5 = 84\mathrm{kN}$

② 第二阶段:

均布荷载设计值:$p_2 = (14 + 12) \times 1.2 + 20 \times 1.4 = 59.2\mathrm{kN/m}$

跨中弯矩设计值:$M_2 = \dfrac{1}{8}p_2 l_0^2 = \dfrac{1}{8} \times 59.2 \times 5^2 = 185\mathrm{kN \cdot m}$

支座剪力设计值:$V_2 = \dfrac{1}{2}p_2 l_0 = \dfrac{1}{2} \times 59.2 \times 5 = 148\mathrm{kN}$

2) 内力标准值

① 第一阶段:

跨中弯矩标准值:$M_{1Gk} = \dfrac{1}{8}p_{1Gk} l_0^2 = \dfrac{1}{8} \times 14 \times 5^2 = 43.75\mathrm{kN \cdot m}$

$$M_{1Qk} = \frac{1}{8} p_{1Qk} l_0^2 = \frac{1}{8} \times 12 \times 5^2 = 37.5 \text{kN} \cdot \text{m}$$

支座剪力标准值：$V_{1Gk} = \frac{1}{2} p_{1Gk} l_0 = \frac{1}{2} \times 14 \times 5 = 35 \text{kN} \cdot \text{m}$

$$V_{1Qk} = \frac{1}{2} p_{1Qk} l_0 = \frac{1}{2} \times 12 \times 5 = 30 \text{kN} \cdot \text{m}$$

②第二阶段：

跨中弯矩标准值：$M_{2Gk} = \frac{1}{8} p_{2Gk} l_0^2 = \frac{1}{8} \times 12 \times 5^2 = 37.5 \text{kN} \cdot \text{m}$

$$M_{2Qk} = \frac{1}{8} p_{2Qk} l_0^2 = \frac{1}{8} \times 20 \times 5^2 = 62.5 \text{kN} \cdot \text{m}$$

支座剪力标准值：$V_{2Gk} = \frac{1}{2} p_{2Gk} l_0 = \frac{1}{2} \times 12 \times 5 = 30 \text{kN} \cdot \text{m}$

$$V_{2Qk} = \frac{1}{2} p_{2Qk} l_0 = \frac{1}{2} \times 20 \times 5 = 50 \text{kN} \cdot \text{m}$$

（2）正截面受弯承载力计算

1）第二阶段叠和梁计算。混凝土强度等级取叠合层和预制梁中较低的 C20。

$$h_0 = h - a_s = 750 - 40 = 710 \text{mm}$$

$$\alpha_s = \frac{M_2}{\alpha_1 f_c b h_0^2} = \frac{185 \times 10^6}{1.0 \times 9.6 \times 300 \times 710^2} = 0.127$$

查表 2-5 得：

$$\xi = 0.137 < \xi_b = 0.55, \ \gamma_s = 0.932$$

则：

$$A_s = \frac{M_2}{f_y \gamma_s h_0} = \frac{185 \times 10^6}{300 \times 0.932 \times 710} = 932 \text{mm}^2$$

选用 3 Φ 20（$A_s = 942 \text{mm}^2$）

验算配筋率：

$$\rho = \frac{A_s}{bh} = \frac{942}{300 \times 750} \times 100\% = 0.42\% > \rho_{min} = 0.2\%$$

故满足要求。

2）第一阶段预制梁验算。混凝土强度等级为 C25，截面为 T 形。

$$h_{01} = h_1 - a_s = 600 - 40 = 560 \text{mm}$$

由于

$$\alpha_1 f_c b'_f h'_f = 1.0 \times 11.9 \times 600 \times 150 = 1071000 \text{N} > f_y A_s = 300 \times 942 = 282600 \text{N}$$

故为第一类 T 形截面。

$$\xi = \frac{f_y A_s}{\alpha_1 f_c b'_f h_{01}} = \rho \frac{f_y}{\alpha_1 f_c} = \frac{942}{600 \times 560} \times \frac{300}{1.0 \times 11.9} = 0.07 < \xi_b = 0.55$$

查表 2-5 得，$\alpha_s = 0.067$

$$M_{1u} = \alpha_s \alpha_1 f_c b'_f h_{01}^2 = 0.067 \times 1.0 \times 11.9 \times 600 \times 560^2$$

$$= 150.02 \text{kN} \cdot \text{m} > M_1 = 105 \text{kN} \cdot \text{m}$$

故按叠合梁配筋可以满足要求。

（3）斜截面受剪承载力计算

1）第二阶段叠和梁斜截面受剪承载力计算。混凝土强度等级取叠合层和预制梁中较低的 C15。

$0.25\beta_c f_c bh_0 = 0.25 \times 1.0 \times 7.2 \times 300 \times 710 = 383400\text{N} = 383.4\text{kN} > V_2 = 148\text{kN}$
所以截面尺寸满足要求。

$0.7f_t bh_0 = 0.7 \times 0.91 \times 300 \times 710 = 135681\text{N} = 135.68\text{kN} < V_2 = 148\text{kN}$
故需要按计算配置箍筋。

计算箍筋数量：

$$\frac{A_{sv}}{s} = \frac{V - 0.7f_t bh_0}{f_{yv} h_0} = \frac{148 \times 10^3 - 135681}{270 \times 710} = 0.064\text{mm}$$

选取双肢箍筋 $\phi 8@250$，则：

$$\frac{A_{sv}}{s} = \frac{2 \times 50.3}{250} = 0.402\text{mm} > 0.064\text{mm}$$

验算配箍率：

$$\rho_{sv} = \frac{nA_{sv1}}{bs} = \frac{2 \times 50.3}{300 \times 250} \times 100\% = 0.134\% > \rho_{sv,min}$$

$$= 0.24\frac{f_t}{f_{yv}} \times 100\% = 0.24 \times \frac{0.91}{270} \times 100\% = 0.081\%$$

满足最小配箍率要求。

2）验算第一阶段预制梁的受剪承载力。混凝土强度等级为 C25。

$$V_{cs} = 0.7f_t bh_{01} + f_{yv}\frac{A_{sv}}{s}h_{01} = 0.7 \times 1.27 \times 300 \times 560 + 270 \times 0.402 \times 560$$

$$= 210.13\text{kN} > V_1 = 84\text{kN}$$

故满足要求。

3）验算叠合面受剪承载力。取叠合层的混凝土强度等级 C20。

$$1.2f_t bh_0 + 0.85f_{yv}\frac{A_{sv}}{s}h_0 = 1.2 \times 1.10 \times 300 \times 710 + 0.85 \times 270 \times 0.402 \times 710$$

$$= 346.66\text{kN} > V_2 = 148\text{kN}$$

故满足要求。

（4）验算钢筋应力

1）第一阶段：

$$\sigma_{s1k} = \frac{M_{1Gk}}{0.87A_s h_{01}} = \frac{43.75 \times 10^6}{0.87 \times 942 \times 560} = 95.33\text{N/mm}^2$$

2）第二阶段：

$$M_{2q} = M_{2Gk} + M_{2Qk} = 37.5 + 62.5 = 100\text{kN} \cdot \text{m}$$

M_{2q} 取为 $100\text{kN} \cdot \text{m}$，则：

$$\sigma_{s2q} = \frac{M_{2q}}{0.87A_s h_0} = \frac{100 \times 10^6}{0.87 \times 942 \times 710} = 171.86\text{N/mm}^2$$

$$\sigma_{sq} = \sigma_{s1k} + \sigma_{s2q} = 95.33 + 171.86 = 267.19\text{N/mm}^2 < 0.9f_y$$

$$=0.9 \times 300 = 270 \text{N/mm}^2$$

故满足要求。

（5）挠度验算

1）预制梁。混凝土强度等级为 C25，已知 $f_{tk1}=1.78\text{N/mm}^2$，$E_s=2.0 \times 10^5 \text{N/mm}^2$，$E_c=2.8 \times 10^4 \text{N/mm}^2$，则：

$$\alpha_{E1}=\frac{E_s}{E_c}=\frac{2.0 \times 10^5}{2.8 \times 10^4}=7.14$$

$$\gamma'_f=\frac{(b'_f-b)h'_f}{bh_{01}}=\frac{(600-300) \times 150}{300 \times 560}=0.268$$

$$\rho_1=\frac{A_s}{bh_{01}}=\frac{942}{300 \times 560}=0.006$$

$$\rho_{te1}=\frac{A_s}{0.5bh_1}=\frac{942}{0.5 \times 300 \times 600}=0.01$$

$$M_{1k}=M_{1Gk}+M_{1Qk}=43.75+37.5=81.25\text{kN} \cdot \text{m}$$

$$\sigma_{sk1}=\frac{M_{1Gk}}{0.87h_{01}A_s}=\frac{43.75 \times 10^6}{0.87 \times 560 \times 942}=95.33\text{N/mm}^2$$

$$\psi_1=1.1-0.65\frac{f_{tk1}}{\rho_{te1}\sigma_{sk1}}=1.1-0.65 \times \frac{1.78}{0.01 \times 95.33}=-0.11$$

根据《混凝土结构设计规范》GB 50010—2010 第 7.1.2 条的规定，当受拉钢筋应变不均匀系数 $\psi<0.2$ 时，取 $\psi=0.2$，故此处取 0.2 计算。

则预制梁的短期刚度为：

$$B_{s1}=\frac{E_sA_sh_{01}^2}{1.15\psi_1+0.2+\dfrac{6\alpha_{E1}\rho_1}{1+3.5\gamma'_f}}=\frac{2.0 \times 10^5 \times 942 \times 560^2}{1.15 \times 0.2+0.2+\dfrac{6 \times 7.14 \times 0.006}{1+3.5 \times 0.268}}$$

$$=10.55 \times 10^{13}\text{N} \cdot \text{mm}^2$$

验算预制梁的跨中挠度为：

$$\Delta_1=\frac{5}{48} \times \frac{M_{1k}l_0^2}{B_{s1}}=\frac{5}{48} \times \frac{81.25 \times 10^6 \times 5000^2}{10.55 \times 10^{13}}=2.01\text{mm}$$

$$\leqslant \Delta_{1\text{lim}}=\frac{l_0}{250}=\frac{5000}{250}=20\text{mm}$$

故满足要求。

2）叠合梁。取叠合层的混凝土强度等级 C20，$E_c=2.55 \times 10^4 \text{N/mm}^2$，则：

$$\alpha_E=\frac{E_s}{E_c}=\frac{2.0 \times 10^5}{2.55 \times 10^4}=7.84$$

$$\rho=\frac{A_s}{bh_0}=\frac{942}{300 \times 710}=0.004$$

则，叠和梁第二阶段的短期刚度为：

$$B_{s2}=\frac{E_sA_sh_0^2}{0.7+0.6\dfrac{h_1}{h}+\dfrac{4.5\alpha_E\rho}{1+3.5\gamma'_f}}=\frac{2.0 \times 10^5 \times 942 \times 710^2}{0.7+0.6 \times \dfrac{600}{750}+\dfrac{4.5 \times 7.84 \times 0.004}{1+0}}$$

$$=7.19 \times 10^{13}\text{N} \cdot \text{mm}^2$$

叠合梁按荷载效应标准组合计算的弯矩值为：

$$M_k = M_{1Gk} + M_{2Gk} + M_{2Qk} = 43.75 + 37.5 + 62.5 = 143.75 \text{kN} \cdot \text{m}$$

叠合梁按荷载效应的准永久组合计算的弯矩值为：

$$M_q = M_{1Gk} + M_{2Gk} + \psi_q M_{2Qk} = 43.75 + 37.5 + 0.4 \times 62.5 = 106.25 \text{kN} \cdot \text{m}$$

由于 $\rho' = 0$，取 $\theta = 2.0$

叠合梁按荷载效应标准组合并考虑荷载长期作用影响的刚度为：

$$B = \frac{M_k}{\left(\dfrac{B_{s2}}{B_{s1}} - 1\right) M_{1Gk} + (\theta - 1) M_q + M_k} B_{s2}$$

$$= \frac{143.75 \times 10^6 \times 7.19 \times 10^{13}}{\left(\dfrac{7.19 \times 10^{13}}{10.55 \times 10^{13}} - 1\right) \times 43.75 \times 10^6 + (2 - 1) \times 106.25 \times 10^6 + 143.75 \times 10^6}$$

$$= 4.38 \times 10^{13} \text{N} \cdot \text{mm}^2$$

叠合梁的跨中挠度：

$$\Delta_1 = \frac{5}{48} \times \frac{M_k l_0^2}{B} = \frac{5}{48} \times \frac{143.75 \times 10^6 \times 5000^2}{4.38 \times 10^{13}} = 8.55 \text{mm}$$

$$\leqslant \Delta_{\lim} = \frac{l_0}{250} = \frac{5000}{250} = 20 \text{mm}$$

故满足要求。

（6）最大裂缝宽度验算

1）预制梁。混凝土强度等级为 C25。

混凝土保护层厚度 $c = 25 \text{mm}$，$\psi_1 = 0.2$，$\sigma_{s1k} = 95.33 \text{N/mm}^2$，$d_{eq} = 22 \text{mm}$，$\rho_{te1} = 0.01$

$$\omega_{1,\max} = 2.1 \psi_1 \frac{\sigma_{sk1}}{E_s} \left(1.9c + 0.08 \frac{d_{eq}}{\rho_{te1}}\right) = 2.1 \times 0.2 \times \frac{95.33}{2 \times 10^5} \times \left(1.9 \times 25 + 0.08 \times \frac{22}{0.01}\right)$$

$$= 0.045 \text{mm} < \omega_{1,\max} = 0.2 \text{mm}$$

故满足要求。

2）叠合梁。混凝土强度等级为 C25。

$$\rho_{te} = \frac{A_s}{0.5bh} = \frac{942}{0.5 \times 300 \times 750} = 0.0084$$

$\rho_{te1} = 0.01$，$f_{tk1} = 1.78 \text{N/mm}^2$，$\sigma_{s1k} = 95.33 \text{N/mm}^2$，$\sigma_{s2q} = 171.86 \text{N/mm}^2$

$$\psi_1 = 1.1 - 0.65 \frac{f_{tk1}}{\rho_{te1} \sigma_{s1k} + \rho_{te} \sigma_{s2k}}$$

$$= 1.1 - 0.65 \times \frac{1.78}{0.01 \times 95.33 + 0.0084 \times 171.86} = 0.52$$

合梁按荷载效应标准组合并考虑长期作用影响的最大裂缝宽度为：

$$\omega_{\max} = 2.0 \psi \frac{(\sigma_{s1k} + \sigma_{s2q})}{E_s} \left(1.9c + 0.08 \frac{d_{eq}}{\rho_{te1}}\right)$$

$$=2.0 \times 0.52 \times \frac{95.33+171.86}{2 \times 10^5} \times \left(1.9 \times 25 + 0.08 \times \frac{22}{0.01}\right) = 0.155\text{mm} < \omega_{\text{lim}}$$

故满足要求。

6.5 钢筋混凝土深受弯构件计算与实例

6.5.1 深梁相关计算

$l_0/h < 5.0$ 的简支钢筋混凝土单跨梁或多跨连续梁宜按深受弯构件进行设计。其中，$l_0/h \leqslant 2$ 的简支钢筋混凝土单跨梁和 $l_0/h \leqslant 2.5$ 的简支钢筋混凝土多跨连续梁称为深梁，此处，h 为梁截面高度；l_0 为梁的计算跨度，可取支座中心线之间的距离和 $1.15l_n$（l_n 为梁的净跨）两者中的较小值。

1. 不出现斜裂缝的钢筋混凝土深梁计算

$$V_k \leqslant 0.5 f_{\text{tk}} b h_0 \tag{6-50}$$

式中　V_k——按荷载效应的标准组合计算的剪力值。

2. 深梁中钢筋的配筋率

深梁的纵向受拉钢筋配筋率 $\rho\left(\rho = \dfrac{A_s}{bh}\right)$、水平分布钢筋配筋率 ρ_{sh}（$\rho_{\text{sh}} = \dfrac{A_{\text{sh}}}{bs_v}$，$s_v$ 为水平分布钢筋的间距）和竖向分布钢筋配筋率 ρ_{sv}（$\rho_{\text{sv}} = \dfrac{A_{\text{sv}}}{bs_h}$，$s_h$ 为竖向分布钢筋的间距）不宜小于表 6-1 规定的数值。

深梁中钢筋的最小配筋百分率（%）　　　　　　　　表 6-1

钢筋种类	纵向受拉钢筋	水平分布钢筋	竖向分布钢筋
HPB300	0.25	0.25	0.20
HRB335、HRBF335、HRB400、HRBF400、RRB400	0.20	0.20	0.15
HRB500、HRBF500	0.15	0.15	0.10

注：当集中荷载作用于连续深梁上部 1/4 高度范围内且 l_0/h 大于 1.5 时，竖向分布钢筋最小配筋百分率应增加 0.05。

3. 深梁承受集中荷载作用时的附加吊筋计算

当有集中荷载作用于深梁下部 3/4 高度范围内时，该集中荷载应全部由附加吊筋承受，吊筋应采用竖向吊筋或斜向吊筋。

竖向吊筋的水平分布长度 s 应按下列公式确定，如图 6-13（a）、（b）所示。

（1）当 $h_1 \leqslant h_b/2$ 时：

$$s = b_b + h_b \tag{6-51}$$

（2）当 $h_1 > h_b/2$ 时：

$$s = b_b + 2h_1 \tag{6-52}$$

式中　b_b——传递集中荷载构件的截面宽度；

　　　h_b——传递集中荷载构件的截面高度；

　　　h_1——从深梁下边缘到传递集中荷载构件底边的高度。

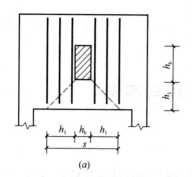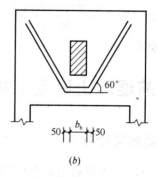

图 6-13　深梁承受集中荷载作用时的附加吊筋
（a）竖向吊筋；（b）斜向吊筋

6.5.2　深受弯构件截面承载力计算

1. 正截面受弯承载力计算

钢筋混凝土深受弯构件的正截面受弯承载力应按下式计算：

$$M \leqslant f_y A_s z \tag{6-53}$$

$$z = \alpha_d (h_0 - 0.5x) \tag{6-54}$$

$$\alpha_d = 0.80 + 0.04 \frac{l_0}{h} \tag{6-55}$$

当 $l_0 < h$ 时，取内力臂 $z = 0.6 l_0$。

式中　x——截面受压区高度；当 $x < 0.2 h_0$ 时，取 $x = 0.2 h_0$；

　　　h_0——截面有效高度：$h_0 = h - a_s$，其中 h 为截面高度；当 $l_0/h \leqslant 2$ 时，跨中截面 a_s 取 $0.1h$，支座截面 a_s 取 $0.2h$；当 $l_0/h > 2$ 时，a_s 按受拉区纵向钢筋截面重心至受拉边缘的实际距离取用。

2. 受剪截面承载力计算

钢筋混凝土深受弯构件的受剪截面应按下式计算：

（1）当 $h_w/b \leqslant 4$ 时：

$$V \leqslant \frac{1}{60}(10 + l_0/h)\beta_c f_c b h_0 \tag{6-56}$$

（2）当 $h_w/b \geqslant 6$ 时：

$$V \leqslant \frac{1}{60}(7 + l_0/h)\beta_c f_c b h_0 \tag{6-57}$$

（3）当 $4 < h_w/b < 6$ 时，按线性内插法取用。

式中　V——剪力设计值；

　　　l_0——计算跨度，当 $l_0 < 2h$ 时，取 $l_0 = 2h$；

　　　b——矩形截面的宽度以及 T 形、I 形截面的腹板厚度；

h、h_0——截面高度、截面的有效高度；

　　　h_w——截面的腹板高度：对矩形截面，取有效高度 h_0；对 T 形截面，取有效高度减翼缘高度；对 I 形和箱形截面，取腹板净高；

β_c——混凝土强度影响系数。

3. 矩形、T形和I形截面受剪承载力计算

矩形、T形和I形截面的深受弯构件，在均布荷载作用下，当配有竖向分布钢筋和水平分布钢筋时，其斜截面的受剪承载力应按下式计算：

$$V \leqslant 0.7\frac{(8-l_0/h)}{3}f_tbh_0 + \frac{(l_0/h-2)}{3}f_{yv}\frac{A_{sv}}{s_h}h_0 + \frac{(5-l_0/h)}{6}f_{yh}\frac{A_{sh}}{s_v}h_0 \quad (6\text{-}58)$$

对集中荷载作用下的深受弯构件（包括作用有多种荷载，且其中集中荷载对支座所产生的剪力值占总剪力值的 75% 以上的情况），其斜截面的受剪承载力应按下式计算

$$V \leqslant \frac{1.75}{\lambda+1}f_tbh_0 + \frac{(l_0/h-2)}{3}f_{yv}\frac{A_{sv}}{s_h}h_0 + \frac{(5-l_0/h)}{6}f_{yh}\frac{A_{sh}}{s_v}h_0 \quad (6\text{-}59)$$

式中　λ——计算剪跨比：当 $l_0/h \leqslant 2.0$ 时，取 $\lambda=0.25$；当 $2.0<l_0/h<5.0$ 时，取 $\lambda=a/h_0$，其中，a 为集中荷载到深受弯构件支座的水平距离；λ 的上限值为 $(0.92l_0/h-1.58)$，下限值为 $(0.42l_0/h-0.58)$；

l_0/h——跨高比，当 $l_0/h<0.2$ 时，取 $l_0/h=2.0$。

【例 6-9】 已知某简支单跨深梁，如图 6-14 所示。承受集中荷载和均布荷载，通过支座反力中所占比例可判定属于集中荷载为主的构件。混凝土强度等级为 C30，采用 HRB335 钢筋。计算跨度 6m，梁高 4m，假定梁宽 0.25m。跨中弯矩设计值 2189kN·m，支座剪力设计值 1233kN。试计算该梁纵向受拉钢筋 A_s。

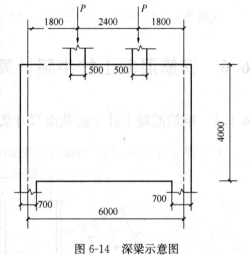

图 6-14 深梁示意图

解： 先确定截面有效高度，$l_0/h=6000/4000=1.5<2$，a 取 $0.1h=0.1\times4000=400$mm，$h_0=h-a=3600$；

$$\alpha_s = \frac{M}{\alpha_1 f_c bh_0^2}$$

$$= \frac{2189\times10^6}{1.0\times14.3\times250\times3600^2} = 0.047$$

查表 2-5 得，$\xi=0.05<0.2$，取 $x=0.2h_0=0.2\times3600=720$mm

由于 $l_0\geqslant h$，则 $\alpha_d=0.8+0.04l_0/h=0.8+0.04\times1.5=0.86$mm

$$z = \alpha_d(h_0-0.5x) = 0.86\times(3600-0.5\times720) = 2786.4\text{mm}$$

$$A_s = \frac{M}{f_yz} = 2189\times10^6/(300\times2786.4) = 2618.7\text{mm}^2$$

【例 6-10】 已知某简支深梁，如图 6-15 所示，梁宽 $b=250$mm，混凝土强度等级为 C30，纵向受拉钢筋采用 HRB335 级，竖向和水平钢筋采用 HPB300 级，跨中弯矩设计值 $M=3900\times10^6$N·mm，支座剪力设计值 $V=2750\times10^3$N，试计算梁纵向受拉钢筋 A_s。

解：（1）计算跨度 l_0：

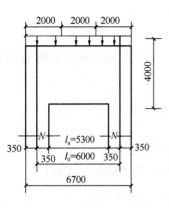

图 6-15 简支深梁

$1.15 l_n = 1.15 \times 5300 = 6095 \text{mm}$，$l_c = 6000 \text{mm}$，取 $l_0 = 6000 \text{mm}$

（2）计算纵向受拉钢筋 A_s：

$l_0 / h = 6000 / 4000 = 1.5$，取 $a_s = 0.1 h = 400 \text{mm}$，所以 $h_0 = 4000 - 400 = 3600 \text{mm}$

$\alpha_d = 0.8 + 0.04 \dfrac{l_0}{h} = 0.8 + 0.04 \times 1.5 = 0.86$　先令 $x = 0.2 h_0 = 0.2 \times 3600 = 720 \text{mm}$

$$z = \alpha_d (h_0 - 0.5x)$$
$$= 0.86 \times (3600 - 0.5 \times 720) = 2786.4 \text{mm}$$

由公式 $M \leqslant f_y A_s z$ 得受拉钢筋面积：

$$A_s = \frac{M}{f_y z} = \frac{39000 \times 10^6}{300 \times 2786.4} = 4665.5 \text{mm}^2$$

将 $A_s = 4665.5 \text{mm}^2$ 带入式 $x = \dfrac{f_y A_s}{\alpha_1 f_c b} = \dfrac{300 \times 4665.5}{1.0 \times 14.3 \times 250} = 391.5 \text{mm} < 0.2 h_0 = 720 \text{mm}$

根据附表 5-1，可以采用 6Φ32，$A_s = 4826 \text{mm}^2$，分 6 层分布在梁底 $0.2h$ 范围内。

配筋率 $\rho = A_s / bh = \dfrac{4826}{250 \times 4000} = 0.48\% > \rho_{min} = 0.20\%$，满足要求。

6.6 钢筋混凝土柱牛腿计算与实例

6.6.1 钢筋混凝土柱牛腿截面尺寸要求

柱牛腿（当 $a \leqslant h_0$ 时）的截面尺寸如图 6-16 所示。

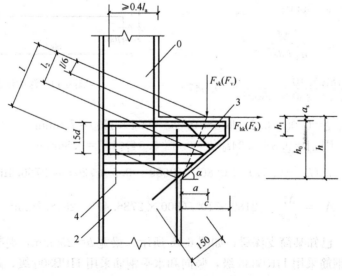

图 6-16 牛腿的外形及钢筋配置
1—上柱；2—下柱；3—弯起钢筋；4—水平箍筋

6.6.2 钢筋混凝土柱牛腿计算

1. 基本计算公式

（1）牛腿的裂缝。牛腿的裂缝控制要求为：

$$F_{vk} \leqslant \beta \left(1 - 0.5 \frac{F_{hk}}{F_{vk}}\right) \frac{f_{tk} b h_0}{0.5 + \frac{a}{h_0}} \tag{6-60}$$

式中　F_{vk}——作用于牛腿顶部按荷载效应标准组合计算的竖向力值；

　　　F_{hk}——作用于牛腿顶部按荷载效应标准组合计算的水平拉力值；

　　　β——裂缝控制系数：对支承吊车梁的牛腿，取 0.65；对其他牛腿，取 0.80；

　　　a——竖向力的作用点至下柱边缘的水平距离，此时应考虑安装偏差 20mm；当考虑安装偏差后的竖向力作用点仍位于下柱截面以内时，取 $a=0$；

　　　b——牛腿宽度；

　　　h_0——牛腿与下柱交接处的垂直截面有效高度：$h_0 = h_1 - a_s + c\tan\alpha$，当 $\alpha > 45°$ 时，取 $\alpha = 45°$，c 为下柱边缘到牛腿外边缘的水平长度。

（2）牛腿顶面纵向（水平）钢筋计算。在牛腿中，由承受竖向力所需的受拉钢筋截面面积和承受水平拉力所需的锚筋截面面积所组成的纵向受力钢筋的总截面面积按下式计算：

$$A_s \geqslant \frac{F_v a}{0.85 f_y h_0} + 1.2 \frac{F_h}{f_y} \tag{6-61}$$

此处，当 $a < 0.3 h_0$ 时，取 $a = 0.3 h_0$。

式中　F_v——作用在牛腿顶部的竖向力设计值；

　　　F_h——作用在牛腿顶部的水平拉力设计值。

2. 构造要求

（1）牛腿的外边缘高度 h_1 不应小于 $h/3$，且不应小于 200mm。

（2）在牛腿顶面的受压面上，由竖向力 F_{vk} 所引起的局部压应力不应超过 $0.75 f_c$。

（3）沿牛腿顶部配置的纵向受力钢筋，宜采用 HRB400 级或 HRB500 级热轧带肋钢筋。全部纵向受力钢筋及弯起钢筋宜沿牛腿外边缘向下伸入下柱内 150mm 后截断。

承受竖向力所需的纵向受力钢筋的配筋率不应小于 0.2% 及 $0.45 f_t/f_y$，也不宜大于 0.6%，钢筋数量不宜少于 4 根，直径不宜小于 12mm。

（4）牛腿应设置水平箍筋，箍筋直径宜为 6~12mm，间距宜为 100~150mm；在上部 $2h_0/3$ 范围内的箍筋总截面面积不宜小于承受竖向力的受拉钢筋截面面积的 1/2。

当牛腿的剪跨比不小于 0.3 时，宜设置弯起钢筋。弯起钢筋宜采用 HRB400 级或 HRB500 级热轧带肋钢筋，并宜使其与集中荷载作用点到牛腿斜边下端点连线的交点位于牛腿上部 $l/6$ ~$l/2$ 之间的范围内，l 为该连线的长度。弯起钢筋截面面积不宜小于承受竖向力的受拉钢筋截面面积的 1/2，且不宜少于 2 根直径 12mm 的钢筋。纵向受拉钢筋不得兼作弯起钢筋。

【例 6-11】　某牛腿截面在吊车竖向荷载（$F_{vk}=581.11$kN，$F_v=803.48$kN），水平拉力（$F_{hk}=18.45$kN，$F_h=25.83$kN）共同作用下的 c、c_1、a、h、h_1 及配筋量如图 6-17 所示。假设牛腿宽度 $b=400$mm，采用 C30 级混凝土，$f_c=15$N/mm²，$f_{tk}=2.0$N/mm²；纵向受力钢筋采用 HRB335 级钢筋，$f_y=300$N/mm²。请计算牛腿配筋。

解： 先确定牛腿尺寸：

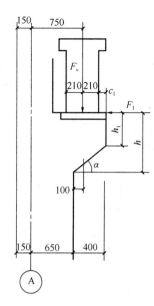

图 6-17　牛腿截面

吊车梁中心线至厂房轴线的距离为 750mm，吊车梁端宽度为 420mm，所以牛腿从下柱边缘伸出长度为：

$$c = 750 - 650 + 210 + c_1 = 310 + c_1$$

取 $c_1 = 90$mm，则 $c = 400$mm。

吊车梁中心线至下柱边缘的距离为 $750 - 650 = 100$mm，考虑安装偏差 20mm，$a = 120$mm

按下式计算牛腿截面高度：

$$F_{vk} \leqslant \beta\left(1 - 0.5\frac{F_{hk}}{F_{vk}}\right)\frac{f_{tk}bh_0}{0.5 + \frac{a}{h_0}}$$

取 $\beta = 0.7$，$f_{tk} = 2.0$N/mm²，$581.11 \times 10^3 \leqslant 0.70 \times$

$$\left(1 - 0.5 \times \frac{18.45 \times 10^3}{581.11 \times 10^3}\right) \times \frac{2.0 \times 400 \times h_0}{0.5 + 120/h_0}$$

求得 $h_0 \geqslant 706.2$mm。

取 $h = 850$mm，$h_0 = 810$mm，$h_1 = 500$mm，则 $\alpha = 45°$，且 h_1

$= 500$mm $> \frac{1}{3}h = 283$mm

牛腿纵向受力钢筋的计算：

$a = 120$mm $< 0.3h_0 = 243$mm，故计算时取用 $a = 243$mm。

$$A_s \geqslant \frac{F_v a}{0.85 f_y h_0} + 1.2\frac{F_h}{f_y}$$

$$A_s \geqslant \frac{803.48 \times 10^3 \times 243}{0.85 \times 300 \times 810} + 1.2 \times \frac{25.83 \times 10^3}{300} = 1048.59\text{mm}^2$$

根据附表 5-1，选用 6 Φ 16，$A_s = 1206$mm²。其中 4 Φ 16，$A_s = 804$mm²，为承受竖向力所需的纵向受拉钢筋，符合不宜小于 4 Φ 12 的规定，此外，2 Φ 16 为承受水平拉力的锚筋，应焊在预埋件上，符合不少于 2 Φ 12 的构造要求。

水平箍筋、弯起钢筋的确定：箍筋采用 10 Φ 8，间距 100mm；

在 $\frac{2h_0}{3} = \left(\frac{2}{3} \times 810\right) = 540$mm 以内的水平箍筋总截

面面积为 10×50.3mm² $= 503$mm² $> \frac{1}{2} \times 840$mm² $=$

420mm²，满足要求。

牛腿的剪跨比 $\frac{a}{h_0} = \frac{120}{810} = 0.148 < 0.3$，所以可以不设置弯起筋。

牛腿顶面局部承压验算，可按下式：

$$\frac{F_{vk}}{A} \leqslant 0.75 f_c$$

$$\frac{F_{vk}}{A} = \frac{581.11 \times 10^3}{400 \times 420} = 3.46\text{N/mm}^2 < 0.75 \times 15 =$$

11.25N/mm²，满足要求。

牛腿配筋图如图 6-18 所示。

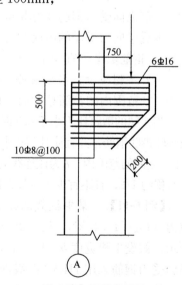

图 6-18　牛腿的配筋

6.7 钢筋混凝土结构预埋件计算与实例

(1)受力预埋件的锚板宜采用 Q235、Q345 级钢，锚板厚度应根据受力情况计算确定，且不宜小于锚筋直径的 60%。受拉和受弯预埋件的锚板厚度尚宜大于 $b/8$，b 为锚筋的间距。受力预埋件的锚筋应采用 HRB400 或 HPB300 钢筋，不应采用冷加工钢筋。

直锚筋与锚板应采用 T 形焊接。当锚筋直径不大于 20mm 时宜采用压力埋弧焊；当锚筋直径大于 20mm 时宜采用穿孔塞焊。当采用手工焊时，焊缝高度不宜小于 6mm，且对 300MPa 级钢筋不宜小于 $0.5d$，对其他钢筋不宜小于 $0.6d$，d 为钢筋的直径。

(2)由锚板和对称配置的直锚筋所组成的受力预埋件(如图 6-19 所示)，其锚筋的总截面面积 A_s 应符合下列规定：

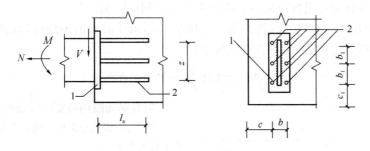

图 6-19 由锚板和直锚筋组成的预埋件
1—锚板；2—直锚筋

1)当有剪力、法向拉力和弯矩共同作用时，应按下列两个公式计算，并取其中的较大值：

$$A_s \geq \frac{V}{\alpha_r \alpha_v f_y} + \frac{N}{0.8\alpha_b f_y} + \frac{M}{1.3\alpha_r \alpha_b f_y z} \tag{6-62}$$

$$A_s \geq \frac{N}{0.8\alpha_b f_y} + \frac{M}{0.4\alpha_r \alpha_b f_y z} \tag{6-63}$$

2)当有剪力、法向压力和弯矩共同作用时，应按下列两个公式计算，并取其中的较大值：

$$A_s \geq \frac{V - 0.3N}{\alpha_r \alpha_v f_y} + \frac{M - 0.4Nz}{1.3\alpha_r \alpha_b f_y z} \tag{6-64}$$

$$A_s \geq \frac{M - 0.4Nz}{0.4\alpha_r \alpha_b f_y z} \tag{6-65}$$

当 M 小于 $0.4Nz$ 时，取 $0.4Nz$。

上述公式中的系数 α_v、α_b，应按下列公式计算：

$$\alpha_v = (4.0 - 0.08d)\sqrt{\frac{f_c}{f_y}} \tag{6-66}$$

$$a_b = 0.6 + 0.25\frac{t}{d} \tag{6-67}$$

当 α_v 大于 0.7 时，取 0.7；当采取防止锚板弯曲变形的措施时，可取 $\alpha_b = 1.0$。

式中 f_y——锚筋的抗拉强度设计值，不应大于 $300N/mm^2$；

$\quad$ V——剪力设计值；

$\quad$ N——法向拉力或法向压力设计值，法向压力设计值不应大于 $0.5f_cA$，此处，A 为锚板的面积；

$\quad$ M——弯矩设计值；

$\quad$ α_r——锚筋层数的影响系数；当锚筋按等间距布置时：两层取 1.0；三层取 0.9；四层取 0.85；

$\quad$ α_v——锚筋的受剪承载力系数；

$\quad$ d——锚筋直径；

$\quad$ α_b——锚板的弯曲变形折减系数；

$\quad$ t——锚板厚度；

$\quad$ z——沿剪力作用方向最外层锚筋中心线之间的距离。

（3）由锚板和对称配置的弯折锚筋及直锚筋共同承受剪力的预埋件（如图 6-20 所示），其弯折锚筋的截面面积 A_{sb} 应符合下列规定：

$$A_{sb} \geqslant 1.4\frac{V}{f_y} - 1.25\alpha_vA_s \qquad (6\text{-}68)$$

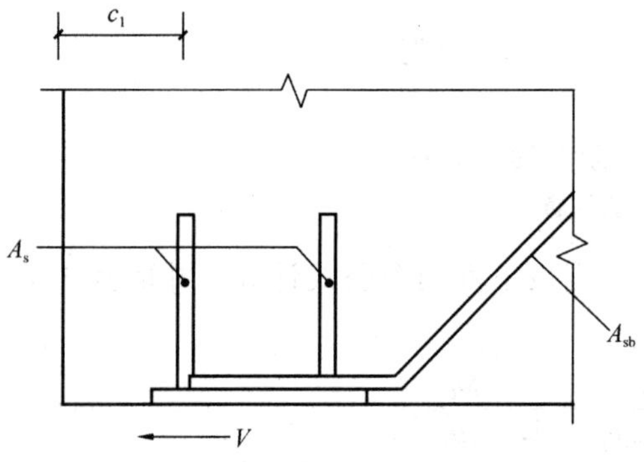

当直锚筋按构造要求设置时，取 $A_s=0$。

注：弯折锚筋与钢板之间的夹角不宜小于 $15°$，也不宜大于 $45°$。

（4）预埋件锚筋中心至锚板边缘的距离不应小于 $2d$ 和 20mm。预埋件的位置应使锚筋位于构件的外层主筋的内侧。

预埋件的受力直锚筋直径不宜小于 8mm，且不宜大于 25mm。直锚筋数量不宜少于 4 根，且不宜多于 4 排；受剪预埋件的直锚筋可采用 2 根。

对受拉和受弯预埋件，其锚筋的间距 b、b_1 和锚筋至构件边缘的距离 c、c_1 均不应小于 $3d$ 和 45mm。

图 6-20 由锚板和弯折锚筋及直锚筋组成的预埋件

对受剪预埋件，其锚筋的间距 b、b_1 不应大于 300mm，且 b_1 不应小于 $6d$ 和 70mm；锚筋至构件边缘的距离 c_1 不应小于 $6d$ 和 70mm，b、c 均不应小于 $3d$ 和 45mm。

受拉直锚筋和弯折锚筋的锚固长度不应小于受拉钢筋锚固长度；当锚筋采用 HPB300 级钢筋时末端还应有弯钩。当无法满足锚固长度的要求时，应采取其他有效的锚固措施。受剪和受压直锚筋的锚固长度不应小于 $15d$，d 为锚筋的直径。

（5）预制构件宜采用内埋式螺母、内埋式吊杆或预留吊装孔，并采用配套的专用吊具实现吊装，也可采用吊环吊装。内埋式螺母或内埋式吊杆的设计与构造，应满足起吊方便和吊装安全的要求。专用内埋式螺母或内埋式吊杆及配套的吊具，应根据相应的产品标准和应用技术规定选用。

【例 6-12】 已知某焊有直锚筋的预埋件，承受剪力设计值 $V=175kN$。锚板采用

Q235 钢，厚度 $t=14\text{mm}$。构件的混凝土强度等级为 C25$(f_c=11.9\text{N/mm}^2)$，锚筋为 HRB335 级钢筋，$f_y=300\text{N/mm}^2$。求预埋件直锚筋的总截面面积和锚筋直径。

解： 根据已知条件得：

假设锚筋为三层，$\alpha_r=0.9$。

假定锚筋直径为 $d=16\text{mm}$，则

$$\alpha_v=(4.0-0.08d)\sqrt{\frac{f_c}{f_y}}=(4.0-0.08\times16)\sqrt{\frac{11.9}{300}}=0.542<0.7$$

$$A_s=\frac{V}{\alpha_r\alpha_vf_y}=\frac{175\times10^3}{0.9\times0.542\times300}=1196\text{mm}^2$$

选用直锚筋 6 Φ 16，$A_s=1206\text{mm}^2$，分三层布置，每层 2 Φ 16。

且

$$\frac{t}{d}=\frac{14}{16}=0.875>0.6$$

故满足构造要求。

【例 6-13】 已知焊有直锚筋的预埋件，承受法向拉力设计值 $N=181\text{kN}$。锚板采用 Q235 钢，厚度 $t=12\text{mm}$。构件的混凝土强度等级为 C30$(f_c=14.3\text{N/mm}^2)$，锚筋为 HRB335 级钢筋，$f_y=300\text{N/mm}^2$。求预埋件直锚筋的总截面面积和锚筋直径。

解： 根据已知条件得：

假定锚筋直径为 $d=14\text{mm}$。

$$\alpha_b=0.6+0.25\frac{t}{d}=0.6+0.25\times\frac{12}{14}=0.814$$

$$A_s=\frac{N}{0.8\alpha_bf_y}=\frac{181\times10^3}{0.8\times0.814\times300}=926\text{mm}^2$$

选用直锚筋 6 Φ 14，$A_s=924\text{mm}^2$，分三层布置，每层 2 Φ 14。

且

$$\frac{t}{d}=\frac{12}{14}=0.578>0.6$$

故满足构造要求。

【例 6-14】 已知某焊有直锚筋的预埋件，如图 6-21 所示，承受剪力设计值 $V=$

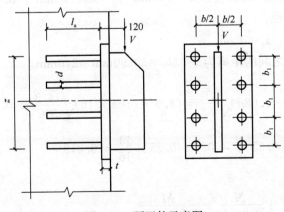

图 6-21 预埋件示意图

112kN，作用剪力到锚板边缘的距离为 $a=120mm$。锚板采用 Q235 钢，锚板厚度 $t=10mm$，四层锚筋，锚筋之间的距离为 $b_1=90mm$，锚筋为 HRB335 级钢筋，钢筋直径 $d=12mm$，$f_y=300N/mm^2$。构件的混凝土强度等级为 C25，$f_c=11.9N/mm^2$。试计算预埋件直锚筋的总截面面积和锚筋直径。

解： 锚筋为四层，$\alpha_r=0.85$。

外层锚筋中心线之间的距离为 $z=3b_1=3\times90mm=270mm$

弯矩设计值为

$$M=Va=112\times0.12=13.44kN\cdot m$$

$$\alpha_v=(4.0-0.08d)\sqrt{\frac{f_c}{f_y}}=(4.0-0.08\times12)\sqrt{\frac{11.9}{300}}=0.65<0.7$$

$$\alpha_b=0.6+0.25\frac{t}{d}=0.6+0.25\times\frac{10}{12}=0.808$$

$$A_s=\frac{V}{\alpha_r\alpha_v f_y}+\frac{M}{1.3\alpha_r\alpha_b f_y z}=\frac{112\times10^3}{0.85\times0.605\times300}+\frac{13.44\times10^6}{1.3\times0.85\times0.808\times300\times270}$$

$$=912mm^2$$

$$A_s=\frac{M}{0.4\alpha_r\alpha_b f_y z}=\frac{13.44\times10^6}{0.4\times0.85\times0.808\times300\times270}=604mm^2$$

比较计算结果，得 $A_s=912mm^2$。

选用直锚筋 8 Φ 12，$A_s=912mm^2$。

且：$\frac{t}{d}=\frac{10}{12}=0.833>0.6$

故满足要求。

【例 6-15】 已知某焊有直锚筋的预埋件，承受法向拉力设计值 $N=123kN$，剪力设计值 $V=127kN$，弯矩设计值 $M=10.96kN\cdot m$。锚板采用 Q235 钢，锚板厚度 $t=14mm$，四层锚筋，锚筋之间的距离为 $b_1=90mm$。构件的混凝土强度等级为 C30($f_c=14.3N/mm^2$)，锚筋为 HRB335 级钢筋，钢筋直径 $d=16mm$，$f_y=300N/mm^2$。试计算预埋件直锚筋的总截面面积和锚筋直径。

解： 锚筋为四层，$\alpha_r=0.85$。

外层锚筋中心线之间的距离为 $z=3b_1=3\times90mm=270mm$。

$$\alpha_v=(4.0-0.08d)\sqrt{\frac{f_c}{f_y}}=(4.0-0.08\times16)\sqrt{\frac{14.3}{300}}=0.594<0.7$$

$$\alpha_b=0.6+0.25\frac{t}{d}=0.6+0.25\times\frac{14}{16}=0.819$$

$$A_s=\frac{V}{\alpha_r\alpha_v f_y}+\frac{N}{0.8\alpha_b f_y}+\frac{M}{1.3\alpha_r\alpha_b f_y z}$$

$$= \frac{127 \times 10^3}{0.85 \times 0.594 \times 300} + \frac{123 \times 10^3}{0.8 \times 0.819 \times 300} + \frac{10.96 \times 10^6}{1.3 \times 0.85 \times 0.819 \times 300 \times 270}$$

$$= 1613.7 \text{mm}^2$$

$$A_s = \frac{N}{0.8\alpha_b f_y} + \frac{M}{0.4\alpha_r \alpha_b f_y z}$$

$$= \frac{123 \times 10^3}{0.8 \times 0.819 \times 300} + \frac{10.96 \times 10^6}{0.4 \times 0.85 \times 0.819 \times 300 \times 270} = 1111.7 \text{mm}^2$$

比较计算结果，得 $A_s = 1613.7 \text{mm}^2$

选用直锚筋 8 Φ 16，$A_s = 1613.7 \text{mm}^2$

且：$\dfrac{t}{d} = \dfrac{14}{16} = 0.875 > 0.6$

故满足要求。

7 混凝土结构构件疲劳验算

7.1 疲劳验算一般规定

1. 基本假定

受弯构件的正截面疲劳应力验算时，可采用下列基本假定：

(1) 截面应变保持平面；

(2) 受压区混凝土的法向应力图形取为三角形；

(3) 钢筋混凝土构件，不考虑受拉区混凝土的抗拉强度，拉力全部由纵向钢筋承受；要求不出现裂缝的预应力混凝土构件，受拉区混凝土的法向应力图形取为三角形；

(4) 采用换算截面计算。

2. 计算应力的部位

钢筋混凝土受弯构件疲劳验算时，应计算下列部位的混凝土应力和钢筋应力幅：

(1) 正截面受压区边缘纤维的混凝土应力和纵向受拉钢筋的应力幅；

(2) 截面中和轴处混凝土的剪应力和箍筋的应力幅。

注：纵向受压普通钢筋可不进行疲劳验算。

7.2 受弯构件正截面疲劳验算

7.2.1 受弯构件正截面疲劳应力计算

钢筋混凝土受弯构件正截面疲劳应力应符合下列要求：

1. 受压区边缘纤维的混凝土压应力

$$\sigma_{cc,max}^f \leqslant f_c^f \tag{7-1}$$

2. 受拉区纵向普通钢筋的应力幅

$$\Delta\sigma_{si}^f \leqslant \Delta f_y^f \tag{7-2}$$

式中：$\sigma_{cc,max}^f$——疲劳验算时截面受压区边缘纤维的混凝土压应力；

$\Delta\sigma_{si}^f$——疲劳验算时截面受拉区第 i 层纵向钢筋的应力幅；

f_c^f——混凝土轴心抗压疲劳强度设计值；

Δf_y^f——钢筋的疲劳应力幅限值；

注：当纵向受拉钢筋为同一钢种时，可仅验算最外层钢筋的应力幅限值。

7.2.2 受压区混凝土压应力和纵向受拉钢筋应力幅计算

钢筋混凝土受弯构件正截面的混凝土压应力以及钢筋的应力幅应按下列公式计算：

1. 受压区边缘纤维的混凝土压应力

$$\sigma_{cc,max}^f = \frac{M_{max}^f x_0}{I_0^f} \tag{7-3}$$

2. 纵向受拉钢筋的应力幅

$$\Delta\sigma_{si}^f = \sigma_{si,max}^f - \sigma_{si,min}^f \tag{7-4}$$

$$\sigma_{si,min}^f = \alpha_E^f \frac{M_{min}^f(h_{0i} - x_0)}{I_0^f} \tag{7-5}$$

$$\sigma_{si,max}^f = \alpha_E^f \frac{M_{max}^f(h_{0i} - x_0)}{I_0^f} \tag{7-6}$$

式中：M_{max}^f、M_{min}^f——疲劳验算时同一截面上在相应荷载组合下产生的最大、最小弯矩值；

$\sigma_{si,min}^f$、$\sigma_{si,max}^f$——由弯矩 M_{min}^f、M_{max}^f 引起相应截面受拉区第 i 层纵向钢筋的应力；

α_E^f——钢筋的弹性模量与混凝土疲劳变形模量的比值；

I_0^f——疲劳验算时相应于弯矩 M_{max}^f 与 M_{min}^f 为相同方向时的换算截面惯性矩；

x_0——疲劳验算时相应于弯矩与 M_{max}^f 与 M_{min}^f 为相同方向时的换算截面受压区高度；

h_{0i}——相应于弯矩 M_{max}^f 与 M_{min}^f 为相同方向时的截面受压区边缘至受拉区第 i 层纵向钢筋截面重心的距离。

7.2.3 换算截面受压区高度和惯性矩计算

钢筋混凝土受弯构件疲劳验算时，换算截面受压区高度 x_0、x_0' 和惯性矩 I_0^f、I'^f_0 应按下列公式计算：

（1）矩形及翼缘位于受拉区的 T 形截面

$$\frac{bx_0^2}{2} + \alpha_E^f A'_s(x_0 - a'_s) - \alpha_E^f A_s(h_0 - x_0) = 0 \tag{7-7}$$

$$I_0^f = \frac{bx_0^3}{3} + \alpha_E^f A'_s(x_0 - a'_s)^2 + \alpha_E^f A_s(h_0 - x_0)^2 \tag{7-8}$$

（2）I 形及翼缘位于受压区的 T 形截面

1）当 $x_0 > h_f'$ 时，如图 7-1 所示。

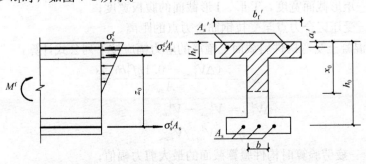

图 7-1　钢筋混凝土受弯构件正截面疲劳应力计算

$$\frac{b'_f x_0^2}{2} - \frac{(b'_f - b)(x - h'_f)^2}{2} + \alpha_E^f A'_s(x_0 - a'_s) - \alpha_E^f A_s(h_0 - x_0) = 0 \tag{7-9}$$

$$I_0^f \frac{b'_f x_0^3}{3} - \frac{(b'_f - b)(x_0 - h'_f)^3}{3} + \alpha_E^f A'_s(x_0 - a'_s)^2 + \alpha_E^f A_s(h_0 - x_0)^2 \tag{7-10}$$

2) 当 $x_0 \leqslant h'_f$ 时,按宽度为 b'_f 的矩形截面计算。

(3) 对 x'_0、I'^f_0 的计算,仍可采用上述计算 x_0、I_0^f 的相应公式。需注意的是,当弯矩 M_{max}^f 与 M_{min}^f 为相反方向时,与 x'_0、x_0 相应的受压区位置分别位于该截面的下、上侧;当弯矩 M_{max}^f 与 M_{min}^f 为相同方向时,可取 $x_0 = x'_0$,$I'^f_0 = I_0^f$。

(4) 补充说明:当纵向受拉钢筋沿截面高度分为多层布置时,上述式中的 A_s 及 h_0 应分别按分层的 A_{si} 及 h_{0i} 进行计算;纵向受压钢筋的应力应符合 $\alpha_E^f \sigma_c^f \leqslant f'_y$ 的条件,当 $\alpha_E^f \sigma_c^f > f'_y$ 时,上述式中的 $\alpha_E^f \sigma_c^f$ 应以 $f'_y / A'_s / \sigma_c^f$ 代替,此处,f'_y 为纵向钢筋的抗压强度设计值,σ_c^f 为纵向受压钢筋合力点处的混凝土应力。

7.3 受弯构件斜截面疲劳验算与实例

钢筋混凝土受弯构件斜截面的疲劳验算及剪力的分配应符合下列规定:

(1) 当截面中和轴处的剪应力符合下列条件时,该区段的剪力全部由混凝土承受,此时箍筋可按构造要求配置:

$$\tau^f \leqslant 0.6 f_t^f \tag{7-11}$$

式中:τ^f——截面中和轴处的剪应力;

f_t^f——混凝土轴心抗拉疲劳强度设计值。

(2) 截面中和轴处的剪应力不符合式 (7-11) 的区段,其剪应力应由箍筋和混凝土共同承受。此时,箍筋的应力幅 $\Delta\sigma_{sv}^f$ 应符合下列要求:

$$\Delta\sigma_{sv}^f \leqslant \Delta f_{yv}^f \tag{7-12}$$

式中:$\Delta\sigma_{sv}^f$——箍筋的应力幅;

Δf_{yv}^f——箍筋的疲劳应力幅限值。

(3) 钢筋混凝土受弯构件中和轴处的剪应力应按下列公式计算:

$$\tau^f = \frac{V_{max}^f}{b z_0} \tag{7-13}$$

式中:V_{max}^f——疲劳验算时在相应荷载组合下构件验算截面的最大剪力值;

b——矩形截面宽度,T形、I形截面的腹板宽度;

z_0——受压区合力点至受拉钢筋合力点的距离。

(4) 钢筋混凝土受弯构件斜截面上箍筋的应力幅应按下列公式计算:

$$\Delta\sigma_{sv}^f = \frac{(\Delta V_{max}^f - 0.1 \eta f_t^f b h_0) s}{A_{sv} z_0} \tag{7-14}$$

$$\Delta V_{max}^f = V_{max}^f - V_{min}^f \tag{7-15}$$

$$\eta = \Delta V_{max}^f / V_{max}^f \tag{7-16}$$

式中:ΔV_{max}^f——疲劳验算时构件验算截面的最大剪力幅值;

V_{min}^f——疲劳验算时在相应荷载组合下构件验算截面的最小剪力值;

η——最大剪力幅相对值；

s——箍筋的间距；

A_{sv}——配置在同一截面内箍筋各肢的全部截面面积。

【**例 7-1**】 已知某高校教学楼矩形截面简支梁，其截面尺寸为 $250\text{mm}\times500\text{mm}$，已配置纵向受拉钢筋为 HRB335 级 4 Φ 16 （$A_s=804\text{mm}^2$），$a_s=40\text{mm}$，沿全梁布置 HPB300 级双肢箍筋，直径为 8mm，间距 $s=100\text{mm}$，疲劳验算时跨中截面的 $M_{max}^f=78\text{kN}\cdot\text{m}$，$M_{min}^f=52\text{kN}\cdot\text{m}$，支座截面的 $V_{max}^f=73\text{kN}$，$V_{min}^f=18\text{kN}$，混凝土强度等级 C30 （$f_c=14.3\text{N/mm}^2$，$f_t=1.43\text{N/mm}^2$）。试进行疲劳验算。

解：（1）正截面疲劳验算

1）受压区混凝土压应力 $\sigma_{c,max}^f$

查附表 2-3 得，$E_c^f=1.3\times10^4\text{N/mm}^2$；查附表 4-1 得，$E_s=2.0\times10^5\text{N/mm}^2$

则钢筋弹性模量与混凝土疲劳变形模量的比值：

$$\alpha_E^f=\frac{E_s}{E_c^f}=\frac{2.0\times10^5}{1.3\times10^4}=15.38$$

$$h_0=h-a_s=500-40=460\text{mm}$$

由于 $A_s'=0$，则代入公式 (7-7) 得

$$\frac{bx_0^2}{2}+\alpha_E^f A_s'(x_0-a_s')-\alpha_E^f A_s(h_0-x_0)=0$$

$$\frac{250x_0^2}{2}-15.38\times804\times(460-x_0)=0$$

解得：$x_0=169.52\text{mm}$。

换算截面的惯性矩为：

$$I_0^f=\frac{bx_0^3}{3}+\alpha_E^f A_s'(x_0-a_s')^2+\alpha_E^f A_s(h_0-x_0)$$

$$=\frac{250\times169.52^3}{3}+15.38\times804\times(460-169.52)^2$$

$$=1.45\times10^9\text{mm}^4$$

混凝土疲劳应力比值为：

$$\rho_c^f=\frac{\sigma_{c,min}^f}{\sigma_{c,max}^f}=\frac{M_{min}^f}{M_{max}^f}=\frac{52}{78}=0.67$$

查附表 2-2a 得 $\gamma_p=0.80$

混凝土轴心抗压疲劳强度设计值为：

$$f_c^f=\gamma_p f_c=0.8\times14.3=11.44\text{N/mm}^2$$

受压区边缘纤维的混凝土压应力为：

$$\sigma_{c,max}^f=\frac{M_{max}^f x_0}{I_0^f}=\frac{78\times10^6\times169.52}{1.45\times10^9}=9.12\text{N/mm}^2<f_c^f=11.44\text{N/mm}^2$$

故满足要求。

2）纵向受拉钢筋应力幅 $\Delta\sigma_{si}^f$

$$\sigma_{s1,max}^f=\alpha_E^f\frac{M_{max}^f(h_{01}-x_0)}{I_0^f}=\frac{15.38\times78\times10^6\times(460-169.52)}{1.45\times10^9}=240.3\text{N/mm}^2$$

$$\sigma_{s1,min}^f = \alpha_E^f \frac{M_{min}^f (h_{01} - x_0)}{I_0^f} = \frac{15.38 \times 52 \times 10^6 \times (460 - 169.52)}{1.45 \times 10^9} = 160.2 \text{N/mm}^2$$

$$\Delta\sigma_{s1}^f = \sigma_{s1,max}^f - \sigma_{s1,min}^f = 240.3 - 160.2 = 80.1 \text{N/mm}^2$$

钢筋疲劳应力比值:

$$\rho_s^f = \frac{\sigma_{s,min}^f}{\sigma_{s,max}^f} = \frac{160.2}{240.3} = 0.67$$

由此查附表 4-2 得:$\Delta f_y^f = 83 \text{N/mm}^2$

$$\Delta\sigma_{s1}^f = 80.1 \text{N/mm}^2 < \Delta f_y^f = 83 \text{N/mm}^2$$

故满足要求。

(2) 斜截面疲劳验算

$$\rho_c^f = \frac{V_{c,min}^f}{V_{c,max}^f} = \frac{18}{73} = 0.25$$

查附表 2-2a 得:$\gamma_p = 0.69$

混凝土轴心抗拉疲劳强度设计值为:

$$f_t^f = \gamma_p f_t = 0.69 \times 1.43 = 0.987 \text{N/mm}^2$$

受压区合力点至受拉钢筋合力点的距离为:

$$z_0 = h_0 - \frac{x_0}{3} = \left(460 - \frac{169.52}{3}\right) = 403.5 \text{mm}$$

截面中和轴处的剪应力为:

$$\tau^f = \frac{V_{max}^f}{b z_0} = \frac{73 \times 10^3}{25 \times 403.5} = 0.7 \text{N/mm}^2 > 0.6 f_t^f = 0.6 \times 0.987 = 0.59 \text{N/mm}^2$$

故不符合要求,即中和轴处的剪力由箍筋和混凝土共同承受。

由 $\rho_c^f = 0.25$,查附表 4-2 得箍筋的疲劳应力幅限值 $\Delta f_{yv}^f = 149 \text{N/mm}^2$

$$\Delta V_{max}^f = V_{max}^f - V_{min}^f = 73 - 18 = 55 \text{kN}$$

$$\eta = \frac{\Delta V_{max}^f}{V_{max}^f} = \frac{55}{73} = 0.75$$

箍筋的应力幅为:

$$\Delta\sigma_{sv}^f = \frac{(\Delta V_{max}^f - 0.1 \eta f_t^f b h_0) s}{A_{sv} z_0} = \frac{(55 \times 10^3 - 0.1 \times 0.75 \times 0.987 \times 250 \times 460) \times 100}{2 \times 50.3 \times 403.5}$$

$$= 115 \text{N/mm}^2$$

$$< \Delta f_{yv}^f = 149 \text{N/mm}^2$$

故满足要求。

8 钢筋混凝土框架结构构件抗震计算

8.1 框架结构抗震设计一般规定

8.1.1 混凝土结构抗震等级

房屋建筑混凝土结构构件的抗震设计，应根据烈度、结构类型和房屋高度采用不同的抗震等级，并应符合相应的计算要求和抗震构造措施。丙类建筑的抗震等级应按表 8-1 确定。

混凝土结构的抗震等级　　　　　　　　　　表 8-1

结构类型		设 防 烈 度									
		6		7			8			9	
框架结构	高度（m）	≤24	>24	≤24	>24		≤24	>24		≤24	
	普通框架	四	三	三	二		二	一		一	
	大跨度框架	三		二			一			一	
框架-剪力墙结构	高度（m）	≤60	>60	≤24	>24且≤60	>60	≤24	>24且≤60	>60	≤24	>24且≤50
	框架	四	三	四	三	二	三	二	一	二	一
	剪力墙	三		三			二			二	
剪力墙结构	高度（m）	≤80	>80	≤24	>24且≤80	>80	≤24	>24且≤80	>80	≤24	24~60
	剪力墙	四	三	四	三	二	三	二	一	二	一
部分框支剪力墙结构	高度（m）	≤80	>80	≤24	>24且≤80		≤24	>24且≤80			
	剪力墙 一般部位	四	三	四	三		二	三	二		
	剪力墙 加强部位	三	二	三	二		一	二	一		
	框支层框架	二		二			一		一		
筒体结构 框架-核心筒	框架	三		二			一			一	
	核心筒	二		二			一			一	
筒体结构 筒中筒	内筒	三		二			一			一	
	外筒	三		二			一			一	

续表

结构类型		设 防 烈 度						
		6		7		8		9
板柱-剪力墙结构	高度（m）	≤35	>35	≤35	>35	≤35	>35	
	板柱及周边框架	三	二	二	二	一		—
	剪力墙	二	二	二	一	二	一	
单层厂房结构	铰接排架	四		三		二		一

注：1. 建筑场地为Ⅰ类时，除6度设防烈度外应允许按表内降低一度所对应的抗震构造措施，但相应的计算要求不应降低。

2. 接近或等于高度分界时，应允许结合房屋不规则程度及场地、地基条件确定抗震等级。

3. 大跨度框架指跨度不小于18m的框架。

4. 表中框架结构不包括异形柱框架。

5. 房屋高度不大于60m的框架-核心筒结构按框架-剪力墙结构的要求设计时，应按表中框架-剪力墙结构确定抗震等级。

8.1.2 抗震材料性能与要求

1. 混凝土强度等级

在地震作用下为了保证构件的承载力和延性，有抗震设防要求的混凝土结构的混凝土强度等级应符合下列要求：

（1）9度设防烈度时，剪力墙混凝土强度等级不宜超过C60；8度设防烈度时，混凝土强度等级不宜超过C70。

（2）框支梁、框支柱以及一级抗震等级的框架梁、柱、节点，混凝土强度等级不应小于C30；其他各类结构构件，混凝土强度等级不应小于C20。

2. 钢筋的选用

纵向受力普通钢筋宜采用 HRB400、HRB500、HRBF400、HRBF500 钢筋，也可采用 HPB300、HRB335、HRBF335、RRB400；梁、柱纵向受力普通钢筋应采用 HRB400、HRB500、HRBF400、HRBF500 钢筋；箍筋宜采用 HRB400、HRBF400、HPB300、HRB500、HRBF500 钢筋，也可采用 HRB335、HRBF335 钢筋；预应力筋宜采用预应力钢丝、钢绞线和预应力螺纹钢筋。当施工中需要以强度等级较高的钢筋代替原设计中的纵向受力钢筋时，应按照换算前后钢筋受拉承载力设计值相等的原则，并应满足正常使用极限状态和抗震构造措施的要求。

抗震等级为一、二、三级的框架结构，其纵向受力钢筋采用普通钢筋时，钢筋的抗拉强度实测值与屈服强度实测值的比值不应小于1.25；且钢筋的屈服强度实测值与强度标准值的比值不应大于1.3；钢筋的极限应变不应小于9%。

3. 钢筋的锚固与接头

（1）锚固长度纵向受拉钢筋的抗震锚固长度 l_{aE} 应按下式计算：

1）一、二级抗震等级

$$l_{aE} = 1.15 l_a \tag{8-1}$$

2) 三级抗震等级

$$l_{aE} = 1.05 l_a \tag{8-2}$$

3) 四级抗震等级

$$l_{aE} = l_a \tag{8-3}$$

式中：l_a——纵向受拉钢筋的锚固长度。

（2）钢筋的接头纵向受力钢筋的连接分为两类：绑扎连接、机械连接或焊接。考虑抗震要求的纵向受力钢筋宜优先采用焊接或机械连接。当允许采用搭接接头时，纵向受拉钢筋的抗震搭接长度 l_{lE} 应按下式计算：

$$l_{lE} = l_{aE} \tag{8-4}$$

式中：ξ——纵向受拉钢筋搭接长度修正系数。

连接接头的位置宜避开梁端、柱端的箍筋加密区；当无法避开时，应在等强度的前提下采用高质量的机械连接接头，除剪力墙的分布钢筋外，混凝土构件位于同一连接区段内的纵向受力钢筋接头面积百分率不宜超过 50%。

4. 箍筋

箍筋必须做成封闭箍，箍筋的末端应做成 135°弯钩，弯钩端头平直段长度不应小于 $10d$（d 为箍筋直径）；在纵向受力钢筋搭接长度范围内，箍筋直径不应小于搭接钢筋较大直径的 0.25 倍，箍筋间距不应大于搭接钢筋较小直径的 5 倍，且不宜超过 100mm。

8.1.3 框架结构抗震构造要求

1. 框架梁

（1）截面尺寸

1）梁的截面宽度不宜小于 200mm。

2）梁的截面高度与宽度之比不宜大于 4。

3）梁的净跨与截面高度之比不宜小于 4。

（2）纵向钢筋

1）纵向受拉钢筋的配筋率

① 梁端纵向受拉钢筋的配筋率不应大于 2.5%。

② 纵向受拉钢筋的配筋率不应小于表 8-2 中的数值。

框架梁纵向受拉钢筋的最小配筋率（%）　　　　　　　　　　表 8-2

抗 震 等 级	位 置	
	支座（取较大值）	跨中（取较大值）
一　　级	0.40 和 $80f_t/f_y$	0.30 和 $65f_t/f_y$
二　　级	0.30 和 $65f_t/f_y$	0.25 和 $55f_t/f_y$
三、四级	0.25 和 $55f_t/f_y$	0.20 和 $45f_t/f_y$

2）框架梁梁端截面的底部和顶部纵向受力钢筋截面面积之比除按计算确定外，一级抗震等级不应小于 0.5；二、三级抗震等级不应小于 0.3。

3）应沿梁全长在顶面和底面至少各配置两根通长的纵向钢筋，对一、二级抗震等级，

不应小于 $2\phi14$，且分别不应少于梁两端顶面和底面纵向受力钢筋中较大截面面积的 $1/4$；对三、四级抗震等级，不应小于 $2\phi12$。

（3）箍筋

1）梁端箍筋的加密区长度、箍筋最大间距和最小直径，应按表 8-3 的规定取用；当梁端纵向受拉钢筋的配筋率大于 2％时，应将表中箍筋的最小直径增大 2mm。

梁端箍筋加密区的长度、箍筋最大间距和最小直径 (mm)　　　　　表 8-3

抗震等级	加密区长度（取较大值）	箍筋最大间距（取最小值）	箍筋最小直径
一级	$2.0h_b$ 和 500	$h_b/4$，$6d$ 和 100	10
二级	$1.5h_b$ 和 500	$h_b/4$，$8d$ 和 100	8
三级	$1.5h_b$ 和 500	$h_b/4$，$8d$ 和 150	8
四级	$1.5h_b$ 和 500	$h_b/4$，$8d$ 和 150	6

注：d 为纵向钢筋直径，h_b 为梁截面高度。

2）在箍筋加密区长度内的箍筋肢距，对一级抗震等级，不宜大于 200mm 和 20 倍箍筋直径的较大值；对二、三级抗震等级，不宜大于 250mm 和 20 倍箍筋直径的较大值；对各级抗震等级，不宜大于 300mm。

3）在梁端设置的第一个箍筋距框架节点边缘不应超过 50mm。非加密区的箍筋间距不宜大于加密区箍筋间距的 2 倍。沿梁全长箍筋的配筋率 ρ_{sv} 应符合下列规定：

一级抗震等级　　　　　　$\rho_{sv} \geqslant 0.30 f_t / f_{yv}$

二级抗震等级　　　　　　$\rho_{sv} \geqslant 0.28 f_t / f_{yv}$

三、四级抗震等级　　　　$\rho_{sv} \geqslant 0.26 f_t / f_{yv}$

2. 框架柱

（1）截面尺寸

1）矩形截面柱，抗震等级为四级或层数不超过 2 层时，其最小截面尺寸不宜小于 300mm，一、二、三级抗震等级且层数超过 2 层时不宜小于 400mm；圆柱的截面直径，抗震等级为四级或层数不超过 2 层时不宜小于 350mm，一、二、三级抗震等级且层数超过 2 层时不宜小于 450mm。

2）柱的剪跨比宜大于 2。

3）柱截面长边与短边的边长比不宜大于 3。

（2）纵向钢筋

1）柱的纵向钢筋宜对称配置。

2）截面尺寸大于 400mm 的柱，纵向钢筋的间距不宜大于 200mm。

3）框架柱和框支柱中全部纵向受力钢筋的配筋率不应大于 5％。当按一级抗震等级设计，且柱的剪跨比 $\lambda \leqslant 2$ 时，柱每侧纵向钢筋的配筋率不宜大于 1.2％。

4）框架柱和框支柱中全部纵向受力钢筋的配筋率不应小于表 8-4 中规定的数值。同时，每一侧的配筋百分率不应小于 0.2％，对Ⅳ类场地上较高的高层建筑，最小配筋百分率应按表中数值增加 0.1 采用。

柱全部纵向受力钢筋最小配筋百分率（%）　　　　　　表 8-4

柱的类型	抗 震 等 级			
	一级	二级	三级	四级
中柱、边柱	0.9 (1.0)	0.7 (0.8)	0.6 (0.7)	0.5 (0.6)
角柱、框支柱	1.1	0.9	0.8	0.7

注：1. 表中括号内数值用于框架结构的柱；
　　2. 采用 335MPa 级、400MPa 级纵向受力钢筋时，应分别按表中数值增加 0.1 和 0.05 采用；
　　3. 当混凝土强度等级为 C60 以上时，应按表中数值增加 0.1 采用。

（3）箍筋

1）与梁一样，柱端可能出现塑性铰的区域应加密配箍，以加强对该处混凝土的约束。抗震设计时，加密区的箍筋最大间距和箍筋最小直径应按表 8-5 的规定采用。

柱端箍筋加密区的构造要求　　　　　　表 8-5

抗震等级	箍筋最大间距（mm）	箍筋最小直径（mm）
一级	柱纵筋直径的 6 倍和 100 中的较小值	10
二级	柱纵筋直径的 8 倍和 100 中的较小值	8
三级	柱纵筋直径的 8 倍和 150（柱根 100）中的较小值	8
四级	柱纵筋直径的 8 倍和 150（柱根 100）中的较小值	6（柱根 8）

注：底层柱的柱根系指地下室的顶面或无地下室情况的基础顶面；一、二级抗震等级柱，当箍筋直径大于 14mm 且肢数大于 6 时，箍筋加密区最大间距应允许适当放松，但不应大于 150mm。

框支柱和剪跨比 $\lambda \leqslant 2$ 的框架柱，应在柱全高范围内加密箍筋，且箍筋间距应符合表 8-5 中一级抗震等级的要求。

一级抗震等级框架柱的箍筋直径大于 12mm 且箍筋肢距不大于 150mm 及二级抗震等级的框架柱的直径不小于 10mm 且肢距不大于 200mm 时，除底层柱下端外，箍筋间距应允许采用 150mm；四级抗震等级框架柱剪跨比 $\lambda \leqslant 2$ 时，箍筋直径不应小于 $\phi 8$。

2）框架柱的箍筋加密区长度，应取柱截面长边尺寸（或圆形截面直径）、柱净高的 1/6 和 500mm 中的最大值；一、二级抗震等级的角柱应沿柱全高加密箍筋。底层柱根箍筋加密区长度应取不小于该层柱净高的 1/3；当有刚性地面时，除柱端箍筋加密区外尚应在刚性地面上、下各 500mm 的高度范围内加密箍筋。

3）柱箍筋加密区长度内的箍筋肢距，对一级抗震等级，不宜大于 200mm；对二、三级抗震等级，不宜大于 250mm 和 20 倍箍筋直径的较大值；对四级抗震等级，不宜大于 300mm。此外，每隔一根纵向钢筋宜在两个方向有箍筋或拉筋约束；当采用拉筋且箍筋与纵向钢筋有绑扎时，拉筋宜紧靠纵向钢筋并勾住封闭箍筋。

4）柱箍筋加密区箍筋的体积配筋率 ρ_v 应符合下列规定：

$$\rho_v = \lambda_v \frac{f_c}{f_{yv}} \tag{8-5}$$

式中：ρ_v——柱箍筋加密区的体积配筋率，计算复合箍筋中的箍筋体积配筋率时，应扣除重叠部分的箍筋体积；

　　　f_c——混凝土轴心抗压强度设计值；当强度等级低于 C35 时，按 C35 取值；

　　　f_{yv}——箍筋及拉筋抗拉强度设计值；

　　　λ_v——最小配箍特征值，按表 8-6 选用。

抗震等级	箍筋形式	柱轴压比								
		≤0.3	0.4	0.5	0.6	0.7	0.8	0.9	1.0	1.05
一级	普通箍、复合箍	0.10	0.11	0.13	0.15	0.17	0.20	0.23	—	—
	螺旋箍、复合或连续复合矩形螺旋箍	0.08	0.09	0.11	0.13	0.15	0.18	0.21	—	—
二级	普通箍、复合箍	0.08	0.09	0.11	0.13	0.15	0.17	0.19	0.22	0.24
	螺旋箍、复合或连续复合矩形螺旋箍	0.06	0.07	0.09	0.11	0.13	0.15	0.17	0.20	0.22
三、四级	普通箍、复合箍	0.06	0.07	0.09	0.11	0.13	0.15	0.17	0.20	0.22
	螺旋箍、复合或连续复合矩形螺旋箍	0.05	0.06	0.07	0.09	0.11	0.13	0.15	0.18	0.20

注：1. 普通箍是指单个矩形箍筋或单个圆形箍筋；螺旋箍是指单个螺旋箍筋；复合箍是指由矩形、多边形、圆形箍筋或拉筋组成的箍筋；复合螺旋箍是指由螺旋箍与矩形、多边形、圆形箍筋或拉筋组成的箍筋；连续复合矩形螺旋箍是指全部螺旋箍为同一根钢筋加工而成的箍筋；
　　　2. 计算复合螺旋箍的体积配筋率时，其中非螺旋箍筋的体积应乘以换算系数 0.8；
　　　3. 当混凝土强度等级大于 C60 时，箍筋形式宜采用复合箍、复合螺旋箍或连续复合矩形螺旋箍；当轴压比不超过 0.6 时，其加密区的最小配箍特征值宜将表中数值增加 0.02；当轴压比超过 0.6 时，宜将表中数值增加 0.03。

对一、二、三、四级抗震等级的柱，其箍筋加密区的箍筋体积配筋率分别不应小于 0.8％、0.6％、0.4％和 0.4％。框支柱宜采用复合螺旋箍或井字复合箍，其最小配箍特征值应按表 8-6 中的数值增加 0.02 采用，且体积配筋率不应小于 1.5％。当剪跨比 λ 不大于 2 时，宜采用复合螺旋箍或井字复合箍，其箍筋体积配筋率不应小于 1.2％；9 度设防烈度一级抗震等级时，不应小于 1.5％。

5）柱箍筋加密区以外的区域，箍筋体积配筋率不宜小于加密区配筋率的 50％；对一、二级抗震等级，箍筋间距不应超过 10d（d 为纵向钢筋直径）；对三、四级抗震等级，箍筋间距不应超过 15d。

（4）框架柱轴压比

抗震等级为一、二、三、四级时，框架柱和框支柱的轴压比 $N/(f_cA)$ 不宜超过表 8-7 规定的限值。对Ⅳ类场地上较高的高层建筑，柱的轴压比限值应适当减小。

框架柱轴压比限值 　　　　　　表 8-7

结构类型	抗震等级			
	一级	二级	三级	四级
框架结构	0.65	0.75	0.85	0.90
板柱-抗震墙结构、框架-抗震墙结构、框架-核心筒结构、筒中筒结构	0.75	0.85	0.90	0.95
部分框支抗震墙结构	0.60	0.70		

注：1. 轴压比指考虑地震作用组合的轴压力设计值与柱全截面面积和混凝土轴心抗压强度设计值乘积的比值；
　　　2. 表内数值适用于混凝土强度等级不高于 C60 的柱。当混凝土强度等级为 C65～C70 时，轴压比限值应比表中数值降低 0.05；混凝土强度等级为 C75～C80 时，轴压比限值应比表中数值降低 0.10；
　　　3. 表内数值适用于剪跨比大于 2 的柱。剪跨比不大于 2 但不小于 1.5 的柱，其轴压比限值应比表中数值减小 0.05；剪跨比小于 1.5 的柱，其轴压比限值应专门研究并采取特殊构造措施；
　　　4. 当沿柱全高采用井字复合箍，箍筋间距不大于 100mm、肢距不大于 200mm、直径不小于 12mm 时，柱轴压比限值可增加 0.10；当沿柱全高采用复合螺旋箍，且箍筋螺距不大于 100mm、肢距不大于 200mm、直径不小于 12mm 时，柱轴压比限值可增加 0.10；当沿柱全高采用连续复合螺旋箍，且螺距不大于 80mm、肢距不大于 200mm、直径不小于 10mm 时，轴压比限值可增加 0.10；上述三种配箍类别的含箍特征值应按增大的轴压比由表 8-7 确定；
　　　5. 当柱截面中部设置由附加纵向钢筋形成的芯柱，且附加纵向钢筋的总面积不少于柱截面面积的 0.8％时，其轴压比限值可按表中数值增加 0.05；当本项措施与注 4 的措施同时采用时，柱轴压比限值可比表中数值增加 0.15，但箍筋的配箍特征值仍可按轴压比增加 0.10 的要求确定；
　　　6. 柱轴压比限值不应大于 1.05。

8.2 框架结构构件抗震计算与实例

8.2.1 框架梁抗震计算

1. 正截面受弯承载力计算

考虑地震作用组合的框架梁，其正截面抗震受弯承载力的计算与一般梁相同，但应在受弯承载力计算式的右边除以相应的承载力抗震调整系数 γ_{RE}。

计算时计入纵向受压钢筋的梁端混凝土受压区高度 x 应满足：

（1）对于一级抗震等级：

$$x \leqslant 0.25h_0 \tag{8-6}$$

（2）对于二、三级抗震等级：

$$x \leqslant 0.35h_0 \tag{8-7}$$

式中：h_0——截面有效高度。

2. 框架梁端剪力设计值计算

考虑地震组合的框架梁端剪力设计值 V_b 应按下列规定计算：

（1）一级抗震等级的框架结构和 9 度设防烈度的一级抗震等级框架

$$V_b = 1.1 \frac{(M_{bua}^l + M_{bua}^r)}{l_n} + V_{Gb} \tag{8-8}$$

（2）其他情况

1）一级抗震等级

$$V_b = 1.3 \frac{(M_b^l + M_b^r)}{l_n} + V_{Gb} \tag{8-9}$$

2）二级抗震等级

$$V_b = 1.2 \frac{(M_b^l + M_b^r)}{l_n} + V_{Gb} \tag{8-10}$$

3）三级抗震等级

$$V_b = 1.1 \frac{(M_b^l + M_b^r)}{l_n} + V_{Gb} \tag{8-11}$$

4）四级抗震等级，取地震组合下的剪力设计值。

式中：M_{bua}^l、M_{bua}^r——框架梁左、右端按实配钢筋截面面积（计入受压钢筋及有效楼板范围内的钢筋）、材料强度标准值，且考虑承载力抗震调整系数的正截面抗震受弯承载力所对应的弯矩值；

M_b^l、M_b^r——考虑地震组合的框架梁左、右端弯矩设计值；

V_{Gb}——考虑地震组合时的重力荷载代表值产生的剪力设计值，可按简支梁计算确定；

l_n——梁的净跨。

3. 斜截面受剪承载力计算

（1）受剪截面验算。考虑地震作用组合的矩形、T 形和 I 形截面框架梁，当跨高比 l_0/h 大于 2.5 时，其受剪截面应符合下列要求：

$$V_b \leqslant \frac{1}{\gamma_{RE}}(0.20\beta_c f_c bh_0) \tag{8-12}$$

当跨高比 l_0/h 不大于 2.5 时，其受剪截面应符合下列要求：

$$V_b \leqslant \frac{1}{\gamma_{RE}}(0.15\beta_c f_c bh_0) \tag{8-13}$$

（2）受剪承载力计算式。考虑地震作用组合的矩形、T 形和 I 形截面框架梁，其受剪截面承载力应符合下列要求：

$$V_b \leqslant \frac{1}{\gamma_{RE}}\left[0.6\alpha_{cv} f_t bh_0 + f_{yv}\frac{A_{sv}}{s}h_0\right] \tag{8-14}$$

式中：α_{cv}——混凝土受剪承载力系数。

8.2.2 框架柱抗震计算

1. 受剪截面验算

考虑地震作用组合的矩形截面框架柱和框支柱，其受剪截面应符合下列要求：

（1）剪跨比 λ 大于 2 的框架柱

$$V_c \leqslant \frac{1}{\gamma_{RE}}(0.20\beta_c f_c bh_0) \tag{8-15}$$

（2）框支柱和剪跨比 λ 不大于 2 的框架柱

$$V_c \leqslant \frac{1}{\gamma_{RE}}(0.15\beta_c f_c bh_0) \tag{8-16}$$

式中：λ——框架柱、框支柱的计算剪跨比，取 $\lambda = M/Vh_0$；此处，M 宜取柱上、下端考虑地震作用组合的弯矩设计值的较大值，V 取与 M 对应的剪力设计值，h_0 为柱截面有效高度；当框架结构中框架柱的反弯点在柱层高范围内时，可取 $\lambda = H_n/(2h_0)$，此处 H_n 为柱净高。

2. 截面弯矩设计值

除框架顶层柱、轴压比小于 0.15 的柱以及框支梁与框支柱的节点外，框架柱节点上、下端和框支柱的中间层节点上、下端的截面弯矩设计值应符合下列要求：

（1）一级抗震等级的框架结构和 9 度设防烈度的一级抗震等级框架

$$\sum M_c = 1.2\sum M_{bua} \tag{8-17}$$

（2）框架结构

1）二级抗震等级

$$\sum M_c = 1.5\sum M_b \tag{8-18}$$

2）三级抗震等级

$$\sum M_c = 1.3\sum M_b \tag{8-19}$$

3）四级抗震等级

$$\sum M_c = 1.2\sum M_b \tag{8-20}$$

（3）其他情况

1）一级抗震等级

$$\sum M_c = 1.4\sum M_b \tag{8-21}$$

2）二级抗震等级

$$\sum M_c = 1.2 \sum M_b \tag{8-22}$$

3) 三、四级抗震等级

$$\sum M_c = 1.1 \sum M_b \tag{8-23}$$

式中：$\sum M_c$——考虑地震组合的节点上、下柱端的弯矩设计值之和；柱端弯矩设计值的确定，在一般情况下，可将公式（8-17）至公式（8-21）计算的弯矩之和，按上、下柱端弹性分析所得的考虑地震组合的弯矩比进行分配；

$\sum M_{bua}$——同一节点左、右梁端按顺时针和逆时针方向采用实配钢筋和材料强度标准值，且考虑承载力抗震调整系数计算的正截面受弯承载力所对应的弯矩值之和的较大值。当有现浇板时，梁端的实配钢筋应包含现浇板有效宽度范围内的纵向钢筋；

$\sum M_b$——同一节点左、右梁端，按顺时针和逆时针方向计算的两端考虑地震组合的弯矩设计值之和的较大值；一级抗震等级，当两端弯矩均为负弯矩时，绝对值较小的弯矩值应取零。

一、二、三、四级抗震等级框架结构的底层，柱下端截面组合的弯矩设计值，应分别乘以增大系数 1.7、1.5、1.3 和 1.2。底层柱纵向钢筋应按柱上、下端的不利情况配置。

注：底层指无地下室的基础以上或地下室以上的首层。

3. 框架柱剪力设计值计算

框架柱剪力设计值 V_c 应按下列公式计算：

（1）一级抗震等级的框架结构和 9 度设防烈度的一级抗震等级框架

$$V_c = 1.2 \frac{(M_{cua}^t + M_{cua}^b)}{H_n} \tag{8-24}$$

（2）框架结构

1) 二级抗震等级

$$V_c = 1.3 \frac{(M_c^t + M_c^b)}{H_n} \tag{8-25}$$

2) 三级抗震等级

$$V_c = 1.2 \frac{(M_c^t + M_c^b)}{H_n} \tag{8-26}$$

3) 四级抗震等级

$$V_c = 1.1 \frac{(M_c^t + M_c^b)}{H_n} \tag{8-27}$$

（3）其他情况

1) 一级抗震等级

$$V_c = 1.4 \frac{(M_c^t + M_c^b)}{H_n} \tag{8-28}$$

2) 二级抗震等级

$$V_c = 1.2 \frac{(M_c^t + M_c^b)}{H_n} \tag{8-29}$$

3) 三、四级抗震等级

$$V_c = 1.1 \frac{(M_c^t + M_c^b)}{H_n} \tag{8-30}$$

式中：M_{cua}^t、M_{cua}^b——框架柱上、下端按实配钢筋截面面积和材料强度标准值，且考虑承

　　　　　　载力抗震调整系数计算的正截面抗震承载力所对应的弯矩值；

　　　M_c^t、M_c^b——考虑地震组合，且经调整后的框架柱上、下端弯矩设计值；

　　　　　H_n——柱的净高。

4. 受剪承载力计算

（1）考虑地震作用组合的矩形截面框架柱和框支柱，其斜截面抗剪承载力应符合下式要求：

$$V_c \leqslant \frac{1}{\gamma_{RE}} \left[\frac{1.05}{\lambda+1} f_t b h_0 + f_{yv} \frac{A_{sv}}{s} h_0 + 0.056N \right] \tag{8-31}$$

式中：λ——框架柱、框支柱的计算剪跨比；当 $\lambda<1.0$ 时，取 $\lambda=1.0$；当 $\lambda>3.0$ 时，取

　　　　　$\lambda=3.0$；

　　　N——考虑地震作用组合的框架柱、框支柱轴向压力设计值，当 $N>0.3f_cA$ 时，取

　　　　　$N=0.3f_cA$。

（2）当框架柱和框支柱出现拉力时，其斜截面受剪承载力按下式计算：

$$V_c \leqslant \frac{1}{\gamma_{RE}} \left[\frac{1.05}{\lambda+1} f_t b h_0 + f_{yv} \frac{A_{sv}}{s} h_0 - 0.2N \right] \tag{8-32}$$

式中：N——考虑地震组合作用的框架柱轴向拉力设计值。

当上式右边括号内的计算值小于 $f_{yv} \frac{A_{sv}}{s} h_0$ 时，取等于 $f_{yv} \frac{A_{sv}}{s} h_0$，且 $f_{yv} \frac{A_{sv}}{s} h_0$ 值不应小于 $0.36f_t b h_0$。

【例 8-1】 已知某框剪结构中的框架中柱，抗震等级为二级，轴向压力组合设计值 $N=2710$kN，柱端组合弯矩设计值分别为 $M_c^t=730$kN·m 和 $M_c^b=770$kN·m。梁端组合弯矩设计值之和 $\sum M_b=900$kN·m，选用柱截面 500mm×600mm，采用对称配筋，经配筋计算后每侧 5ϕ25。梁截面尺寸为 300mm×750mm，层高为 4.2m，混凝土强度等级为 C30（$f_c=14.3$N/mm^2，$f_t=1.43$N/mm^2，$f_{yv}=210$N/mm^2），$a_s=40$mm，试计算框架柱斜截面受剪承载力并验算。

解：（1）验算

抗震等级为二级，要求节点处梁柱端组合弯矩设计值应符合：

$$\sum M_c \geqslant 1.2 \sum M_b$$

$\sum M_c = M_c^t + M_c^b = 770+730 = 1500$kN·m $> 1.2 \times \sum M_b = 1.2 \times 900 = 1080$kN·m

故满足要求。

（2）斜截面受剪承载力计算

1）剪力设计值

$$V_c = 1.2 \frac{(M_c^t + M_c^b)}{H_n} = 1.2 \times \frac{770+730}{4.2-0.75} = 521.74\text{kN}$$

2）剪压比应满足 $V_c \leqslant \frac{1}{\gamma_{RE}} (0.2 f_c b h_0)$

$$h_0 = 600 - 40 = 560\text{mm}$$

$$\frac{1}{\gamma_{RE}} (0.2 f_c b h_0) = \frac{1}{0.85} (0.2 \times 14.3 \times 500 \times 560) = 942\text{kN} > 521.74\text{kN}$$

故满足要求。

3）混凝土受剪承载力计算

$$V_c = \frac{1.05}{\lambda+1} f_t b h_0 + 0.056N$$

$$\lambda = \frac{H_n}{2h_0} = \frac{3.45}{2\times0.56} = 3.08 > 3.0, 取 \lambda = 3.0$$

$$N = 2710000\text{N} > 0.3f_c b h_0 = 0.3\times14.3\times500\times560 = 1201200\text{N}$$

取 $N=1201200\text{N}=1201.2\text{kN}$

$$V_c = \frac{1.05}{3+1}\times1.43\times500\times560+0.056\times1201200 = 172372.2\text{N}$$

4）所需箍筋

$$V_c \leqslant \frac{1}{\gamma_{RE}}\left[\frac{1.05}{\lambda+1}f_t b h_0 + f_{yv}\frac{A_{sv}}{s}h_0 + 0.056N\right]$$

$$521740 = \frac{1}{0.85}\left(172372.2 + 210\times\frac{A_{sv}}{s}\times560 + 0.056\times1201200\right)$$

$$\frac{A_{sv}}{s} = 1.73\text{mm}^2/\text{mm}$$

对柱端加密区还应满足：

$$s < 8d \ (8\times25=200)$$

$$s < 100\text{mm}$$

取较小者 $s=100\text{mm}$

$$A_{sh} = 1.73\times100 = 173\text{mm}^2$$

选用 $\phi10$，4 肢箍，得 $A_{sh}=4\pi5^2=314\text{mm}^2 > 173\text{mm}^2$

故满足要求。

9　预应力混凝土构件设计计算

9.1　预应力混凝土构件一般规定

1. 一般规定

（1）预应力混凝土结构构件，除应当根据设计状况进行承载力计算及正常使用极限状态验算外，尚应对施工阶段进行验算。

（2）预应力混凝土结构设计应当计入预应力作用效应；对超静定结构，相应的次弯矩、次剪力及次轴力应参与组合计算。

1）对承载能力极限状态，当预应力作用效应对结构有利时，预应力作用分项系数 γ_p 应取 1.0，不利时 γ_p 应取 1.2；对正常使用极限状态，预应力作用分项系数 γ_p 应取 1.0。

2）对参与组合的预应力作用效应项，当预应力作用效应对承载力有利时，结构重要性系数 γ_p 应取 1.0；当预应力效应对承载力不利时，结构重要性系数 γ_p 应按《混凝土结构设计规范》GB 50010—2010 第 3.3.2 条确定。

2. 构造规定

（1）预应力混凝土截面形式及尺寸

预应力混凝土轴心受拉构件的截面形式一般采用正方形截面或矩形截面形式；预应力混凝土受弯构件常用的截面形式有矩形、T形、I形及箱形等。

预应力混凝土构件的截面尺寸比普通钢筋混凝土构件要小，受弯构件的截面高度与计算跨度的比值为 $\dfrac{h}{l_0}$，一般可以取 $\left(\dfrac{1}{30} \sim \dfrac{1}{15}\right)$，最小可取 $\dfrac{1}{45}$。

（2）先张法预应力混凝土构件的构造规定

1）预应力钢筋的净距。预应力钢筋的净距应当根据便于浇筑混凝土、施加预应力、钢筋与混凝土的锚固等要求来确定。

预应力钢筋的净距不应小于其公称直径或等效直径的 2.5 倍和混凝土粗骨料最大直径的 1.25 倍（当混凝土振捣密实性具有可靠保证时，净间距可以放宽至最大粗骨料直径的 1.0 倍），且应符合下列规定：对热处理钢筋及钢丝，不应当小于 15mm；对三股钢绞线，不应当小于 20mm；对七股钢绞线，不应当小于 25mm。

当先张法预应力钢丝按单根方式配筋有困难时，可采用相同直径钢丝并筋的配筋方式。

对双并筋，并筋的等效直径应取为单筋直径的 1.4 倍；对于三并筋，并筋的等效直径应取为单筋直径的 1.7 倍。并筋应视为重心与其重合的等效直径钢筋，其保护层厚度、锚固长度、预应力传递长度及正常使用极限状态验算均应按等效直径考虑。当预应力钢绞线、热处理钢筋采用并筋方式时，应当有可靠的构造措施。

2）端部加强措施

① 对单根的预应力钢筋，其端部宜设置螺旋筋。

② 对多根预应力钢筋，在构件端部 10d（d 为预应力钢筋公称直径）且不小于 100mm 长度范围内，应当设置 3～5 片钢筋网。

③ 对采用预应力钢丝配筋的薄板，在板端 100mm 长度范围内，应当适当加密横向钢筋。

④ 槽形板类构件，应在构件端部 100mm 长度范围内沿构件板面设置附加横向钢筋，其数量不应少于 2 根。

（3）后张法预应力混凝土构件的构造规定

1）预留孔道

① 对预制构件，预留孔道之间的水平净间距不宜小于 50mm；且不宜小于粗骨料粒径的 1.25 倍；孔道至构件边缘的净间距不宜小于 30mm，且不宜小于孔道直径的 1/2。

② 现浇混凝土梁中预留孔道在竖直方向的净间距不应当小于孔道外径，水平方向的净间距不宜小于 1.5 倍孔道外径，且不应当小于粗骨料粒径的 1.25 倍；从孔道外壁至构件边缘的净间距，梁底不宜小于 50mm，梁侧不宜小于 40mm，裂缝控制等级为三级的梁，梁底、梁侧分别不宜小于 60mm 和 50mm。

③ 预留孔道的内径宜比预应力束外径及需穿过孔道的连接器外径大 6mm～15mm，且孔道的截面积宜为穿入预应力束截面积的 3.0～4.0 倍。

④ 当有可靠经验并能保证混凝土浇筑质量时，预留孔道可以水平并列贴紧布置，但并排的数量不应当超过 2 束。

⑤ 现浇楼板中采用扁形锚固体系时，穿过每个预留孔道的预应力筋数量宜为 3～5 根；在常用荷载情况下，孔道在水平方向的净间距不应当超过 8 倍板厚及 1.5m 中的较大值。

⑥ 板中单根无粘结预应力筋的间距不宜大于板厚的 6 倍，且不宜大于 1m；带状束的无粘结预应力筋根数不宜多于 5 根，带状束间距不宜大于板厚的 12 倍，且不宜大于 2.4m。

⑦ 梁中集束布置的无粘结预应力筋，集束的水平净间距不宜小于 50m，束至构件边缘的净距不宜小于 40mm。

2）预应力混凝土构件端部加强措施

对于后张法预应力混凝土构件的端部锚固区，除应进行局部受压承载力计算以外，还应采取加强措施，参见《混凝土结构设计规范》GB 50010—2010 第 10.3 节规定。

（4）受弯构件的配筋率

预应力混凝土受弯构件的纵向受拉钢筋配筋率应符合下式要求：

$$M_u \geq M_{cr}$$

式中：M_u——按实配钢筋计算的构件的正截面受弯承载力设计值；

M_{cr}——构件的正截面开裂弯矩值。

9.2 张拉控制应力和预应力损失计算

9.2.1 张拉控制应力计算

预应力筋的张拉控制应力 σ_{con} 应符合下列规定：

（1）消除应力钢丝、钢绞线

$$\sigma_{con} \leq 0.75 f_{ptk} \tag{9-1}$$

（2）中强度预应力钢丝

$$\sigma_{con} \leq 0.70 f_{ptk} \tag{9-2}$$

（3）预应力螺纹钢筋

$$\sigma_{con} \leq 0.85 f_{pyk} \tag{9-3}$$

式中：f_{ptk}——预应力筋极限强度标准值；

f_{pyk}——预应力螺纹钢筋屈服强度标准值。

消除应力钢丝、钢绞线、中强度预应力钢丝的张拉控制应力值不应小于 $0.4 f_{ptk}$；预应力螺纹钢筋的张拉应力控制值不宜小于 $0.5 f_{pyk}$。

当符合下列情况之一时，上述张拉控制应力限值可相应提高 $0.05 f_{ptk}$ 或 $0.05 f_{pyk}$：

（1）要求提高构件在施工阶段的抗裂性能而在使用阶段受压区内设置的预应力筋；

（2）要求部分抵消由于应力松弛、摩擦、钢筋分批张拉以及预应力筋与张拉台座之间的温差等因素产生的预应力损失。

施加预应力时，所需的混凝土立方体抗压强度应经计算确定，但不宜低于设计的混凝土强度等级值的 75%。

注：当张拉预应力筋是为防止混凝土早期出现的收缩裂缝时，可不受上述限制，但应符合局部受压承载力的规定。

9.2.2 预应力损失计算

预应力钢筋张拉完毕后，由于材料特性与张拉工艺等多种因素，预应力钢筋中的拉应力值将逐渐降低，这种现象称为预应力损失。

1. 预应力损失值计算

引起预应力损失的因素很多，各种预应力损失值的计算见表 9-1。

预应力损失值计算（N/mm²）   表 9-1

序号	引起损失的因素		符号	先张法构件	后张法构件
1	张拉端锚具变形和钢筋内缩		σ_{l1}	按式（9-4）计算	按本节（1）条规定计算
2	预应力钢筋的摩擦	预应力钢筋与孔道壁之间的摩擦	σ_{l2}	—	按本节（2）条规定计算
		预应力钢筋在转向装置处的摩擦		按实际情况确定	

序号	引起损失的因素	符号	先张法构件	后张法构件
3	混凝土加热养护时，受张拉的钢筋与承受拉力的设备之间的温差	σ_{l3}	$2\Delta t$	—
4	预应力钢筋的应力松弛	σ_{l4}	按本节（4）条规定计算	
5	混凝土的收缩和徐变	σ_{l5}	按本节（5）条规定计算	
6	环形构件采用螺旋式预应力钢筋做配筋，当直径不大于 3m 时，由于混凝土的局部挤压	σ_{l6}	—	30

注：表中 Δt 为混凝土加热养护时，受张拉的预应力钢筋与承受拉力的设备之间的温差（℃）。

（1）张拉锚具变形和钢筋内缩引起的预应力损失 σ_{l1}

1）直线预应力钢筋由于锚具变形和钢筋内缩引起的损失 σ_{l1}，可按下式计算：

$$\sigma_{l1} = \frac{a}{l} E_{a} \tag{9-4}$$

式中：a——张拉端锚具变形和钢筋内缩值（mm），按表 9-2 采用；

l——张拉端至锚固端之间的距离（mm）。

锚具变形和钢筋内缩值（mm） 表 9-2

锚 具 类 别		a
支承式锚具（钢丝束的镦头锚具等）	螺帽缝隙	1
	每块后加垫板的缝隙	1
夹片式锚具	有顶压时	5
	无顶压时	6~8

注：（1）表中的锚具变形和钢筋内缩值也可根据实测数据确定；

（2）其他类型的锚具变形和钢筋内缩值应根据实测数据确定。

对由块体拼成的结构，其预应力损失尚应计及块体间填缝的预压变形。当采用混凝土或砂浆为填缝材料时，每条填缝的预压变形值可取为 1mm。

2）对于后张法构件的曲线或折线预应力钢筋由于锚具变形和预应力钢筋内缩引起的预应力损失值 σ_{l1}，应根据曲线或折线预应力钢筋与孔道壁之间的反向摩擦影响长度 l_{f} 范围内的预应力钢筋变形值与锚具变形和预应力钢筋内缩值相等的条件确定，反向摩擦系数见表 9-3。

摩 擦 系 数 表 9-3

孔道成形方式	κ	μ	
		钢绞线、钢丝束	预应力螺纹钢筋
预埋件金属波纹管	0.0015	0.25	0.50
预埋件塑料波纹管	0.0015	0.15	—
预埋钢管	0.0010	0.30	—
抽芯成型	0.0014	0.55	0.60
无粘结预应力筋	0.0040	0.09	—

注：表中数据也可根据实测数据确定。

常用束形的后张预应力钢筋在反向摩擦影响长度 l_f 范围内的预应力损失 σ_{l1} 可按《混凝土结构设计规范》GB 50010—2010 附录 J 计算。

（2）预应力钢筋与孔道壁之间的摩擦引起的损失 σ_{l2}

在后张法预应力混凝土结构构件张拉过程中，由于预应力钢筋与混凝土孔道壁之间的摩擦引起的损失 σ_{l2}，如图 9-1 所示，可按下式计算：

$$\sigma_{l2} = \sigma_{con}\left(1 - \frac{1}{e^{\kappa x + \mu\theta}}\right) \tag{9-5}$$

当（$\kappa x + \mu\theta$）不大于 0.3 时，近似取 $\kappa x + \mu\theta = 1 - \frac{1}{e^{\kappa x + \mu\theta}}$，则 σ_{l2} 可按下式计算：

$$\sigma_{l2} = \sigma_{con}(\kappa x + \mu\theta) \tag{9-6}$$

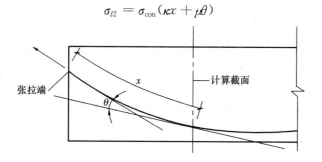

图 9-1 预应力摩擦损失

式中：x——张拉端至计算截面的孔道长度（m），可近似取该段孔道在纵轴上的投影长度；

$\quad\quad\theta$——张拉端至计算截面曲线孔道部分切线的夹角之和（rad）；

$\quad\quad\kappa$——考虑孔道每米长度局部偏差的摩擦系数，按表 9-3 采用；

$\quad\quad\mu$——预应力钢筋与混凝土孔道壁之间的摩擦系数，按表 9-3 采用。

由于影响，κ 和 μ 值的因素较多，κ 和 μ 值也可根据实测数据确定。

对按抛物线、圆曲线变化的空间曲线及可分段后叠加的广义空间曲线，可按下列近似式计算：

1）抛物线、圆曲线

$$\theta = \sqrt{\alpha_v^2 + \alpha_h^2} \tag{9-7}$$

2）广义空间曲线

$$\theta = \sum \Delta\theta = \sum \sqrt{\Delta\alpha_v^2 + \Delta\alpha_h^2} \tag{9-8}$$

式中：α_v、α_h——按抛物线、圆曲线变化的预应力空间曲线钢筋在竖直向、水平向投影所形成抛物线、圆曲线的弯转角；

$\quad\quad\Delta\alpha_v$、$\Delta\alpha_h$——预应力广义空间曲线钢筋在竖直向、水平向投影所形成分段曲线的弯转角增量。

（3）温度引起的预应力损失 σ_{l3}

先张法预应力混凝土结构构件常采用蒸汽养护，混凝土加热养护时，由于受张拉的钢筋与承受拉力的设备之间的温差而引起的预应力损失 σ_{l3} 按表 9-1 计算。

（4）预应力钢筋的应力松弛引起的预应力损失 σ_{l4}

钢筋在高应力下，其应力会随时间的增长而降低，由此产生应力松弛。预应力钢筋的应力松弛引起的预应力损失 σ_{l4} 按下列公式计算：

1）消除应力钢丝、钢绞线

① 对于普通松弛：

$$\sigma_{l4} = 0.4\psi\left(\frac{\sigma_{con}}{f_{ptk}} - 0.5\right)\sigma_{con} \tag{9-9}$$

② 对于低松弛：

当时 $\sigma_{con} \leqslant 0.7f_{ptk}$ 时，$\sigma_{l4} = 0.125\left(\frac{\sigma_{con}}{f_{ptk}} - 0.5\right)\sigma_{con}$；

当 $0.7f_{ptk} < \sigma_{con} \leqslant 0.8f_{ptk}$ 时，$\sigma_{l4} = 0.2\left(\frac{\sigma_{con}}{f_{ptk}} - 0.575\right)\sigma_{con}$。

2）预应力螺纹钢筋

$$\sigma_{l4} = 0.03\sigma_{con} \tag{9-10}$$

3）中强度预应力钢丝 $\qquad \sigma_{l4} = 0.08\sigma_{con} \tag{9-11}$

当 $\sigma_{con} \leqslant 0.5f_{ptk}$ 时，预应力钢筋的应力松弛损失可近似取为零。

（5）混凝土的收缩和徐变引起的预应力损失 σ_{l5}

1）一般情况下，由于混凝土的收缩和徐变引起的受拉区和受压区纵向预应力钢筋 A_p 和 A_p' 中的预应力损失 σ_{l5} 和 σ_{l5}' 可按下列公式计算：

① 先张法构件

$$\sigma_{l5} = \frac{60 + 340\dfrac{\sigma_{pc}}{f_{cu}'}}{1 + 15\rho} \tag{9-12}$$

$$\sigma_{l5}' = \frac{60 + 340\dfrac{\sigma_{pc}'}{f_{cu}'}}{1 + 15\rho'} \tag{9-13}$$

② 后张法构件

$$\sigma_{l5} = \frac{55 + 300\dfrac{\sigma_{pc}}{f_{cu}'}}{1 + 15\rho} \tag{9-14}$$

$$\sigma_{l5}' = \frac{55 + 300\dfrac{\sigma_{pc}'}{f_{cu}'}}{1 + 15\rho'} \tag{9-15}$$

式中：σ_{pc}、σ_{pc}'——在受拉区、受压区预应力钢筋合力点处的混凝土法向压应力；

$\qquad f_{cu}'$——施加预应力时的混凝土立方体抗压强度；

$\qquad \rho$、ρ'——受拉区、受压区预应力钢筋和非预应力钢筋的配筋率：对先张法构件，$\rho = \dfrac{A_p + A_s}{A_0}$，$\rho' = \dfrac{A_p' + A_s'}{A_0}$；对后张法构件，$\rho = \dfrac{A_p + A_s}{A_n}$，$\rho' = \dfrac{A_p' + A_s'}{A_n}$；

$\qquad$ 对于对称配置预应力钢筋和非预应力钢筋的构件，配筋率 ρ、ρ' 应分别按钢筋总截面面积的一半进行计算。

在受拉区、受压区预应力钢筋合力点处的混凝土法向压应力 σ_{pc} 和 σ_{pc}' 应根据构件的制作情况，考虑张拉时结构自重的影响确定。此时，预应力损失值仅考虑混凝土预压前（第一批）的损失，其非预应力钢筋中的应力 σ_{l5} 和 σ'_{l5} 值应取为零；σ_{pc} 和 σ'_{pc} 的值不得大于 $0.5f'_{cu}$。

当结构处于干燥环境（即年平均相对湿度低于 40％的环境）下，σ_{l5} 和 σ'_{l5} 值应增加 30％。

2）对于重要的结构构件，当需要考虑与时间相关的混凝土收缩、徐变及钢筋应力松弛预应力损失值时，可按《混凝土结构设计规范》GB 50010—2010 附录 K 进行计算。

（6）螺旋式预应力钢筋由于混凝土的局部挤压引起的预应力损失 σ_{l6}

螺旋式预应力钢筋由于混凝土的局部挤压引起的预应力损失 σ_{l6} 见表 9-1。

除了上述情况外，在后张法预应力构件中，当预应力钢筋采用分批张拉时，由于后批张拉钢筋对先批张拉钢筋产生的混凝土弹性压缩（或伸长）的影响，将先批张拉钢筋的张拉控制应力值增加（或减小）$\alpha_E\sigma_{pci}$，此处，σ_{pci} 为后批张拉钢筋在先批张拉钢筋重心处产生的混凝土法向应力。

2. 预应力损失值的组合

预应力构件在各阶段的预应力损失值的组合见表 9-4。

表 9-4

各阶段预应力损失值的组合

预应力损失值的组合	先张法构件	后张法构件
混凝土预压前（第一批）的损失	$\sigma_{l1}+\sigma_{l2}+\sigma_{l3}+\sigma_{l4}$	$\sigma_{l1}+\sigma_{l2}$
混凝土预压后（第二批）的损失	σ_{l5}	$\sigma_{l4}+\sigma_{l5}+\sigma_{l6}$

注：先张法构件由于钢筋应力松弛引起的损失值 σ_{l4} 在第一批和第二批损失中所占的比例，如需区分，可根据实际情况确定。

当计算求得的预应力总损失值小于下列数值时，应按下列数值取用：

（1）先张法构件 100N/mm²；

（2）后张法构件 80N/mm²。

9.3 轴心受拉构件承载力计算与实例

9.3.1 轴心受拉构件承载力计算

预应力混凝土轴心受拉构件破坏时，混凝土开裂，裂缝截面处混凝土退出工作，全部拉力由预应力钢筋和非预应力钢筋承担，且预应力钢筋和非预应力钢筋的应力分别达到其各自的抗拉强度设计值 f_{py}、f_y。如图 9-2 所示，预应力混凝土轴心受拉构件承载力计算式如下：

$$N \leqslant f_y A_s + f_{py} A_p \tag{9-16}$$

式中：N——轴心拉力设计值；

f_{py}、f_y——预应力钢筋、非预应力钢筋抗拉强度设计值；

A_p、A_s——预应力钢筋、非预应力钢筋的全部截面面积。

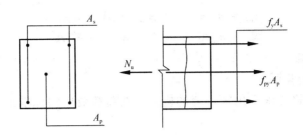

图 9-2　预应力混凝土轴心受拉构件承载力计算简图

9.3.2　轴心受拉构件裂缝控制验算

1. 应力计算

预应力混凝土轴心受拉构件从张拉预应力钢筋开始，由预加力产生的混凝土法向应力及相应阶段预应力钢筋的应力，可分别按下列式计算：

（1）先张法构件。由预加力产生的混凝土法向应力为：

$$\sigma_{pc} = \frac{N_{p0}}{A_0} \pm \frac{N_{p0}e_{p0}}{I_0}y_0 \tag{9-17}$$

相应阶段预应力钢筋的有效预应力为：

$$\sigma_{pe} = \sigma_{con} - \sigma_l - \alpha_E\sigma_{pc} \tag{9-18}$$

混凝土法向应力等于零时，预应力钢筋合力点处的预应力钢筋应力为：

$$\sigma_{p0} = \sigma_{con} - \sigma_l \tag{9-19}$$

（2）后张法构件。由预加力产生的混凝土法向应力为：

$$\sigma_{pc} = \frac{N_p}{A_n} \pm \frac{N_p e_{pn}}{I_n}y_n + \sigma_{p2} \tag{9-20}$$

相应阶段预应力钢筋的有效预应力为：

$$\sigma_{pe} = \sigma_{con} - \sigma_l \tag{9-21}$$

混凝土法向应力等于零时，预应力钢筋合力点处的预应力钢筋应力为：

$$\sigma_{p0} = \sigma_{con} - \sigma_l + \alpha_E\sigma_{pc} \tag{9-22}$$

式中：A_n——净截面面积，$A_n = A_c + \alpha_E A_s$；

$\qquad A_0$——换算截面面积，$A_0 = A_c + \alpha_{E_s}A_s + \alpha_{E_p}A_p$；

$\qquad A_c$——混凝土截面面积；

$\qquad I_0$、I_n——换算截面惯性矩、净截面惯性矩；

$\qquad e_{p0}$、e_{pn}——换算截面重心、净截面重心至预加力作用点的距离；

$\qquad y_0$、y_n——换算截面重心、净截面重心至所计算纤维处的距离；

$\qquad \sigma_{p2}$——由预应力次内力引起的混凝土截面法向应力；

$\qquad \alpha_E$——钢筋弹性模量与混凝土弹性模量之比，即 $\alpha_E = E_s/E_c$；

α_{E_a}、α_{E_p}——非预应力钢筋弹性模量与混凝土弹性模量之比及预应力钢筋弹性模量与混凝土弹性模量之比，即 $\alpha_{e_s} = E_s/E_c$，$\alpha_{E_p} = E_p/E_c$；

$\qquad \sigma_l$——相应阶段的预应力损失值；

N_{p0}、N_p——先张法、后张法构件的预应力钢筋及非预应力钢筋的合力，按下式计算；

$$N_{p0} = \sigma_{p0}A_p + \sigma'_{p0}A'_p - \sigma_{l5}A_s - \sigma'_{l5}A'_s \qquad (9\text{-}23)$$

$$N_p = \sigma_{pe}A_p + \sigma'_{pe}A'_p - \sigma_{l5}A_s - \sigma'_{l5}A'_s \qquad (9\text{-}24)$$

2. 裂缝控制验算

（1）正截面抗裂验算

1）一级——严格要求不出现裂缝的构件。在荷载效应的标准组合下，应符合下列规定：

$$\sigma_{ck} - \sigma_{pc} \leqslant 0 \qquad (9\text{-}25)$$

$$\sigma_{ck} = \frac{N_k}{A_0} \qquad (9\text{-}26)$$

2）二级——一般严格要求不出现裂缝的构件。

在荷载效应的标准组合下，应符合下列规定：

$$\sigma_{ck} - \sigma_{pc} \leqslant f_{tk} \qquad (9\text{-}27)$$

在荷载效应的准永久组合下，应符合下列规定：

$$\sigma_{cq} - \sigma_{pc} \leqslant f_{tk} \qquad (9\text{-}28)$$

$$\sigma_{cq} = \frac{N_q}{A_0} \qquad (9\text{-}29)$$

（2）正截面裂缝宽度验算

对于使用阶段允许出现裂缝的预应力轴心受拉构件，按荷载效应的标准组合并考虑长期作用影响计算的最大裂缝宽度，应符合下列规定：

$$\omega_{max} \leqslant \omega_{lim} \qquad (9\text{-}30)$$

式中：ω_{lim}——最大裂缝宽度限值；

ω_{max}——按荷载效应的标准组合并考虑长期作用影响计算的最大裂缝宽度，按下列方法进行计算：

$$\omega_{max} = \alpha_{cr}\psi\frac{\sigma_{sk}}{E_s}\left(1.9c_s + 0.08\frac{d_{eq}}{\rho_{te}}\right) \qquad (9\text{-}31)$$

$$\psi = 1.1 - 0.65\frac{f_{tk}}{\rho_{te}\sigma_{sk}} \qquad (9\text{-}32)$$

$$\sigma_{sk} = \frac{N_k - N_{p0}}{A_P + A_s} \qquad (9\text{-}33)$$

$$d_{eq} = \frac{\sum n_i d_i^2}{\sum n_i v_i d_i} \qquad (9\text{-}34)$$

$$\rho_{te} = \frac{A_s + A_p}{A_{te}} \qquad (9\text{-}35)$$

式中：α_{cr}——构件受力特征系数，取 $\alpha_{cr}=2.2$；

d_i——第 i 种纵向受拉钢筋的公称直径（mm）；

n_i——第 i 种纵向受拉钢筋的根数；

v_i——第 i 种纵向受拉钢筋的相对粘结特性系数，按表 9-5 取用。

钢筋的相对粘结特性系数　　　　　　　　　　表 9-5

钢筋类别	钢筋		先张法预应力筋			后张法预应力筋		
	光圆钢筋	带肋钢筋	带肋钢筋	螺旋肋钢丝	钢绞线	带肋钢筋	钢绞线	光面钢丝
v_i	0.7	1.0	1.0	0.8	0.6	0.8	0.5	0.4

注：对环氧树脂涂层带肋钢筋，其相对粘结特性系数应按表中系数的 80% 取用。

9.3.3　轴心受拉构件施工阶段应力验算

预应力混凝土轴心受拉构件，在预压时一般处于全截面受压状态，其截面边缘的混凝土法向应力应符合下列规定：

$$\sigma_{cc} \leqslant 0.8 f'_{ck} \tag{9-36}$$

$$\sigma_{cc} = \sigma_{pc} + \frac{N_k}{A_0} \tag{9-37}$$

式中：σ_{cc}——预压时的混凝土压应力；

f'_{ck}——与预压时的混凝土立方体抗压强度 f'_{cu} 相应的轴心抗压强度标准值。

【例 9-1】　已知某长度为 18m 的预应力混凝土屋架下弦杆，其截面尺寸为 $b \times h = 210\text{mm} \times 150\text{mm}$，承受轴向拉力设计值 $N = 475\text{kN}$，按荷载效应的标准组合计算的轴心拉力值 $N_k = 360\text{kN}$，按荷载效应的准永久组合计算的轴心拉力值 $N_q = 294\text{kN}$。混凝土强度等级 C40（$f_c = 19.1\text{N/mm}^2$，$f_{tk} = 2.39\text{N/mm}^2$，$E_c = 3.25 \times 10^4 \text{N/mm}^2$）。预应力钢筋采用钢绞线级钢筋（$f_{ptk} = 1720\text{N/mm}^2$，$f_{py} = 1220\text{N/mm}^2$，$E_p = 1.95 \times 10^5 \text{N/mm}^2$），非预应力钢筋采用 HRB400 级钢筋（$f_y = 360\text{N/mm}^2$，$E_s = 2.0 \times 10^5 \text{N/mm}^2$）。采用后张法制作，在一端张拉，并采用超张拉。经过实测，得出张拉端锚具变形和预应力筋内缩值 $a = 3\text{mm}$。孔道为预埋金属波纹管，直径为 55mm。裂缝控制等级为二级。试进行使用阶段受拉承载力计算，使用阶段抗裂验算，施工阶段验算。

解：（1）使用阶段承载力计算

按构造要求配置非预应力钢筋 4Φ10，$A_s = 314\text{mm}^2$，则：

$$A_p = \frac{N - f_y A_s}{f_{py}} = \frac{475 \times 10^3 - 360 \times 314}{1220} = 297\text{mm}^2$$

选用 1 束 5ϕ^s10.8 钢绞线，$A_p = 297\text{mm}^2$

（2）使用阶段抗裂验算

1）截面几何特征计算

① 混凝土截面面积为：

$$A_c = \left(210 \times 150 - \frac{\pi}{4} \times 55 \times 55\right) = 29125\text{mm}^2$$

② 非预应力钢筋与混凝土弹性模量之比为：

$$\alpha_{E_s} = \frac{E_s}{E_c} = \frac{2.0 \times 10^5}{3.25 \times 10^4} = 6.15$$

③ 预应力钢筋与混凝土弹性模量之比为：

$$\alpha_{E_p} = \frac{E_p}{E_c} = \frac{1.95 \times 10^5}{3.25 \times 10^4} = 6.0$$

④ 净截面面积为：

$$A_n = A_c + \alpha_{E_s} A_s = 29125 + 6.15 \times 314 = 31056\text{mm}^2$$

⑤ 换算截面面积为：

$$A_0 = A_c + \alpha_{E_s} A_s + \alpha_{E_p} A_p = 29125 + 6.15 \times 314 + 6.0 \times 297 = 32838\text{mm}^2$$

2）张拉控制应力计算

$$\sigma_{con} = 0.75 f_{ptk} = 0.75 \times 1720 = 1290\text{N/mm}^2$$

3）预应力损失值计算

① 锚具变形损失为：

$$\sigma_{l1} = \frac{a}{l} E_s = \frac{3}{18000} \times 2.0 \times 10^5 = 33.33\text{N/mm}^2$$

② 孔道摩擦损失为：

$$\sigma_{l2} = (kx + \mu\theta)\sigma_{con} = (0.0015 \times 18) \times 1290 = 34.83\text{N/mm}^2$$

③ 第一批预应力损失为：

$$\sigma_{lI} = \sigma_{l1} + \sigma_{l2} = 33.33 + 34.83 = 68.16\text{N/mm}^2$$

④ 钢筋应力松弛损失（采用超张拉）为：

$$\sigma_{l4} = 0.4\psi\left(\frac{\sigma_{con}}{f_{ptk}} - 0.5\right)\sigma_{con} = 0.4 \times 1.0 \times (0.75 - 0.5) \times 1290 = 129\text{N/mm}^2$$

⑤ 混凝土收缩、徐变损失为：

$$\sigma_{pcI} = \frac{N_p}{A_n} = \frac{(\sigma_{con} - \sigma_{lI})A_p}{A_n} = \frac{(1290 - 68.16) \times 297}{31056} = 11.68\text{N/mm}^2$$

$$\rho = \frac{0.5(A_p + A_s)}{A_n} = \frac{0.5 \times (297 + 314)}{31056} = 0.0098$$

$$\sigma_{l5} = \frac{55 + 300\dfrac{\sigma_{pcI}}{f_{cu}}}{1 + 15\rho} = \frac{55 + 300 \times \dfrac{11.68}{40}}{1 + 15 \times 0.0098} = 124.32\text{N/mm}^2$$

⑥ 第二批预应力损失为：

$$\sigma_{lII} = \sigma_{l4} + \sigma_{l5} = 129 + 124.32 = 253.32\text{N/mm}^2$$

总预应力损失为：

$$\sigma_l = \sigma_{lI} + \sigma_{lII} = 68.16 + 253.32 = 321.48\text{N/mm}^2$$

4）抗裂验算

① 混凝土有效预压应力：

$$\sigma_{pc} = \frac{(\sigma_{con} - \sigma_l)A_p}{A_n} = \frac{(1290 - 321.48) \times 297}{31056} = 9.26\text{N/mm}^2$$

② 在荷载效应的标准组合下：

$$\sigma_{ck} = \frac{N_k}{A_0} = \frac{360 \times 10^3}{32838} = 10.96\text{N/mm}^2$$

$$\sigma_{ck} - \sigma_{pc} = 10.96 - 9.26 = 1.7\text{N/mm}^2 \leqslant f_{tk} = 2.39\text{N/mm}^2$$

故满足要求。

③ 在荷载效应的准永久组合下：

$$\sigma_{cq} = \frac{N_q}{A_0} = \frac{294 \times 10^3}{32838} = 8.95\text{N/mm}^2$$

$$\sigma_{cq} - \sigma_{pc} = 8.95 - 9.26 = -0.31 \text{N/mm}^2 \leqslant f_{tk} = 2.39 \text{N/mm}^2$$

故满足要求。

（3）施工阶段混凝土应力验算：

$$\sigma_{cc} = \sigma_{pc} + \frac{N_k}{A_0} = 9.26 + 10.96 = 20.22 \text{N/mm}^2 < 0.8 f'_{ck} = 0.8 \times 26.8 = 21.44 \text{N/mm}^2$$

故满足要求。

9.4　受弯构件承载力计算与实例

9.4.1　受弯构件正截面承载力计算

1. 矩形截面

（1）计算简图。预应力混凝土受弯构件正截面的破坏特征，与钢筋混凝土受弯构件的相同。构件破坏时，受拉区的预应力钢筋和非预应力钢筋以及受压区的非预应力钢筋均可得到充分利用。受压区的预应力钢筋因预拉应力较大，构件达承载力极限时，它可能受拉，也可能受压，但应力都很小，达不到强度设计值。矩形受弯构件正截面承载力的计算简图如图9-3所示。

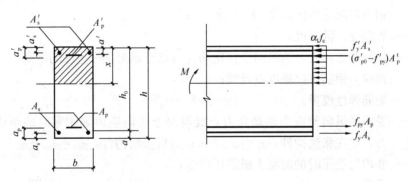

图 9-3　矩形截面预应力混凝土受弯构件正截面承载力计算简图

（2）基本计算公式及适用条件。对矩形截面（或翼缘位于受拉边的 T 形截面），其正截面受弯承载力按下列公式计算：

$$M \leqslant \alpha_1 f_c b x \left(h_0 - \frac{x}{2} \right) + f'_y A'_s (h_0 - a'_s) - (\sigma'_{p0} - f'_{py}) A'_p (h_0 - a'_p) \tag{9-38}$$

混凝土受压区高度按下列公式确定：

$$\alpha_1 f_c b x = f_y A_s - f'_y A'_s + f_{py} A_p + (\sigma'_{p0} - f'_{py}) A'_p \tag{9-39}$$

混凝土受压区的高度应符合下列要求：

$$x \leqslant \xi_b h_0$$
$$x \geqslant 2a'$$

式中：　M——弯矩设计值；

　　　　f_c——混凝土轴心抗压强度设计值；

　　　　f_y——普通钢筋抗拉强度设计值；

187

α_1——受压区混凝土矩形应力图的应力值与混凝土轴心抗压强度设计值的比值；

A_s、A'_s——纵向受拉及受压区普通钢筋的截面面积；

A_p、A'_p——纵向受拉及受压区预应力钢筋的截面面积；

h_0——截面的有效高度；

b——截面宽度；

a'_s、a'_p——受压区非预应力钢筋合力点及受压区预应力钢筋合力点至受压区边缘的距离；

σ'_{p0}——受压区预应力钢筋合力点处当混凝土法向应力等于零时的预应力钢筋应力；

a'——纵向受压钢筋合力点至受压区边缘的距离，当受压区未配置纵向预应力钢筋（$A'_p=0$）或受压区纵向预应力钢筋的应力 $\sigma'_{p0}-f'_{py}\geqslant0$ 时，上述公式中的 a' 应用 a'_s 代替。

（3）受压区相对界限高度 ξ_b。受拉钢筋和受压区混凝土同时达到其强度设计值时的相对界限受压区高度 ξ_b 可以按下式求得。

$$\xi_b = \frac{\beta_1}{1+\dfrac{0.002}{\varepsilon_{cu}}+\dfrac{f_{py}-\sigma_{p0}}{E_s\varepsilon_{cu}}} \tag{9-40}$$

式中：ξ_b——相对界限受压区高度，$\xi_b = x_b/h_0$；

x_b——界限受压区高度；

h_0——截面有效高度，为纵向受拉钢筋合力点至截面受压边缘的距离；

f_{py}——预应力钢筋抗拉强度设计值；

E_s——钢筋弹性模量；

σ_{p0}——受拉区纵向预应力钢筋合力点处混凝土法向应力等于零时的预应力钢筋应力，对先张法构件，$\sigma_{p0}=\sigma_{con}-\sigma_l$；对后张法构件，$\sigma_{p0}=\sigma_{con}-\sigma_l+\alpha_E\sigma_{pc}$；

ε_{cu}——非均匀受压时的混凝土极限压应变；

β_1——系数。

当截面受拉区内配置有不同种类或不同预应力值的钢筋时，受弯构件的相对界限受压区高度应分别计算，并取其较小值。

2. T 形截面

（1）T 形截面的分类及其判别方法。与钢筋混凝土受弯构件一样，根据中和轴所在位置的不同，可以将翼缘位于受压区的 T 形截面分成两类：中和轴通过翼缘的为第一类 T 形截面，中和轴通过腹板的为第二类 T 形截面（图 9-4）。

当中和轴位于翼缘和腹板交界处时，是第一类 T 形截面与第二类 T 形截面的分界线。因此，可按下列方法判别截面所属类型。

进行截面选择时：

$$M \leqslant \alpha_1 f_c b'_f h'_f\left(h_0-\frac{h'_f}{2}\right)+f'_y A'_s(h_0-a'_s)-(\sigma'_{p0}-f'_{py})A'_p(h_0-a'_p) \tag{9-41}$$

进行正截面承载力校核时：

$$f_y A_s + f_{py} A_p \leqslant \alpha_1 f_c b'_f h'_f + f'_y A'_s - (\sigma'_{p0}-f'_{py})A'_p \tag{9-42}$$

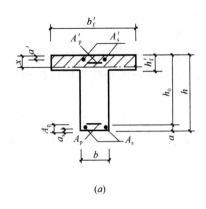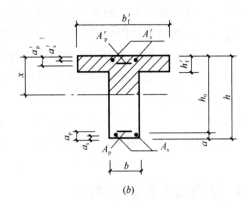

图 9-4 T 形截面

(a) 第一类 T 形截面；(b) 第二类 T 形截面

满足条件为第一类 T 形截面；否则为第二类 T 形截面。

（2）T 形截面正截面承载力的计算公式。对于第一类 T 形截面，应按宽度为 b'_f 的矩形截面进行计算。对于第二类 T 形截面，计算中应考虑截面中腹板的受压作用，其计算公式与钢筋混凝土第二类 T 形截面类似：

$$M \leqslant \alpha_1 f_c b x \left(h_0 - \frac{x}{2}\right) + \alpha_1 f_c (b'_f - b) h'_f \left(h_0 - \frac{h'_f}{2}\right) + f'_y A'_s (h_0$$

$$- a'_s) - (\sigma'_{p0} - f'_{py}) A'_p (h_0 - a'_p) \tag{9-43}$$

$$\alpha_1 f_c [bx + (b'_f - b) h'_f] = f_y A_s - f'_y A'_s + f_{py} A_p + (\sigma'_{p0} - f'_{py}) A'_p \tag{9-44}$$

按上述公式计算 T 形截面受弯构件时，混凝土受压区的高度仍应符合：

$$x \leqslant \xi_b h_0$$

$$x \geqslant 2a'$$

9.4.2 受弯构件斜截面承载力计算

预应力的存在，推迟了斜裂缝的出现，减小了斜裂缝开展的宽度。当配置有弯起的预应力钢筋时，它在垂直方向的分量可部分地抵消荷载产生的剪力。因此，预应力混凝土受弯构件的抗剪承载力，比相同情况下钢筋混凝土受弯构件的要高。

《混凝土结构设计规范》GB 50010—2010 规定，矩形，T 形和 I 形截面的一般受弯构件，当仅配有箍筋时，其斜截面的受剪承载力按下列公式计算：

$$V = V_{cs} + V_p \tag{9-45}$$

式中：V——构件斜截面上的最大剪力设计值；

V_{cs}——构件斜截面上混凝土和箍筋的受剪承载力设计值；

V_p——由预应力提高的构件的受剪承载力设计值；

$$V_p = 0.05 N_{p0} \tag{9-46}$$

N_{p0}——计算截面上受拉区、受压区的预应力钢筋合力点处混凝土法向应力等于零时预应力钢筋及非预应力钢筋的合力；当 $N_{p0} > 0.3 f_c A_0$ 时，取 $N_{p0} = 0.3 f_c A_0$。

当配有箍筋和弯起钢筋时，其斜截面的受剪承载力应按下列公式计算：

$$V \leqslant V_{cs} + V_p + 0.8 f_y A_{sb} \sin\alpha_s + 0.8 f_{py} A_{pb} \sin\alpha_p \tag{9-47}$$

式中：V——在配置弯起钢筋处的剪力设计值；

$\quad\quad V_p$——由预应力所提高的构件的受剪承载力设计值；

A_{sb}、A_{pb}——同一弯起平面内的非预应力弯起钢筋、预应力弯起钢筋的截面面积；

$\quad\alpha_s$、α_p——斜截面上非预应力弯起普通钢筋、弯起预应力钢筋的切线与构件纵向轴线的夹角。

此外，当 $V \leqslant 0.7 f_t b h_0 + 0.05 N_{p0}$ 时，可仅按构造要求配置箍筋；有关斜截面抗剪的构造要求、计算位置、截面尺寸要求等，均与钢筋混凝土受弯构件的相同，本节不再赘述。

9.4.3　受弯构件裂缝控制验算

1. 应力计算

预应力混凝土受弯构件由预加力产生的混凝土法向应力及相应阶段预应力钢筋的应力，可分别按下列公式计算：

（1）先张法构件。由预加力产生的混凝土法向应力为：

$$\sigma_{pc} = \frac{N_{p0}}{A_0} \pm \frac{N_{p0} e_{p0}}{I_0} y_0 \tag{9-48}$$

相应阶段预应力钢筋的有效预应力为：

$$\sigma_{pe} = \sigma_{con} - \sigma_l - \alpha_E \sigma_{pc} \tag{9-49}$$

预应力钢筋合力点处混凝土法向应力等于零时的预应力钢筋应力为：

$$\sigma_{p0} = \sigma_{con} - \sigma_l \tag{9-50}$$

（2）后张法构件。由预加力产生的混凝土法向应力为：

$$\sigma_{pc} = \frac{N_p}{A_n} \pm \frac{N_p e_{pn}}{I_n} y_n \tag{9-51}$$

相应阶段预应力钢筋的有效预应力为：

$$\sigma_{pe} = \sigma_{con} - \sigma_l \tag{9-52}$$

预应力钢筋合力点处混凝土法向应力等于零时的预应力钢筋应力为：

$$\sigma_{p0} = \sigma_{con} - \sigma_l + \alpha_E \sigma_{pc} \tag{9-53}$$

式中：I_0、I_n——换算截面惯性矩、净截面惯性矩；

$\quad e_{p0}$、e_{pn}——换算截面重心、净截面重心至预应力钢筋和非预应力钢筋合力点的距离，按下式计算：

$$e_{p0} = \frac{\sigma_{p0} A_p y_p - \sigma'_{p0} A'_p y'_p - \sigma_{l5} A_s y_s + \sigma'_{l5} A'_s y'_s}{N_{p0}} \tag{9-54}$$

$$e_{pn} = \frac{\sigma_{pe} A_p y_{pn} - \sigma'_{pe} A'_p y'_{pn} - \sigma_{l5} A_s y_{sn} + \sigma'_{l5} A'_s y'_{sn}}{N_p} \tag{9-55}$$

$\quad y_0$、y_n——换算截面重心、净截面重心至所计算纤维处的距离；

$\quad N_{p0}$、N_p——先张法、后张法构件的预应力钢筋及非预应力钢筋的合力，按下式计算：

$$N_p = \sigma_{pe} A_p + \sigma'_{pe} A'_p - \sigma_{l5} A_s - \sigma'_{l5} A'_s \tag{9-56}$$

$\quad \sigma_{p0}$、σ'_{p0}——受拉区、受压区预应力钢筋合力点处混凝土法向应力等于零时的预应力钢筋应力；

σ_{pe}、σ'_{pe}——受拉区、受压区预应力钢筋的有效预应力；

A_p、A'_p——受拉区、受压区纵向预应力钢筋的截面面积；

A_s、A'_s——受拉区、受压区纵向非预应力钢筋的截面面积；

σ_{l5}、σ'_{l5}——受拉区、受压区预应力钢筋在各自合力点处混凝土收缩和徐变引起的预应力损失值；

y_p、y'_p——受拉区、受压区预应力合力点至换算截面重心的距离；

y_s、y'_s——受拉区、受压区非预应力钢筋重心至换算截面重心的距离；

y_{pn}、y'_{pn}——受拉区、受压区预应力合力点至净截面重心的距离；

y_{sn}、y'_{sn}——受拉区、受压区非预应力钢筋重心至净截面重心的距离。

2. 正截面裂缝控制验算

（1）正截面抗裂验算

1）一级——严格要求不出现裂缝的构件。在荷载效应的标准组合下应符合下列规定：

$$\sigma_{ck} - \sigma_{pc} \leqslant 0 \tag{9-57}$$

$$\sigma_{ck} = \frac{M_k}{W_0} \tag{9-58}$$

2）二级——一般严格要求不出现裂缝的构件。在荷载效应的标准组合下应符合下列规定：

$$\sigma_{ck} - \sigma_{pc} \leqslant f_{tk} \tag{9-59}$$

在荷载效应的准永久组合下应符合下列规定：

$$\sigma_{cq} - \sigma_{pc} \leqslant f_{tk} \tag{9-60}$$

$$\sigma_{cq} = \frac{M_q}{W_0} \tag{9-61}$$

式中：σ_{ck}、σ_{cq}——荷载效应的标准组合、准永久组合下抗裂验算边缘的混凝土法向应力；

σ_{pc}——扣除全部预应力损失后在抗裂验算边缘的混凝土预压应力；

M_k、M_q——按荷载效应的标准组合、准永久组合计算的弯矩值。

（2）正截面裂缝宽度验算

对于允许出现裂缝的预应力混凝土受弯构件，按荷载效应的标准组合并考虑长期作用影响计算的最大裂缝宽度，应符合下列规定：

$$\omega_{max} \leqslant \omega_{lim}$$

式中：ω_{max}——在荷载效应的标准组合下，考虑长期作用影响计算的最大裂缝宽度，按下列方法进行计算：

$$\omega_{max} = \alpha_{cr}\psi\frac{\sigma_{sk}}{E_s}\left(1.9c + 0.08\frac{d_{eq}}{\rho_{te}}\right) \tag{9-62}$$

$$\psi = 1.1 - 0.65\frac{f_{tk}}{\rho_{te}\sigma_{sk}} \tag{9-63}$$

$$\sigma_{sk} = \frac{M_k - N_{p0}(z - e_p)}{(\alpha_1 A_p + A_s)z} \tag{9-64}$$

$$z = \left[0.87 - 0.12(1 - \gamma'_f)\left(\frac{h_0}{e}\right)^2\right]h_0 \tag{9-65}$$

$$e = e_p + \frac{M_k}{N_{p0}} \tag{9-66}$$

$$d_{eq} = \frac{\sum n_i d_i^2}{\sum n_i v_i d_i} \tag{9-67}$$

$$\rho_{te} = \frac{A_s + A_p}{A_{te}} \tag{9-68}$$

式中：α_{cr}——构件受力特征系数，取 $\alpha_{cr} = 1.5$；

σ_{ak}——按荷载效应的标准组合计算的预应力混凝土构件纵向受拉钢筋的等效应力；

A_{te}——有效受拉混凝土截面面积，取 $A_{te} = 0.5bh + (b_f - b)h_f$，此处，$b_f$、$h_f$ 为受拉翼缘的宽度、高度；

z——受拉区纵向非预应力钢筋和预应力钢筋合力点至截面受压区合力点的距离；

e_p——混凝土法向预应力等于零时全部纵向预应力和非预应力钢筋的合力 N_{p0} 的作用点至受拉区纵向预应力钢筋和非预应力钢筋合力点的距离；

α_1——无粘结预应力筋的等效折减系数，取 $\alpha_1 = 0.3$；对灌浆的后张应力筋，取 $\alpha_1 = 1.0$。

3. 斜截面抗裂验算

预应力混凝土受弯构件斜截面抗裂验算，主要是验算斜截面上的主拉应力和主压应力不超过一定的限值。

（1）验算式

1）混凝土主拉应力

① 一级——严格要求不出现裂缝的构件，应符合下列规定：

$$\sigma_{tp} \leqslant 0.85 f_{tk} \tag{9-69}$$

② 二级——一般要求不出现裂缝的构件，应符合下列规定：

$$\sigma_{tp} \leqslant 0.95 f_{tk} \tag{9-70}$$

2）混凝土主压应力

对严格要求和一般要求不出现裂缝的构件，均应符合下列规定：

$$\sigma_{cp} \leqslant 0.60 f_{ck} \tag{9-71}$$

式中：σ_{tp}、σ_{cp}——混凝土主拉应力、主压应力；

f_{tk}、f_{ck}——混凝土轴心抗拉、抗压强度标准值。

验算斜截面抗裂度时，应选择跨度内的不利位置进行，对该截面的换算截面重心处和截面宽度剧烈改变处进行验算。

（2）主应力计算

混凝土的主拉应力和主压应力可按材料力学的方法采用下式计算：

$$\genfrac{}{}{0pt}{}{\sigma_{tp}}{\sigma_{cp}} = \frac{\sigma_x + \sigma_y}{2} \pm \sqrt{\left(\frac{\sigma_x - \sigma_y}{2}\right)^2 + \tau^2} \tag{9-72}$$

$$\sigma_x = \sigma_{pc} + \frac{M_k y_0}{I_0} \tag{9-73}$$

$$\tau = \frac{(V_k - \sum \sigma_{pe} A_{pb} \sin\alpha_p) S_0}{I_0 b} \tag{9-74}$$

式中：σ_x——由预加力和弯矩值 M_k 在计算纤维处产生的混凝土法向应力；

σ_y——由集中荷载标准值 F_k 产生的混凝土竖向压应力；对预应力混凝土起重机梁，在集中力作用点两侧各 $0.6h$ 的长度范围内，由集中荷载标准值 F_k 产生的混凝土竖向压应力，可按线性分布取值，按下式计算：

$$\sigma_y = \frac{0.6F_k}{bh} \tag{9-75}$$

τ——由剪力值 V_k 和预应力弯起钢筋的预加力在计算纤维处产生的混凝土剪应力；当计算截面上有扭矩作用时，尚应计入扭矩引起的剪应力；当超静定后张法预应力混凝土结构构件，在计算剪力时，尚应计入预加力引起的次剪力；

σ_{pc}——扣除全部预应力损失后，在计算纤维处由预加力产生的混凝土法向应力；

y_0——换算截面重心至所计算纤维处的距离；

I_0——换算截面的惯性矩；

V_k——按荷载效应的标准组合计算的剪力值；

S_0——计算纤维以上部分的换算截面面积对构件换算截面重心的面积矩；

σ_{pe}——预应力弯起钢筋的有效预应力；

A_{pb}——计算截面上同一弯起平面内的预应力弯起钢筋的截面面积；

α_p——计算截面上预应力弯起钢筋的切线与构件纵向轴线的夹角。

在上述公式中的 σ_x、σ_y、σ_{pc}、$\dfrac{M_k y_0}{I_0}$，当为拉应力时，以正值代入；当为压应力时，以负值代入。

9.4.4 受弯构件变形验算

预应力混凝土受弯构件的挠度由两部分叠加而得，一部分是由荷载产生的挠度，另一部分是由预加力产生的反拱。挠度和反拱可根据构件的刚度用结构力学的方法进行计算。

1. 在荷载作用下的挠度

（1）受弯构件的短期刚度 B_s。在荷载效应的标准组合作用下，预应力混凝土受弯构件的短期刚度 B_s 可按下式计算：

1）要求不出现裂缝的构件：

$$B_s = 0.85E_c I_0 \tag{9-76}$$

2）允许出现裂缝的构件：

$$B_s = \frac{0.85E_c I_0}{\kappa_{cr} + (1 - \kappa_{cr})\omega} \tag{9-77}$$

$$\omega = \left(1.0 + \frac{0.21}{\alpha_E \rho}\right)(1 + 0.45\gamma_f) - 0.7 \tag{9-78}$$

$$M_{cr} = (\sigma_{pc} + \gamma f_{tk})W_0 \tag{9-79}$$

对预压时预拉区出现裂缝的预应力混凝土受弯构件，B_s 应降低 10%。

式中：κ_{cr}——预应力混凝土受弯构件正截面开裂弯矩 M_{cr} 与按荷载的标准组合计算的弯矩 M_k 的比值，即：

$$\kappa_{cr} = \frac{M_{cr}}{M_k} \tag{9-80}$$

当 $\kappa_{cr} > 1.0$ 时，取 $\kappa_{cr} = 1.0$；

ρ——纵向受拉钢筋的配筋率，对预应力混凝土受弯构件：

$$\rho = (A_s + A_p)/(bh_0) \tag{9-81}$$

W_0——换算截面受拉边缘的弹性抵抗矩；

γ——混凝土构件的截面抵抗矩塑性影响系数：

$$\gamma = \left(0.7 + \frac{120}{h}\right)\gamma_m \tag{9-82}$$

γ_m——混凝土构件的截面抵抗矩塑性影响系数基本值，可按正截面应变保持平面的假定，并取受拉区混凝土应力图形为梯形、受拉边缘混凝土极限拉应变为 $2f_{tk}/E_c$ 确定；对于常用的截面形状，γ_m 值可按表 9-6 取用；

h——截面高度（mm）：当 $h<400$ 时，取 $h=400$；当 $h>1600$ 时，取 $h=1600$；对圆形、环形截面，取 $h=2r$，此处，r 为圆形截面半径或环形截面的外环半径。

截面抵抗矩塑性影响系数基本值 γ_m 表 9-6

项次	1	2	3		4		5
截面形状	矩形截面	翼缘位于受压区的T形截面	对称I形截面或箱形截面		翼缘位于受拉区的倒T形截面		圆形和环形截面
			$b_f/b \leqslant 2$ h_f/h 为任意值	$b_f/b > 2$ $h_f/h < 0.2$	$b_f/b \leqslant 2$ h_f/h 为任意值	$b_f/b > 2$ $h_f/h < 0.2$	
γ_m	1.55	1.50	1.45	1.35	1.50	1.40	$1.6 - 0.24r_1/r$

注：1. 对 $b_f' > b_f$ 的 I 形截面，可按项次 2 与项次 3 之间的数值采用；对 $b_f' < b_f$ 的 I 形截面，可按项次 3 与项次 4 之间的数值采用。

    2. 对于箱形截面，表中 b 系指各肋宽度的总和；

    3. r_1 为环形截面的内环半径，对圆形截面 r_1 取为零。

（2）长期荷载作用影响时的刚度 B。长期荷载作用影响时的刚度 B 按下式计算：

$$B = \frac{M_k}{M_q + M_k}B_s \tag{9-83}$$

（3）挠度。求得刚度后，预应力混凝土受弯构件的挠度可按结构力学的方法进行计算。

2. 预加力产生的反拱

预应力混凝土受弯构件在短期荷载效应组合下的反拱值是由构件施加预应力引起的，可用结构力学的方法进行计算，截面刚度取为 $E_c I_0$，同时，应按扣除第一批预应力损失值后的情况计算；考虑预压应力长期作用的影响时，应将计算求得的预加力反拱值乘以增大系数 2.0，这时计算中预应力钢筋的应力应扣除全部预应力损失。

9.4.5 受弯构件施工阶段应力验算

在预应力混凝土受弯构件的制作、运输和吊装等施工阶段上，混凝土的强度和构件的受力状态与使用阶段往往不同（如图 9-5 所示），构件有可能由于抗裂能力不够而开裂，或者由于承载力不足而破坏。因此，除了要对预应力混凝土受弯构件使用阶段的承载力和裂缝控制进行验算外，还应对构件施工阶段的承载力和裂缝控制进行验算。

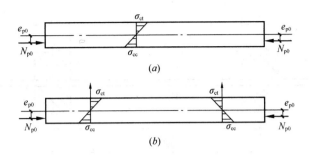

图 9-5 预应力混凝土受弯构件施工阶段的受力状态
(a) 制作阶段；(b) 运输、吊装阶段

对制作、运输、吊装等施工阶段预拉区允许出现拉应力的构件、或预压时全截面受压的构件，在预加应力、自重及施工荷载作用下（必要时应考虑动力系数），截面边缘的混凝土法向应力应符合下列条件：

$$\sigma_{ct} \leqslant f'_{tk} \tag{9-84}$$

$$\sigma_{cc} \leqslant 0.8 f'_{ck} \tag{9-85}$$

式中：σ_{cc}、σ_{ct}——相应施工阶段计算截面边缘纤维的混凝土压应力、拉应力；

f'_{tk}、f'_{ck}——与各施工阶段混凝土立方体抗压强度 f'_{cu} 相应的抗拉强度标准值、轴心抗压强度设计值。

截面边缘的混凝土法向应力可按下列公式计算：

$$\sigma_{cc} \text{ 或 } \sigma_{ct} = \sigma_{pc} + \frac{N_k}{A_0} \pm \frac{M_k}{W_0} \tag{9-86}$$

式中：N_k、M_k——构件自重及施工荷载效应的标准组合在计算截面产生的轴向力值、弯矩值；

A_0——构件换算截面面积；

W_0——构件换算截面受拉边缘的弹性抵抗矩；

σ_{pc}——扣除全部预应力损失后，在计算纤维处由预加力产生的混凝土法向应力。

对施工阶段预拉区允许出现裂缝的构件，当预拉区不配置预应力钢筋时，截面边缘的混凝土法向应力应符合下列条件：

$$\sigma_{ct} \leqslant 2 f'_{tk} \tag{9-87}$$

$$\sigma_{cc} \leqslant 0.8 f'_{ck} \tag{9-88}$$

【例 9-2】 已知某酒店餐厅开间为 3.3m，先张法预应力混凝土圆孔板，搁置情况和剖面如图 9-6 所示。混凝土的强度等级为 C30，预应力钢筋为 CRB650 级冷轧带肋钢筋（$E_s = 1.9 \times 10^5 \text{N/mm}^2$，$\sigma_{con} = 0.7 f_{ptk}$，$\sigma_{l4} = 0.08\sigma_{con}$），非预应力钢筋采用 CRB550 级冷轧带肋钢筋，活荷载标准值为 2.5kN/mm²。板在 100m 台座上用先张法生产，蒸气养护（温差 Δt 取 25℃），混凝土强度达到设计强度等级的 100% 时放松预应力钢丝。设计使用年限为 50 年，环境类别为一类使用环境。试对该板进行使用阶段验算和施工阶段验算。

解： 查《冷轧带肋钢筋混凝土结构技术规程》JGJ 95—2011 得，$f_{ptk} = 650 \text{N/mm}^2$。

195

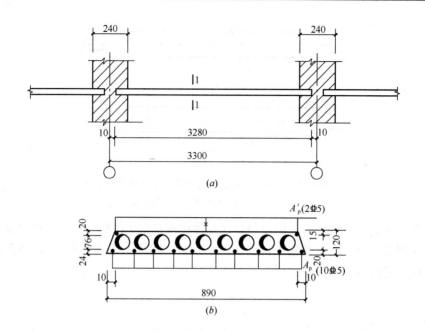

图 9-6 餐厅搁置情况和剖面图

（a）搁置情况；（b）剖面图

（1）使用阶段计算

1）内力分析

板的实际长度 $l=3280$mm，每端支承长度 $a=110$mm，计算跨度为：

$$l_0=l-a=3280-110=3170\text{mm}$$

板的截面有效高度：$h_0=h-a_s=120-20=100$mm

每块圆孔板的板宽取 890mm，板缝 10mm，板厚 120mm，留九个直径为 76mm 的圆孔。板顶后浇 30mm 厚细石混凝土面层，板底做 20mm 厚纸筋石灰抹面，故板的荷载标准值为：

板自重：$\left(0.88\times0.12-\dfrac{\pi}{4}\times0.076^2\times9\right)\times25=1.62$kN/m

嵌缝重：$0.02\times0.12\times24=0.06$kN/m

板面细石混凝土：$0.03\times0.9\times24=0.65$kN/m

板底纸筋石灰抹面：$0.02\times0.9\times17=0.31$kN/m

小计：$g_k=2.64$kN/m

板面活荷载：$q_k=0.9\times2.5=2.25$kN/m

$\gamma_0=1.0$，$\gamma_L=1.0$ 按活荷载为主组合时，荷载分项系数分别为：$\gamma_G=1.2$，$\gamma_Q=1.4$，则板的弯矩设计值：

$$M_1=\gamma_0\frac{1}{8}(\gamma_Gg_k+\gamma_Q\gamma_Lq_k)l_0^2=1.0\times\frac{1}{8}(1.2\times2.64+1.4\times1.0\times2.25)\times3.17^2$$

$$=7.94\text{ kN}\cdot\text{m}$$

按恒载为主组合时，$\gamma_G=1.35$，$\gamma_Q=1.4$，$\psi_c=0.7$，则板的弯矩设计值：

$$M_2=\gamma_0\frac{1}{8}(\gamma_Gq_k+\gamma_Q\gamma_L\psi_cq_k)l_0^2=1.0\times\frac{1}{8}(1.35\times2.64+1.4\times1.0$$

$$\times 0.7 \times 2.25) \times 3.17^2$$
$$= 7.25 \text{kN} \cdot \text{m} < M_1$$

应按 M_1 配筋才安全。

2）配筋计算

圆孔板截面属工形截面，按翼缘位于受压区的 T 形截面计算。计算时可先假定中和轴位于翼缘内、按宽度为 b'_f 的矩形截面计算，然后再核算与假定是否相符。

构件达到正截面承载力极限状态时，受压区预应力钢筋 A'_p 无论受拉或受压，其应力 $\sigma'_{p0} - f'_{py}$ 都较小，在配筋计算时可忽略不计，则本例可按单筋矩形截面计算如下：

$$\xi = 1 - \sqrt{1 - \frac{M}{0.5\alpha_1 f_c b'_f h_0^2}} = 1 - \sqrt{1 - \frac{1.94 \times 10^6}{0.5 \times 1 \times 14.3 \times 870 \times 100^2}} = 0.0156 < h'_2/h_0$$

按构造，每肋配置一根$\Phi 5$的 CRB650 级预应力钢筋，即配 10 Φ 5，$A_p = 196.3 \text{mm}^2$；并配 2 Φ 5CRB650 级冷轧带肋钢筋在受压区，$A'_p = 39.26 \text{mm}^2$。

板类构件荷载一般较小，截面面积较大，截面上的剪应力不大，因此通常可不必进行斜截面抗剪承载力计算。

3）使用阶段正截面抗裂验算：

① 预应力钢丝张拉控制应力取值为

$$\sigma_{con} = \sigma'_{con} = 0.7 f_{ptk} = 0.7 \times 650 = 455 \text{N/mm}^2$$

② 换算截面几何特征

$$\alpha_E = E_s/E_c = 200/30 = 6.67$$
$$\alpha_E - 1 = 6.67 - 1 = 5.67$$

扣除钢筋自身截面后的换算面积为：

$$(\alpha_E - 1)A_p = 196.3 \times 5.67 = 1113 \text{mm}^2$$
$$(\alpha_E - 1)A'_p = 39.26 \times 5.67 = 222.6 \text{mm}^2$$

为了便于计算换算截面的几何特征，将圆孔换算成等效方孔（如图 9-7 所示），并将板的截面换算成等效的 I 型截面（如图 9-8 所示）。

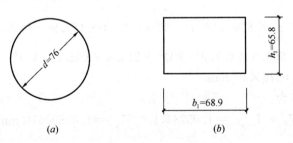

图 9-7 将圆孔换算成等效方孔

（a）圆孔；（b）等效方孔

截面等效换算的原则是：①截面换算前和换算后的面积不变；②截面换算前和换算后的重心位置不移动；③截面换算前和换算后对形心轴的惯性矩相等。根据这些原则，将圆孔换算成等效方孔时应满足：

$$\frac{\pi d^2}{4} = b_1 b_2 \text{ 和} \frac{\pi d^4}{64} = \frac{b_1 h_1^3}{12}$$

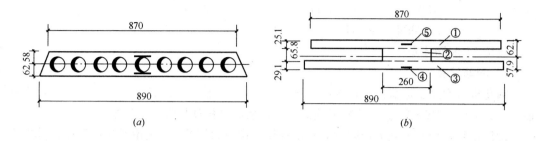

图 9-8 将板的截面换算成等效 I 形截面

(a) 圆孔板截面；(b) 等效 I 型截面

将本例中 $d=76\text{mm}$ 代入上面二式，求得：

$$b_1=68.9\text{mm}, \quad h_1=65.8\text{mm}$$

将截面上各圆孔都换算成方孔，并将方孔面积对称分布于对称轴两边，便得到图 9-8 (b) 中的等效 I 型截面。为便于计算截面几何特征，将 I 型截面按图 9-8 (b) 划分成 5 块。其中，④表示受拉区钢筋截面面积，⑤表示受压区钢筋截面面积。

换算截面面积为：

$$A_0=870\times25.1+260\times65.8+890\times29.1+1113+222.6=66180\text{mm}^2$$

换算截面重心至截面下边缘、上边缘距离为：

$$y_0=\frac{870\times25.1\times107.45+260\times65.8\times62+890\times29.1\times14.55+1113\times20+222.6\times105}{66180}$$

$$=57.9\text{mm}$$

$$y_0'=120-57.9=62.1\text{mm}$$

换算截面惯性矩为：

$$I_0=\frac{1}{12}\times870\times25.1^3+870\times25.1\times(62.1-12.55)^2$$

$$+\frac{1}{12}\times260\times65.8^3+260\times65.8\times(62.1-25.1-32.9)^2$$

$$+\frac{1}{12}\times890\times29.1^3+890\times29.1\times(57.9-14.55)^2$$

$$+996.8\times(57.9-20)^2+213.8\times(62.1-15)^2$$

$$=1.0578\times10^8\text{mm}^4$$

换算截面抵抗矩为：

$$W_0=I_0/y_0=1.0578\times10^8/57.9=1.8269\times10^6\text{mm}^3$$

③ 预应力损失：

$$\sigma_{l1}=\frac{a}{l}E_s=\frac{5}{100000}\times1.9\times10^5=9.5\text{N/mm}^3$$

$$\sigma_{l3}=2\Delta t=2\times25=50\text{N/mm}^2$$

按《冷轧带肋钢筋混凝土结构技术规程》JGJ 95—2011 的规定，预应力筋的松弛损失取为：

$$\sigma_{l4}=0.08\sigma_{con}=0.08\times455=36.4\text{N/mm}^2$$

$$\sigma_{lI}'=\sigma_{l1}+\sigma_{l3}+\sigma_{l4}=9.5+50+36.4=95.9\text{N/mm}^2$$

扣除第一批预应力损失后：

$$N_{p1} = (\sigma_{con} - \sigma_{lI})A_p + (\sigma'_{con} - \sigma'_{lI})A'_p$$
$$= (455 - 95.9) \times (196.3 + 39.26)$$
$$= 84590N$$

$$N_{pI}e_{pI} = (\sigma_{con} - \sigma_{lI})A_p y_p - (\sigma'_{con} - \sigma'_{lI})A'_p y'_p$$
$$= (455 - 95.9) \times (196.3 \times 37.9 - 39.26 \times 47.1)$$
$$= 2007593N \cdot mm$$

受拉区、受压区预应力钢筋合力点处的混凝土法向应力为：

$$\sigma_{pcI} = \frac{N_{pI}}{A_0} + \frac{N_{pI}e_{pI}}{I_0}y_p = \frac{84590}{66180} + \frac{2007593}{1.0578 \times 10^8} \times 37.9 = 2.0N/mm^2$$

$$\sigma'_{pcI} = \frac{N_{pI}}{A_0} - \frac{N_{pI}e_{pI}}{I_0}y'_p = \frac{84590}{66180} - \frac{2007593}{1.0578 \times 10^8} \times 47.1 = 0.39N/mm^2$$

配筋率：

$$\rho = \frac{A_p}{A_0} = \frac{196.3}{66180} = 0.00297$$

$$\rho' = \frac{A'_p}{A_0} = \frac{39.26}{66180} = 0.00059$$

$$\sigma_{l5} = \frac{60 + 340\sigma_{pc}/f'_{cu}}{1 + 15\rho} = \frac{60 + 340 \times 2.0/30}{1 + 15 \times 0.00297} = 79.2N/mm^2$$

$$\sigma'_{l5} = \frac{60 + 340\sigma'_{pc}/f'_{cu}}{1 + 15\rho'} = \frac{60 + 340 \times 0.39/30}{1 + 15 \times 0.00059} = 63.9N/mm^2$$

第二批预应力损失：$\sigma_{lII} = \sigma_{l5} = 79.2N/mm^2$，$\sigma'_{lII} = \sigma'_{l5} = 63.9N/mm^2$

总预应力损失为：

$$\sigma_l = \sigma_{lI} + \sigma_{lII} = 95.9 + 79.2 = 175.1N/mm^2 > 100N/mm^2$$

$$\sigma'_l = \sigma'_{lI} + \sigma'_{lII} = 95.9 + 63.9 = 159.8N/mm^2 > 100N/mm^2$$

④ 构件使用阶段抗裂度验算：

$$\frac{b'}{b} = \frac{890}{260} = 3.42 \begin{smallmatrix} \geq 2 \\ \leq 6 \end{smallmatrix}$$

由表 9-6 查得，$\gamma_m = 1.5$

$$f'_{cu} = 30N/mm^2$$

由附表 4-1 和附表 1-1 查得：

$$f'_{tk} = 2.01N/mm^2$$

$$f'_c = 14.3N/mm^2$$

C30 混凝土的抗拉强度标准值为：

$$f_{tk} = f'_{tk}$$

按荷载效应短期组合和准永久组合下的弯矩分别为：

$$M_k = \frac{1}{8}(g_k + q_k)l_0^2 = \frac{1}{8} \times (2.64 + 2.25) \times 3.17^2 = 6.14kN \cdot m$$

$$M_q = \frac{1}{8}(g_k + \psi_q q_k)l_0^2 = \frac{1}{8} \times (2.64 + 0.5 \times 2.25) \times 3.17^2 = 4.73kN \cdot m$$

相应组合下受拉边缘混凝土法向应力为：

$$\sigma_{ck} = \frac{M_k}{M_0} = \frac{6.14 \times 10^6}{1.8269 \times 10^6} = 3.36 \text{kN} \cdot \text{m}$$

扣除全部预应力损失后，截面下边缘混凝土法向应力为：

$$N_{p0} = (\sigma_{con} - \sigma_l)A_p + (\sigma'_{con} - \sigma'_l)A'_p$$

$$= (455 - 175.1) \times 196.3 + (455 - 159.8) \times 39.26$$

$$= 54944 + 11590 = 66534 \text{N}$$

$$N_{p0} \cdot e_{p0} = (\sigma_{con} - \sigma_l)A_p y_p - (\sigma'_{con} - \sigma'_l)A'_p y'_p$$

$$= 54944 \times 37.9 - 11590 \times 47.1 = 1536489 \text{N} \cdot \text{mm}^2$$

$$\sigma_{pc} = \frac{N_{p0}}{A_0} + \frac{N_{p0} \cdot e_{p0}}{W_0} = \frac{66534}{66180} + \frac{1536489}{1.8269 \times 10^6} = 1.85 \text{N/mm}^2$$

$$\sigma_{ck} - \sigma_{pc} = 3.36 - 1.85 = 1.51 \text{N/mm}^2 < f_{tk} = 2.01 \text{N/mm}^2$$

符合裂缝控制等级为二级的抗裂要求。

4）使用阶段挠度验算

反拱值：

$$a_{fpl} = \frac{N_{p0} e_{p0} l_0^2}{4 E_c I_0} = \frac{1536489 \times 3170^2}{4 \times 3 \times 10^4 \times 1.0578 \times 10^8} = 1.22 \text{mm}$$

短期刚度：

$$B_s = 0.85 E_c I_0 = 0.85 \times 3 \times 10^4 \times 1.0578 \times 10^8 = 2.7 \times 10^{12} \text{N} \cdot \text{mm}^2$$

长期刚度，取 $\theta = 2.0$

$$B = \frac{M_k}{M_q(\theta - 1) + M_k} B_s = \frac{6.14}{4.73 \times (2 - 1) + 6.14} \times 2.7 \times 10^{12} = 1.53 \times 10^{12} \text{N} \cdot \text{mm}^2$$

荷载作用下构件长期挠度：

$$a_{fl} = \frac{5 M_k l_0^2}{48 B} = \frac{5 \times 6.14 \times 10^6 \times 3170^2}{48 \times 1.53 \times 10^{12}} = 4.2 \text{mm}$$

$$a_{fl} - a_{fpl} = 4.2 - 1.22 = 2.98 \text{mm} < l_0/200 = 3170/200 = 15.85 \text{mm}$$

所以使用阶段变形符合要求。

（2）施工阶段验算

可仅对放松预应力钢筋时的构件承载力和抗裂性进行验算：

放松预应力钢筋时的构件截面边缘应力可按下式计算：

$$\sigma_{cc} = \frac{N_{pI}}{A_0} + \frac{N_{pI} e_{pI}}{I_0} y_0 = \frac{84590}{66180} + \frac{2007593}{1.0578 \times 10^8} \times 57.9$$

$$= 2.38 \text{N/mm}^2 < 0.8 f'_{ck} = 0.8 \times 20.1 = 16.08 \text{N/mm}^2$$

$$\sigma_{ct} = \frac{N_{pI}}{A_0} - \frac{N_{pI} e_{pI}}{I_0} y'_0 = \frac{84590}{66180} - \frac{2007593}{1.0578 \times 10^8} \times 62.1$$

$$= 0.1 \text{N/mm}^2 < f'_{tk} = 2.01 \text{N/mm}^2$$

因此，施工阶段承载力和抗裂验算符合要求。

9.5 预应力钢筋锚固区计算

9.5.1 先张法构件预应力钢筋的传递长度与锚固长度

（1）在对先张法预应力混凝土构件端部进行正截面、斜截面抗裂验算时，应对预应力钢筋在其传递长度 l_{tr} 范围内实际应力值的变化予以考虑。为了方便计算，取预应力钢筋的实际应力值按线性规律增大，即在构件端部取为零，在预应力传递长度 l_{tr} 的末端取有效预应力值 σ_{pe}，如图 9-9 所示。

预应力钢筋的预应力传递长度，一般按式（9-89）计算：

$$l_{tr} = \alpha \frac{\sigma_{pe}}{f'_{tk}} d \qquad (9-89)$$

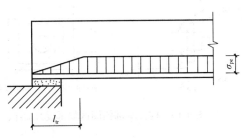

图 9-9 有效预应力值在预应力传递长度 l_{tr} 范围内的变化

式中：σ_{pe}——放张时预应力钢筋的有效预应力；

d——预应力钢筋的公称直径；

α——预应力钢筋的外形系数，按表 1-5 取用；

f'_{tk}——与放张时混凝土立方体抗压强度 f'_{cu} 相应的轴心抗拉强度标准值，按附录 1 附表 1-1 以线性内插法确定。

在采用骤然放松预应力钢筋的施工工艺时，l_{tr} 的起点应从距构件末端 $0.25 l_{tr}$ 处开始计算。

（2）在计算先张法预应力混凝土构件锚固区的正截面和斜截面受弯承载力时，预应力钢筋必须在经过足够的锚固长度后，其应力才能够达到预应力钢筋抗拉强度设计值。锚固长度范围内的预应力钢筋抗拉强度设计值按下列规定取用：在锚固起点处应取为零，在锚固终点处应取为 f_{py}，两点之间按线性内插法确定。预应力钢筋的锚固长度按式（1-4）确定。

9.5.2 后张法构件端部局部受压承载力计算

对于后张法预应力混凝土构件，预应力是通过锚具经垫板传递给混凝土的。因为锚具的尺寸相对较小，所以锚具下的局部混凝土往往受到较大的局部压应力，而使构件端部出现裂缝或可能因局部受压承载力不足而破坏。因此需对后张法构件端部进行局部受压承载力计算。

1. 局部受压区的截面尺寸要求

为了防止局部受压面积太小而在使用阶段出现纵向裂缝，对配置间接钢筋的混凝土结构构件，局部受压区的截面尺寸应符合以下要求：

$$F_l \leqslant 1.35 \beta_c \beta_l f_c A_{ln} \qquad (9-90)$$

式中：F_l——局部受压面上作用的局部荷载或局部压力设计值，在后张法预应力混凝土构件中的锚头局压区，应取 1.2 倍张拉控制力，即取 $F_l = 1.2 \sigma_{con} A_p$；

f_c——混凝土轴心抗压强度设计值，可根据预压时混凝土立方体抗压强度 f'_{cu} 确定；

β_l——混凝土局部受压时的强度提高系数；

β_c——混凝土强度影响系数；当混凝土强度等级不超过 C50 时，取 $\beta_c=1.0$；当混凝土强度等级为 C80 时，取 $\beta_c=0.8$；其间按线性内插法确定；

A_{ln}——混凝土局部受压净面积，有垫板时，可以考虑预应力沿锚具垫圈边缘在垫板中按 45°扩散后传至混凝土的受压面积（如图 9-10 所示）；对后张法构件，应在混凝土局部受压面积中扣除孔道、凹槽部分的面积。

当式（9-90）不能满足时，可加大构件端部锚固区的截面尺寸，或调整锚具位置，或提高混凝土强度等级。

2. 局部受压承载力计算

当配置方格网式或螺旋式间接钢筋且其核心面积 $A_{cor} \geqslant A_l$ 时，局部受压承载力可按下式进行计算：

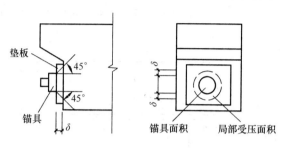

图 9-10 构件端部锚固区局部受压面积

$$F_l \leqslant 0.9(\beta_c\beta_l f_c + 2\alpha\rho_v\beta_{cor}f_y)A_{ln}$$

$$(9-91)$$

【例 9-3】 已知某长度为 18m 的预应力混凝土屋架下弦杆，其截面尺寸为 $b \times h = 200\text{mm} \times 150\text{mm}$，承受轴向拉力设计值 $N = 474\text{kN}$，按荷载效应的标准组合计算的轴心拉力值 $N_k = 360\text{kN}$，按荷载效应的准永久组合计算的轴心拉力值 $N_q = 294\text{kN}$。混凝土强度等级 C40（$f_c = 19.1\text{N/mm}^2$，$f_{tk} = 2.39\text{N/mm}^2$，$E_c = 3.25 \times 10^4\text{N/mm}^2$）。预应力钢筋采用钢绞线级钢筋（$f_{ptk} = 1720\text{N/mm}^2$，$f_{py} = 1220\text{N/mm}^2$，$E_p = 1.95 \times 10^5\text{N/mm}^2$），非预应力钢筋采用 HRB400 级钢筋（$f_y = 360\text{N/mm}^2$，$E_s = 2.0 \times 10^5\text{N/mm}^2$）。采用后张法制作，在一端张拉，并采用超张拉。孔道为预埋金属波纹管，直径为 55mm。如图 9-11 所示，横向钢筋采用 HPB300 级钢筋，4φ6 焊接网片，试对构件端部进行局部受压承载力计算。

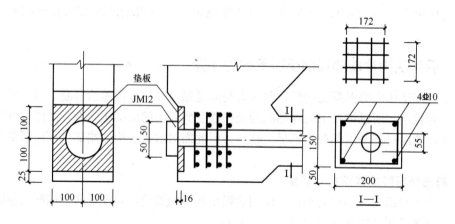

图 9-11 构件示意图

解：

（1）验算局部受压区的截面限制条件

按构造要求配置非预应力钢筋 4 ϕ 10，$A_s = 314\text{mm}^2$，则：

$$A_p = \frac{N - f_y A_s}{f_{py}} = \frac{474 \times 10^3 - 360 \times 314}{1220} = 296\text{mm}^2$$

选用 1 束 5 ϕ^s 10.8 钢绞线，$A_p = 296\text{mm}^2$

$$\sigma_{con} = 0.75 f_{ptk} = 0.75 \times 1720 = 1290\text{N/mm}^2$$

$$F_l = 1.2\sigma_{con}A_p = 1.2 \times 1290 \times 296 = 458208\text{N}$$

锚具直径为 100mm，垫板厚度为 16mm，局部受压面积为：

$$A_l = \frac{\pi}{4} \times (100 + 2 \times 16)^2 = 13678\text{mm}^2$$

将此面积换算成宽度为 200mm 的矩形时，其长度为 $\frac{13678}{200} = 68.39\text{mm}$

$$A_b = 2 \times (75 + 50) \times 200 = 50000\text{mm}^2$$

$$\beta_l = \sqrt{\frac{A_b}{A_l}} = \sqrt{\frac{50000}{13678}} = 1.91$$

$$A_{ln} = 68.39 \times 200 - \frac{\pi}{4} \times 55^2 = 11303\text{mm}^2$$

$1.35\beta_c\beta_l f_c A_{ln} = 1.35 \times 1.0 \times 1.91 \times 19.1 \times 11303 = 556665\text{N} > F_l = 427661\text{N}$
满足要求。

（2）验算局部受压承载力

$$A_{cor} = 172 \times 172 = 29584\text{mm}^2$$

取 $s = 50\text{mm}$，则方格网配筋的体积配筋率 ρ_v：

$$\rho_v = \frac{n_1 A_{s1} l_1 + n_2 A_{s2} l_2}{A_{cor}s} = \frac{4 \times 28.3 \times 172 + 4 \times 28.3 \times 172}{29584 \times 50} = 0.026$$

局部受压承载力提高系数 β_{cor}：

$$\beta_{cor} = \sqrt{\frac{A_{cor}}{A_l}} = \sqrt{\frac{29584}{13678}} = 1.47$$

$$0.9(\beta_c\beta_l f_c + 2\alpha\rho_v\beta_{cor}f_y)A_{ln} = 0.9 \times (1.0 \times 1.91 \times 19.1 + 2 \times 1.0$$
$$\times 0.026 \times 1.47 \times 270) \times 11303$$
$$= 581063\text{N} > F_l = 427661\text{N}$$

满足要求。

附 录

附录1　混凝土强度标准值与设计值

混凝土轴心抗压、轴心抗拉强度标准值 f_{ck}、f_{tk} 应按附表 1-1 的规定采用。

混凝土强度标准值（N/mm²）　　　　　　　附表 1-1

强度种类	混凝土强度等级													
	C15	C20	C25	C30	C35	C40	C45	C50	C55	C60	C65	C70	C75	C80
轴心抗压 f_{ck}	10.0	13.4	16.7	20.1	23.4	26.8	29.6	32.4	35.5	38.5	41.5	44.5	47.4	50.2
轴心抗拉 f_{tk}	1.27	1.54	1.78	2.01	2.20	2.39	2.51	2.64	2.74	2.85	2.93	2.99	3.05	3.11

混凝土轴心抗压、轴心抗拉强度设计值 f_c、f_t 应按附表 1-2 的规定采用。

混凝土强度设计值（N/mm²）　　　　　　　附表 1-2

强度种类	混凝土强度等级													
	C15	C20	C25	C30	C35	C40	C45	C50	C55	C60	C65	C70	C75	C80
轴心抗压 f_c	7.2	9.6	11.9	14.3	16.7	19.1	21.1	23.1	25.3	27.5	29.7	31.8	33.8	35.9
轴心抗拉 f_t	0.91	1.10	1.27	1.43	1.57	1.71	1.80	1.89	1.96	2.04	2.09	2.14	2.18	2.22

附录2　混凝土弹性模量、疲劳强度修正系数、疲劳变形模量、剪变模量

混凝土受压或受拉的弹性模量 E_c 应按附表 2-1 的规定采用。

混凝土弹性模量（×10⁴ N/mm²）　　　　　　　附表 2-1

混凝土强度等级	C15	C20	C25	C30	C35	C40	C45	C50	C55	C60	C65	C70	C75	C80
E_c	2.20	2.55	2.80	3.00	3.15	3.25	3.35	3.45	3.55	3.60	3.65	3.70	3.75	3.80

注：1. 当有可靠实验依据时，弹性模量可根据实测数据确定；
　　2. 当混凝土中掺有大量矿物掺合料时，弹性模量可按规定龄期根据实测数据确定。

混凝土轴心抗压疲劳强度设计值 f_c^f、轴心抗拉疲劳强度设计值 f_t^f 应按附表 1-2 的混凝土强度设计值乘以相应的疲劳强度修正系数 γ_ρ 确定。修正系数 γ_ρ 应根据不同的疲劳应力比值 ρ_c^f 按附表 2-2a、附表 2-2b 的规定采用。

混凝土受压疲劳强度修正系数 γ_ρ　　　　　　　　附表 2-2a

ρ_c^f	$0 \leqslant \rho_c^f < 0.1$	$0.1 \leqslant \rho_c^f < 0.2$	$0.2 \leqslant \rho_c^f < 0.3$	$0.3 \leqslant \rho_c^f < 0.4$	$0.4 \leqslant \rho_c^f < 0.5$	$\rho_c^f \geqslant 0.5$
γ_ρ	0.68	0.74	0.80	0.86	0.93	1.0

混凝土受拉疲劳强度修正系数 γ_ρ　　　　　　　　附表 2-2b

ρ_c^f	$0 < \rho_c^f < 0.1$	$0.1 \leqslant \rho_c^f < 0.2$	$0.2 \leqslant \rho_c^f < 0.3$	$0.3 \leqslant \rho_c^f < 0.4$	$0.4 \leqslant \rho_c^f < 0.5$
γ_ρ	0.63	0.66	0.69	0.72	0.74
ρ_c^f	$0.5 \leqslant \rho_c^f < 0.6$	$0.6 \leqslant \rho_c^f < 0.7$	$0.7 \leqslant \rho_c^f < 0.8$	$\rho_c^f \geqslant 0.8$	—
γ_ρ	0.76	0.80	0.90	1.00	—

注：直接承受疲劳荷载的混凝土构件，当采用蒸汽养护时，养护温度不宜高于60℃。

疲劳应力比值 ρ_c^f 应按下式计算：

$$\rho_c^f = \frac{\sigma_{c,\min}^f}{\sigma_{c,\max}^f}$$

式中：$\sigma_{c,\min}^f$、$\sigma_{c,\max}^f$——构件疲劳验算时，截面同一纤维上的混凝土最小应力、最大应力。

混凝土疲劳变形模量 E_c^f 应按附表 2-3 的规定采用。

混凝土疲劳变形模量（$\times 10^4 \mathrm{N/mm^2}$）　　　　　　　附表 2-3

混凝土强度等级	C30	C35	C40	C45	C50	C55	C60	C65	C70	C75	C80
E_c^f	1.30	1.40	1.50	1.55	1.60	1.65	1.70	1.75	1.80	1.85	1.90

混凝土的剪变模量 G_e 可按附表 2-1 中混凝土弹性模量 E_c 的 40% 采用。

附录 3　钢筋强度标准值与设计值

普通钢筋的强度标准值应按附表 3-1 的规定采用。

普通钢筋强度标准值（$\mathrm{N/mm^2}$）　　　　　　　附表 3-1

种类		符号	d（mm）	f_{yk}	f_{stk}
热轧钢筋	HPB300	Φ	6～22	300	420
	HRB335、HRBF335	Φ　Φ^F	6～50	335	455
	HRB400、HRBF400、RRB400	Φ　Φ^F　Φ^R	6～50	400	540
	HRB500、HRBF500	Φ　Φ^F	6～50	500	630

注：1. 热轧钢筋直径 d 系指公称直径；

　　2. 当采用直径大于 40mm 的钢筋时，应有可靠的工程经验。

预应力钢筋的强度标准值应按附表 3-2 的规定采用。

预应力钢筋强度标准值（N/mm²）　　　　　　附表 3-2

种　　类		符号	公称直径 d（mm）	屈服强度标准值 f_{pyk}	极限强度标准值 f_{ptk}
中强度预应力钢丝	光面 螺旋肋	Φ^{PM} Φ^{HM}	5、7、9	620	800
				780	970
				980	1270
预应力螺纹钢筋	螺纹	Φ^{T}	18、25、32、 40、50	785	980
				930	1080
				1080	1230
消除应力钢丝	光面 螺旋肋	Φ^{P} Φ^{H}	5	—	1570
				—	1860
			7	—	1570
			9	—	1470
				—	1570
钢绞线	1×3 （三股）	Φ^{S}	8.6、10.8、12.9	—	1570
				—	1860
				—	1960
	1×7 （七股）		9.5、12.7、15.2、 17.8	—	1720
				—	1860
				—	1960
			21.6	—	1860

普通钢筋的抗拉强度设计值 f_y 及抗压强度设计值 f'_y 应按附表 3-3 的规定采用。

普通钢筋强度设计值（N/mm²）　　　　　　附表 3-3

种　　类		符　　号	f_y	f'_y
热轧钢筋	HPB300	Φ	270	270
	HRB335、HRBF335、RRB400	Φ、Φ^F	300	300
	HRB400、HRBF400、RRB400	Φ、Φ^F、Φ^R	360	360
	HRB500、HRBF500	Φ、Φ^F	435	410

注：在钢筋混凝土结构中，轴心受拉和小偏心受拉构件的钢筋抗拉强度设计值大于 300N/mm² 取用。

预应力钢筋的抗拉强度设计值 f_{py} 及抗压强度设计值 f'_{py} 应按附表 3-4 的规定采用。

预应力钢筋强度设计值（MPa）　　　　　　附表 3-4

种　　类	f_{ptk}	f_{py}	f'_{py}
中强度预应力钢丝	800	510	
	970	650	410
	1270	810	

种　类	f_{ptk}	f_{py}	f'_{py}
消除应力钢丝	1470	1040	
	1570	1110	410
	1860	1320	
钢绞线	1570	1110	
	1720	1220	390
	1860	1320	
	1960	1390	
预应力螺纹钢筋	980	650	
	1080	770	435
	1230	900	

注：当预应力钢绞线、钢丝的强度标准值不符合附表 3-4 的规定时，其强度设计值应进行相应的比例换算。

附录 4　钢筋弹性模量、疲劳应力幅限值

钢筋弹性模量 E_s 应按附表 4-1 的规定采用。

钢筋弹性模量（$\times 10^5\,N/mm^2$）　　　　　　　　　　附表 4-1

种　类	弹性模量 E_s
HPB300 钢筋	2.10
HRB335、HRB400、HRB500 钢筋、HRBF335、HRBF400、HRBF500 钢筋 RRB400 钢筋、精轧螺纹钢筋	2.00
消除应力钢丝、中强度预应力钢丝	2.05
钢绞线	1.95

注：必要时可采用实测的弹性模量。

普通钢筋和预应力钢筋疲劳应力增幅值 Δf^f_y、Δf^f_{py} 应由钢筋疲劳应力比值 ρ^f_s、ρ^f_p 分别按附表 4-2 和附表 4-3 的规定采用。

普通钢筋疲劳应力幅限值（N/mm^2）　　　　　　　　附表 4-2

疲劳应力比值 ρ^f_s	疲劳应力幅限值 Δf^f_y	
	HRB335	HRB400
0	175	175
0.1	162	162
0.2	154	156
0.3	144	149
0.4	131	137
0.5	115	123

续表

疲劳应力比值 ρ_s^f	疲劳应力幅限值 Δf_y^f	
	HRB335	HRB400
0.6	97	106
0.7	77	85
0.8	54	60
0.9	28	31

注：当纵向受拉钢筋采用闪光接触对焊接时，其接头处的钢筋疲劳应力幅限值应按表中数值乘以 0.8 取用。

预应力钢筋疲劳应力幅限值（N/mm²）   附表 4-3

疲劳应力比值 ρ_p^f	钢绞线 $f_{ptk}=1570$	消除应力钢丝 $f_{ptk}=1570$
0.7	144	240
0.8	118	168
0.9	70	88

注：1. 当 ρ_p^f 不小于 0.9 时，可不作预应力筋疲劳验算；

　　2. 当有充分依据时，可对表中规定的疲劳应力幅限值作适当调整。

普通钢筋疲劳应力比值 ρ_s^f 应按下式计算：

$$\rho_s^f = \frac{\sigma_{s,min}^f}{\sigma_{s,max}^f}$$

式中：$\sigma_{s,min}^f$、$\sigma_{s,max}^f$——构件疲劳验算时，同一层钢筋的最小应力、最大应力。

预应力钢筋疲劳应力比值 ρ_p^f 应按下式计算：

$$\rho_p^f = \frac{\sigma_{p,min}^f}{\sigma_{p,max}^f}$$

式中：$\sigma_{p,min}^f$、$\sigma_{p,max}^f$——构件疲劳验算时，同一层预应力钢筋的最小应力、最大应力。

附录 5　钢筋的公称截面面积、计算截面面积及理论重量

各种直径钢筋、钢绞线和钢丝的公称截面面积、计算截面面积及理论重量应按附表 5-1、附表 5-2、附表 5-3 采用。

钢筋的计算截面面积及理论重量   附表 5-1

公称直径（mm）	不同根数钢筋的公称截面面积（mm²）									单根钢筋理论重量（kg/m）
	1	2	3	4	5	6	7	8	9	
6	28.3	57	85	113	142	170	198	226	255	0.222
8	50.3	101	151	201	232	302	352	402	453	0.395
10	78.5	157	236	314	393	471	550	628	707	0.617
12	113.1	226	339	452	565	678	791	904	1017	0.888

续表

公称直径 (mm)	不同根数钢筋的公称截面面积（mm²）									单根钢筋理论重量 (kg/m)
	1	2	3	4	5	6	7	8	9	
14	153.9	308	461	615	769	923	1077	1231	1385	1.21
16	201.1	402	603	804	1005	1206	1407	1608	1809	1.58
18	254.5	509	763	1017	1272	1527	1781	2036	2290	2.00(2.11)
20	314.2	628	942	1256	1570	1884	2199	2513	2827	2.47
22	380.1	760	1140	1520	1900	2281	2661	3041	3421	2.98
25	490.9	982	1473	1964	2454	2945	3436	3927	4418	3.85(4.10)
28	615.8	1232	1847	2463	3079	3695	4310	4926	5542	4.83
32	804.2	1609	2413	3217	4021	4826	5630	6434	7238	6.31(6.65)
36	1017.9	2036	3054	4072	5089	6107	7125	8143	9161	7.99
40	1256.6	2513	3770	5027	6283	7540	8796	10053	11310	9.87(10.34)
50	1963.5	3928	5892	7856	9820	11784	13748	15712	17676	15.42(16.28)

钢绞线公称直径、公称截面面积及理论重量　　附表 5-2

种　类	公称直径（mm）	公称截面面积（mm²）	理论重量（kg/m）
1×3	8.6	37.7	0.296
	10.8	58.9	0.462
	12.9	84.8	0.666
1×7 标准型	9.5	54.8	0.430
	12.7	98.7	0.775
	15.2	140	1.101
	17.8	191	1.500
	21.6	285	2.237

钢丝公称直径、公称截面面积及理论重量　　附表 5-3

公称直径（mm）	公称截面面积（mm²）	理论重量（kg/m）
5.0	19.63	0.154
7.0	38.48	0.302
9.0	63.62	0.499

参 考 文 献

[1] 国家标准 . 混凝土结构设计规范 GB 50010—2010[S]. 北京：中国建筑工业出版社，2010.

[2] 国家标准 . 建筑抗震设计规范 GB 50011—2010 [S]. 北京：中国建筑工业出版社，2010.

[3] 翁光远，唐娴等 . 钢筋混凝土结构及砌体结构[M]. 北京：清华大学出版社，2008.

[4] 国振喜 . 简明钢筋混凝土结构计算手册(第 2 版)[M]. 北京：机械工业出版社，2012.

[5] 王振东，叶英华 . 混凝土结构设计计算[M]. 北京：中国建筑工业出版社，2008.

[5] 中南建筑设计院股份有限公司 . 混凝土结构计算图表(第二版)[M]. 北京：中国建筑工业出版社，2011.

[6] 郭继武 . 混凝土结构基本构件设计与计算[M]. 北京：中国建材工业出版社，2010.